高职高专“十二五”规划教材

岩石矿物分析技术

廖天录　主编
孙国禄　主审

化学工业出版社
·北京·

本书是根据高职高专院校专业采用“教学做一体化”的特点，精选内容、突出重点、理论联系实际，以宽基础、重实践、引思考、便于项目化教学为原则进行编写的。在内容上精心选择典型的岩石矿物分析检测项目，主要包括：岩石矿物分析试样的制备、硅酸盐岩石分析、铁矿石分析、铜矿石分析、锰矿石分析、铬矿石分析、铅锌矿石分析、金矿石分析、银矿石分析、铂矿石分析和铀矿石分析。书中在分析方法选择上突出了实用性、多元性和先进性的特点，涵盖了较为广泛的岩石矿物领域的分析方法，以满足不同实验室的检测需求。

本书可作为高职高专地质、冶金、矿业、工业分析、环境检测等专业的教材，也可供从事分析、化验、商检等工作的技术人员参考，还可作为中级、高级及技师分析检验技能培训教材。

图书在版编目（CIP）数据

岩石矿物分析技术/廖天录主编. —北京：化学工业出版社，2013.10（2022.1重印）
高职高专“十二五”规划教材
ISBN 978-7-122-18461-0

Ⅰ.①岩… Ⅱ.①廖… Ⅲ.①岩矿分析-高等职业教育-教材 Ⅳ.①P585

中国版本图书馆CIP数据核字（2013）第219972号

责任编辑：旷英姿　陈有华　　文字编辑：李锦侠
责任校对：王素芹　　装帧设计：王晓宇

出版发行：化学工业出版社（北京市东城区青年湖南街13号　邮政编码100011）
印　　装：天津盛通数码科技有限公司
787mm×1092mm　1/16　印张12¼　字数291千字　2022年1月北京第1版第2次印刷

购书咨询：010-64518888　　售后服务：010-64518899
网　　址：http://www.cip.com.cn
凡购买本书，如有缺损质量问题，本社销售中心负责调换。

定　　价：49.00元

FOREWORD 前言

随着高等职业教育的不断深入和发展，教学内容和课程体系都随之发生了较大的变化，为了适应高等职业教育的培养目标，我们编写了《岩石矿物分析技术》一书。

本教材是根据高等职业教育《岩石矿物分析》课程的基本要求和教育部《关于加强高职高专教育教材建设的若干意见》的有关精神，本着“实用为主、必须够用为度”的原则，在总结多年的课堂教学经验和社会实践经验的基础上，充分挖掘分析化学在岩石矿物分析岗位中的典型任务，把分析化学的理论和岩石矿物分析实践有机融合在一起，强化分析检测技能的提高，具有实用性和可操作性。本书主要有以下特色。

1. 突出先进性和实用性

本书所编选模块都是目前应用广泛的岩矿分析方法，每个方法参照国家标准编写，实用性强，具有一定的代表性；编写时注重吸纳新的实验技术和仪器分析方法。

2. 注重技术应用能力培养

本书花了大量篇幅介绍了岩石矿物分析检测的实验技术、操作方法和实验操作注意事项，特别是介绍了岩矿样品的预处理技术和不同的检测方法，目的就是要培养学生的操作技能。

3. 基本理论适度

本书考虑高职教育的特点，理论的阐述仅限于学生掌握技能的需要，运用形象化的语言使抽象的理论易于被学生认识和掌握。

4. 增强学生自主性

在每一个模块后设置了任务训练，要求学生自主设计方案，完成任务，突出创新性和探索性，以激发学生的学习兴趣。

本书包括绪论和十个模块，内容包括岩石矿物分析试样的制备、硅酸盐岩石分析、铁矿石分析、铜矿石分析、锰矿石分析、铬矿石分析、铅锌矿石分析、金矿石分析、银矿石分析、铂矿石分析和铀矿石分析。

本书由甘肃工业职业技术学院廖天录主编并统稿，甘肃工业职业技术学院白志明副主编。具体编写分工如下：廖天录编写绪论、模块一至模块四及附录，白志明编写模块五，甘肃工业职业技术学院廖天江编写模块六及模块八，甘肃工业职业技术学院张斌权编写模块七、模块九及模块十，甘肃工业职业技术学院孙国禄担任本书主审。

本书的编写和出版得到了化学工业出版社的大力支持，在此致以衷心地感谢！

由于“教学做一体化”改革仍然在探索中，并且编者的学识与水平有限，编写时间紧，难免有疏漏和欠妥之处，敬请广大读者批评指正。

作者

2013 年 7 月

CONTENTS 目录

绪论 岩石矿物分析试样的制备

一、试样制备的原则和要求 /1
二、样品缩分公式 /1
三、样品验收 /3
四、一般岩石矿物分析试样的制备 /7
五、特殊岩石矿物分析试样的制备 /9
六、金矿和铂族矿分析试样的制备 /11
七、分析试样制备的质量检查 /12
八、副样管理 /13
九、试样的分解 /14
【任务训练一】 样品接收及分析检测程序的制订 /21
拓展习题 /22

模块一 硅酸盐岩石分析

任务一 认识硅酸盐岩石 /23
一、硅酸盐的组成 /24
二、硅酸盐的分析意义和分析项目 /25
三、硅酸盐全分析质量的表示、计算及应注意的问题 /25
任务二 硅酸盐分析试样的制备 /26
一、硅酸盐试样分析测试前的处理 /26
二、硅酸盐试样的分解 /27
任务三 硅酸盐岩石中主要成分含量的测定方法 /28
一、硅酸盐岩石中二氧化硅含量的测定 /28
二、硅酸盐岩石中氧化铝含量的测定 /32
三、硅酸盐岩石中三氧化二铁含量的测定 /35
四、硅酸盐岩石中二氧化钛含量的测定 /39
五、硅酸盐岩石中氧化钙、氧化镁含量的测定 /41
【任务训练二】 硅酸盐岩石中二氧化硅含量的测定 /46
【任务训练三】 硅酸盐岩石中三氧化二铝含量的测定 /46
拓展习题 /47

模块二 铁矿石分析

任务一 认识铁和铁矿石 /48
一、铁的性质 /48
二、铁矿石分类 /49
任务二 铁矿石分析试样的制备 /51
一、化学分析样品制备 /51
二、分析化学通则与样品预处理 /52
任务三 铁矿石中主要成分含量的测定方法 /54
一、全铁的测定 /55
二、易溶矿亚铁的测定 /59
三、可溶铁的测定 /60
四、五氧化二磷的测定 /61
五、硫的测定 /62
六、二氧化硅的测定 /63
七、多元素同时测定 /63
【任务训练四】 重铬酸钾容量法测定铁矿石中全铁的含量 /65
【任务训练五】 原子发射光谱法测定铁矿石中铝、钙、镁、锰、钛元素的含量 /66
拓展习题 /67

模块三 铜矿石分析

任务一 认识铜和铜矿石 /68
一、铜的性质 /68
二、铜的重要化合物 /69
三、铜矿石分类 /70
任务二 铜矿石分析试样的制备 /72
一、化学分析样品制备 /72
二、铜矿石样品的溶（熔）解 /72
任务三 铜矿石中主要成分含量的测定方法 /73
一、铜的含量 /74
二、铜矿石中的砷锑铋 /77
【任务训练六】 铜矿石中铜含量的测定 /78
拓展习题 /79

模块四 锰矿石分析

任务一 认识锰和锰矿石 /81
一、锰的性质 /81
二、铬的重要化合物 /82
三、锰矿石分类 /84
任务二 锰矿石分析试样的制备 /85
一、化学分析样品制备 /85
二、锰矿石样品的溶（熔）解 /86

任务三　锰矿石中主要成分含量的测定方法　/87
一、全锰含量的测定　/87
二、微波消解-等离子体发射光谱法测定锰矿石中的硅、铝、铁、磷　/91
三、EDTA滴定法测定锰矿石中的氧化钙和氧化镁　/93
【任务训练七】　硝酸铵氧化滴定法测定锰矿石中全锰的含量　/95
拓展习题　/96

模块五　铬矿石分析

任务一　认识铬和铬矿石　/97
一、铬的性质　/97
二、铬的重要化合物　/98
三、铬矿石分类　/100
任务二　铬矿石分析试样的制备　/101
一、化学分析样品制备　/101
二、铬矿石样品的溶（熔）解　/101
任务三　铬矿石中主要成分含量的测定方法　/101
一、返滴定法测定铬矿石中三氧化二铝的含量　/101
二、酸溶测定铬矿石中三氧化二铬的含量　/103
三、等离子体原子发射光谱法测定铬矿石中硅、铝、镁、铁的含量　/104
【任务训练八】　铬矿石中三氧化二铬含量的测定　/105
拓展习题　/106

模块六　铅锌矿石分析

任务一　认识铅、锌和铅锌矿石　/108
一、铅的性质和用途　/108
二、锌的性质和用途　/111
三、铅锌矿　/112
任务二　铅锌矿石分析试样的制备　/113
一、化学分析样品制备　/113
二、铅锌矿石样品的溶（熔）解　/113
任务三　铅锌矿石中主要成分含量的测定方法　/113
一、EDTA容量法测定铅精矿中铅的含量　/113
二、EDTA容量法测定锌精矿中的锌含量　/114
三、铅锌矿中锌的酸浸出　/115
四、EDTA滴定分析法测定锌矿中锌的含量　/116
五、铅锌矿中铅、锌快速连续测定　/118
六、铅锌矿中银、铜、铅、锌的同时测定　/120
【任务训练九】　铅锌矿石中铅含量的测定　/122
【任务训练十】　铅锌矿石中锌含量的测定　/122
拓展习题　/123

模块七 金矿石分析

任务一 认识金和金矿石 /124
一、金的性质 /124
二、金矿石 /125
任务二 金矿石分析样品的制备 /125
一、化学分析样品制备 /125
二、金矿石样品的溶（熔）解 /126
任务三 金矿石中金含量的测定方法 /127
一、铅试金富集原子吸收光谱法 /127
二、活性炭富集碘量法 /128
三、活性炭富集原子吸收光谱法 /131
四、活性炭富集异戊醇萃取硫代米蚩酮吸光光度法 /132
五、活性炭富集硫代米蚩酮水相吸光光度法 /133
六、活性炭富集催化吸光光度法 /134
七、泡沫塑料富集原子吸收光谱法 /135
八、螯合树脂富集原子吸收光谱法 /137
九、甲基异丁基甲酮萃取原子吸收光谱法 /138
十、二苯硫脲-乙酸丁酯萃取无火焰原子吸收光谱法 /139
十一、巯基树脂富集高阶导数卷积熔出伏安法 /139
十二、火试金法测定金 /141
【任务训练十一】 矿石中金含量的测定 /142
拓展习题 /143

模块八 银矿石分析

任务一 认识银和银矿石 /144
一、银的性质 /144
二、银矿石 /146
任务二 银矿石分析试样的制备 /146
一、化学分析样品制备 /146
二、银矿石试样的溶（熔）解 /147
任务三 银矿石中银含量的测定方法 /147
一、铅试金富集硫氰酸钾滴定法 /147
二、催化吸光光度法 /148
三、双硫腙-苯萃取吸光光度法 /149
四、火焰原子吸收光谱法 /150
五、二苯硫脲-乙酸丁酯萃取原子吸收光谱法 /151
六、石墨炉原子吸收光谱法 /152
七、甲基异丁基甲酮萃取火焰原子吸收光谱法 /152
【任务训练十二】 矿石中银含量的测定 /153
拓展习题 /154

模块九　铂矿石分析

任务一　认识铂和铂矿石　/155
一、铂的性质　/155
二、铂矿石　/157
任务二　铂矿石分析试样的制备　/158
一、化学分析样品制备　/158
二、铂矿石试样的溶（熔）解　/158
任务三　铂矿石中铂含量的测定方法　/158
一、EDTA 滴定法测定铂　/158
二、催化极谱法测定铂　/160
三、吸光光度法测定金、铂、钯　/161
四、DDO 吸光光度法测定酸浸液中的铂、钯　/164
五、Zeph 萃取富集-石墨炉原子吸收光谱法连续测定矿石中微量的金、铂、钯　/165
【任务训练十三】矿石中铂含量的测定　/166
拓展习题　/167

模块十　铀矿石分析

任务一　认识铀和铀矿石　/168
一、铀的性质　/168
二、主要化合物　/169
任务二　铀矿石分析试样的制备　/169
一、酸溶分解法　/169
二、熔融分解法　/170
三、混合铵盐分解法　/170
四、试样的分离与富集　/170
任务三　铀矿石中铀含量的测定方法　/170
一、硫酸亚铁还原——钒酸铵滴定法　/170
二、TRPO-环己环萃取分离 Br-PADAP 分光光度法　/172
三、激光荧光法　/174
【任务训练十四】硫酸亚铁还原——钒酸铵滴定法测定矿石中铀的含量　/175
拓展习题　/176

附录

参考文献

绪论
岩石矿物分析试样的制备

知识目标

1. 理解岩石矿物制样的目的和意义。
2. 掌握试样制备方案及制订原则。
3. 了解岩石矿物试样的特点，理解样品验收的相关知识和试样的管理办法。
4. 掌握岩石矿物试样的分解方法。

能力目标

1. 能正确选择和使用常用的缩分工具。
2. 能根据岩矿的存在状态和种类确定制样方案，选择正确的制备方法。
3. 能够正确管理样品及副样，能够正确处理样品及副样保存时间。
4. 能制备岩石矿物分析检测试样，分析不同的岩石矿物样品。

岩石矿物分析是分析化学在矿业生产上的一个分支，是一门实践性很强的应用学科。它研究的对象是矿物、岩石等天然矿产。它的主要任务是利用化学分析、仪器分析等手段，分析岩石矿物的化学组成及测定有关成分在不同状态下的含量。

一、试样制备的原则和要求

试样制备工作原则就是采用最经济有效的方法，将实验室样品破碎、缩分，制成具有代表性的分析试样。制备的试样应均匀并达到规定要求的粒度，保证整体原始样品的物质组分及其含量不变，同时便于分解。根据不同地质目的、不同矿种、不同测试要求，应采取不同的制样方法，确保试样制备的质量。

二、样品缩分公式

要从原始大样中取样，将样品制备成具有代表性的分析试样，需要对原始样品进行多次破碎和缩分。缩分目前仍采用最简单的切乔特（qeqo$_{TT}$）经验公式，即：

$$Q=Kd^2$$

式中　Q——样品最低可靠质量，kg；

d——样品中最大颗粒直径，mm；

K——根据岩样品特性确定的缩分系数。

公式的意义是样品的最低可靠质量（Q）与样品中最大颗粒直径的平方（d^2）成正比。样品每次缩分后的质量不能小于Kd^2的数量。

样品的K值应该由试验确定。它与岩石矿物种类、待测元素的品位和分布均匀程度以及对分析精密度、准确度的要求等因素有关。

K值的确定试验：通常从最典型的矿石中取一定量的样品，将其破碎至10mm大小的粒径，缩分成8～16个部分（每部分不小于100kg），然后进一步粉碎，并用不同的K值缩分各部分样品，将每一部分最终制成分析试样，并测定每一部分的主要成分含量（多次测定，取平均值），根据测定结果的平均偏差确定最合理的K值。

元素的品位变化愈大、分布愈不均匀、分析精密度要求越高者，则K值愈大。通常加工绝大多数矿石，K值在0.1～0.3之间；K=0.05为均匀和极均匀的样品；K=0.1为不均匀的样品；K=0.2为极不均匀的样品；K=0.4～0.8为含中粒金（0.2～0.6mm）的金矿石；K=0.8～1.0为含粗粒金（>0.6mm）的金矿石。

各种主要岩石矿物的K值见表0-1，各种筛孔直径（d）及不同K值情况下的Q值，见表0-2。

表0-1　主要岩石矿物的缩分系数（K值）

岩石矿物种类	K值
铁、锰(接触交代、沉积、变质型)	0.1～0.2
铜、钼、钨	0.1～0.5
镍、钴(硫化物)	0.2～0.5
镍(硅酸盐)、铝土矿(均一的)	0.1～0.3
铝土矿(非均一的，如黄铁矿化铝土矿，钙质铝土角砾岩等)	0.3～0.5
铬	0.3
铅、锌、锡	0.2
锑、汞	0.1～0.2
菱镁矿、石灰岩、白云岩	0.05～0.1
铌、钽、锆、铪、锂、铯、钪及稀土元素	0.1～0.5
磷、硫、石英岩、高岭土、黏土、硅酸盐、萤石、滑石、蛇纹石、石墨、盐类矿	0.1～0.2
明矾石、长石、石膏、砷矿、硼矿	0.2
重晶石(萤石重晶石、硫化物重晶石、铁重晶石、黏土晶石)	0.2～0.5

注：1. 金和铂族分析样品执行本规范见“金矿和铂族矿物检测试样的制备”。

2. 表中未列入的岩石矿物，在未进行或不必要进行试验时，可以按照K=0.2执行。

表0-2　d、Q与K的对应值

筛号(网目)	d/mm	Q/kg					
		0.05	0.1	0.2	0.3	0.4	0.5
3	6.35	2.016	4.032	8.065	12.097	16.129	20.161
4	4.76	1.133	2.266	4.532	6.798	9.063	11.329
5	4.00	0.800	1.600	3.200	4.800	6.400	8.000

续表

筛号(网目)	d/mm	Q/kg					
		0.05	0.1	0.2	0.3	0.4	0.5
6	3.38	0.571	1.142	2.285	3.427	4.570	5.712
7	2.83	0.400	0.801	1.602	2.403	3.204	4.004
8	2.38	0.283	0.566	1.133	1.699	2.266	2.832
10	2.00	0.200	0.400	0.800	1.200	1.600	2.000
12	1.68	0.141	0.282	0.564	1.847	1.129	1.411
14	1.41	0.099	0.199	0.398	0.596	0.795	0.994
16	1.19	0.071	0.142	0.283	0.425	0.566	0.708
18	1.00	0.050	0.100	0.200	0.300	0.400	0.500
20	0.84	0.035	0.071	0.141	0.212	0.282	0.353
25	0.71	0.025	0.050	0.101	0.151	0.202	0.252
30	0.59	0.017	0.035	0.070	0.104	0.139	0.174
35	0.50	0.013	0.025	0.050	0.075	0.100	0.125
40	0.42	0.009	0.018	0.035	0.053	0.071	0.088
50	0.297	0.004	0.009	0.018	0.026	0.035	0.044
60	0.250	0.003	0.006	0.013	0.019	0.025	0.031
70	0.210	0.002	0.004	0.009	0.013	0.018	0.022
80	0.177	0.002	0.003	0.006	0.009	0.013	0.016
100	0.149						
120	0.125						
140	0.105						
150	0.100						
160	0.097						
200	0.074						

注：本表引自《岩石分析碎样规程（试行）》中表3。

三、样品验收

① 按照样品交接的有关规定收样，与送样人进行咨询和沟通，明确送检目的和要求。客户送样时应填写委托书一式两份（见表0-3），委托书内容应包括送样编号、样品名称、样品状态、分析项目、K 值、要求完成日期和其他应明确的约定事项，并有客户签字。物相分析样品应附相应的岩矿鉴定资料。

实验室接收样品人员应按委托书逐一对照验收样品。凡样品与送样单不符、样品规格不符合要求、实验要求不明确或不合理、编号不清楚、出现缺样或样品编号重复等情况，接受人员应向客户（或客户代理人）提出，协商解决，并在两份送样单上注明。送样单修改处应有客户（或客户代理人）的签名。

用布袋或纸袋包装的样品，在袋上应有清晰的编号，并在袋内装有样品标签。样品在运送途中因震动、挤压、受潮而使包装袋破碎，样品互相混杂或样品编号不清者，不能验收。

经过清点验收，样品符合要求，由实验室样品接受人员在两份送样单上签名并注明收样日期，一份交客户保存，另一份留存实验室。

样品经验收后，实验室管理人员应在送样单上编写批号和各样品的实验室分析编号，并进行登记。实验室的批号和分析编号应具不可重复性（编号要求唯一性）。

表 0-3　样品检验委托书

样品编号：

<table>
<tr><td>样品名称</td><td colspan="3"></td><td>样品数量</td><td></td></tr>
<tr><td>样品情况</td><td colspan="3">包装：原装□散装□；标签：完好□
不清□渗漏：有□无□　　其他：</td><td>抽样基数</td><td></td></tr>
<tr><td>生产厂家</td><td colspan="3"></td><td>登记证号</td><td></td></tr>
<tr><td>商　标</td><td></td><td>规　格</td><td></td><td>生产日期或批号</td><td></td></tr>
<tr><td>受检单位</td><td colspan="3"></td><td>抽/送样日期</td><td></td></tr>
<tr><td>抽样地点</td><td colspan="3"></td><td>抽/送样人</td><td></td></tr>
<tr><td>检验类别</td><td>委托□仲裁□
其他□</td><td>时间要求</td><td>普通□
加急□</td><td>报告领取</td><td>代邮□
自取□</td></tr>
<tr><td colspan="6">送检原因(请详述样品来源，是否已封样，代表数量，使用情况，损失程度等)：</td></tr>
<tr><td colspan="6"></td></tr>
<tr><td colspan="6"></td></tr>
<tr><td colspan="6"></td></tr>
<tr><td colspan="6"></td></tr>
<tr><td colspan="6">要求检验项目：1)________2)________3)________4)________5)________
6)________7)________8)________9)________10)________11)________</td></tr>
<tr><td colspan="6">依据标准或推荐分析方法：</td></tr>
<tr><td colspan="6">是否要求收回剩余样品：是□　否□</td></tr>
<tr><td colspan="6">是否同意采用非标检验方法：是□　否□</td></tr>
<tr><td colspan="6">委托(送样)单位全称、地址：</td></tr>
<tr><td>邮政编号</td><td></td><td>电　话</td><td></td><td>送样人</td><td></td></tr>
<tr><td>送样须知</td><td colspan="5">1. 送样人应逐项认真填写本单，选择项目用“√”划定，无内容划“—”或填写“不详”
2. 一般情况下，单个送检样品自收到样品之日起 15 个工作日内出具检验报告。若对检验结果有异议，应在接到报告后 15 日内向本单位提出，逾期不再受理
3. 送样检验需先缴费，不接受邮寄样品
4. 本单同时作为领取报告凭证，请妥善保管</td></tr>
<tr><td colspan="6">以下内容由检验单位填写</td></tr>
<tr><td>样品特性及状态</td><td colspan="5"></td></tr>
<tr><td>样品保存要求</td><td colspan="5"></td></tr>
<tr><td>收样人</td><td></td><td>地址</td><td></td><td>联系电话</td><td></td></tr>
<tr><td>收样日期</td><td></td><td>取报告日期</td><td></td><td>检验费</td><td></td></tr>
<tr><td colspan="6">以下内容由技术负责人填写</td></tr>
<tr><td colspan="6">对采用委托方推荐的非标方法的意见：

技术负责人：
年　月　日</td></tr>
<tr><td colspan="6">地址：　　　　　　　　邮编：　　　　　　　联系电话：
传真：
　　　　　　　　　　　　　　　　　　　　　联系人：</td></tr>
</table>

* 共二联，第一联，送样单位取结果凭证；第二联：办公室存查，检验报告发出后存档

② 根据客户的要求或送检样品的性质，确定分析方法，在分析方法没有被明确要求时，优先选择以国际、区域、国家或地方标准发布的分析方法，其顺序是国家标准→行业标准→企业标准。

③ 依据所获得的分析方法，认真解读该分析方法的原理，确定检验所用的标准滴定溶液、指示剂、辅助溶液，通过计算以确定各种试剂的量和浓度，出具检验所需的药品、仪器、溶液准备清单（见表 0-4～表 0-6），确定所用溶液的配制、标准滴定溶液制备和含量测定的操作步骤。

表 1-4　药品准备清单

药品名称	规格	用量	药品名称	规格	用量

表 0-5　仪器准备清单

仪器名称	规格	数量	仪器名称	规格	数量

表 0-6　溶液准备清单

溶液名称	浓度	用量	溶液名称	浓度	用量

④ 按照准备清单准备药品、仪器与溶液，用洗液剂、自来水、蒸馏水依次洗净玻璃仪器，做到器壁内出现均匀水膜，既不聚成水滴，也不成股流下。

⑤ 按照溶液准备清单所示的溶液浓度和数量，配制标准溶液、指示液及其他溶液，并将配制好的溶液装入相应试剂瓶中，贴上标签保存。

⑥ 按照标准滴定溶液制备的操作步骤制备标准滴定溶液，及时记录数据，准确获得标准滴定溶液的浓度，保留四位有效数字。

⑦ 按照拟定检验操作步骤，在规定的时间内完成样品中物质含量的测定，并按表 0-7 所示格式及时、认真、规范地填写检验原始记录，确保检验结果准确可靠。

表 0-7　××××测定记录

标准溶液浓度________；样品名称________；样品编号________；测定日期________

编号		1#			2#		
样品和称量瓶质量/g							
倾出样品后样品和称量瓶质量/g							
样品质量/g							
		1	2	3	1	2	3
试液体积/mL							
消耗标准滴定溶液体积/mL	末读数						
	初读数						
	净用量						
滴定管体积校正值/mL							
温度补正值/mL							
实际消耗标准滴定溶液体积/mL							
空白值							
计算公式							
样品中××××含量/%							
××××的平均含量/%							
相对平均偏差							

⑧ 及时处理检验结果，出具如表 0-8 所示的检验报告；相关质量控制人员审核检验报告单，授权人签字确认，分发报告单。

表 0-8　产品检验报告单

编　　号：________

样品名称：________　　受检批号：________

样品编号：________　　受检批量：________

取样点编号：________　　受检日期：________

取 样 人：________　　执行标准：________

项　目	指标			实测结果	备注
	优等品	一等品	合格品		
分析报告结论					
检验员/日期：		审核人/日期：			

四、一般岩石矿物分析试样的制备

化学分析样品的加工粒度因矿种的不同而不同，如：硅酸盐要求160～200目、黄铁矿只要求100～120目、光栅光谱分析样品则要求200目。如样品矿种不明，一般要求160～200目。

分析试样的制备原则上可分为三个阶段：即粗碎、中碎和细碎。每个阶段又包括破碎、过筛、混匀和缩分四道工序。根据实验室样品的粒度和样品质量的情况，试样制备过程中应留存相应的副样。样品的烘样温度和最终破碎粒度见表0-9。

表0-9　各类岩石矿物样品烘样温度和分析样品粒度要求

岩矿样品种类	碎后粒度/mm	烘样温度/℃	备注
花岗岩等各种硅酸盐	0.097～0.074	105	
石灰石、白云石、明矾石	0.097	105	
石英岩	0.074	105	
高岭土、黏土	0.097～0.074	不烘样、校正水分	
磷灰石	0.125	105～110	GB/T 1868—1995
黄铁矿	0.149	100～105或不烘样校正水分	GB/T 2460—1996
硼矿	0.097	60	
石膏	0.125	55	
芒硝	0.250～0.177	不烘样、校正水分	
铁矿	0.097～0.074	105～110	GB/T 1361—1978
锰矿	0.097	不烘样、校正水分	
铬铁矿、钛铁矿	0.074	105	
铜矿、铜锌矿	0.097	60～80	
铝土矿	0.097～0.074	105	
钨矿、锡矿	0.097～0.074	105	
铋矿、锑矿、钼矿、砷矿	0.097	60～80	
镍矿、钒矿、钴矿	0.097	105	
汞矿	0.149	不烘样	
金、银、铂族	0.074	60～80(金和铂族可以不烘)	
铀矿	0.097～0.074	105	
油页岩	0.250～0.177	不烘样	
化探样品	0.097～0.074	不烘样	
物相分析、亚铁测定	0.149	不烘样	
稀有元素矿	0.097	105	
金红石	0.097	105	
蛇纹岩、滑石、叶蜡石	0.097	105	
天青石、重晶石、萤石	0.097	105	
岩盐样品	0.149	不烘样、校正水分	
单矿物样品	0.074	105	
炭质页岩	0.097	105	
混质页岩	0.125	105	

注：不允许超过表中所示温度。

一般岩石矿物分析试样的制备流程见图0-1。

试样混匀是保证缩分具有代表性的关键环节，常用的有堆锥法、滚移法。

1. 堆锥法

主要用于粒度小于100mm的矿样，如果矿样中有大于100mm的粒级，可预先将这部

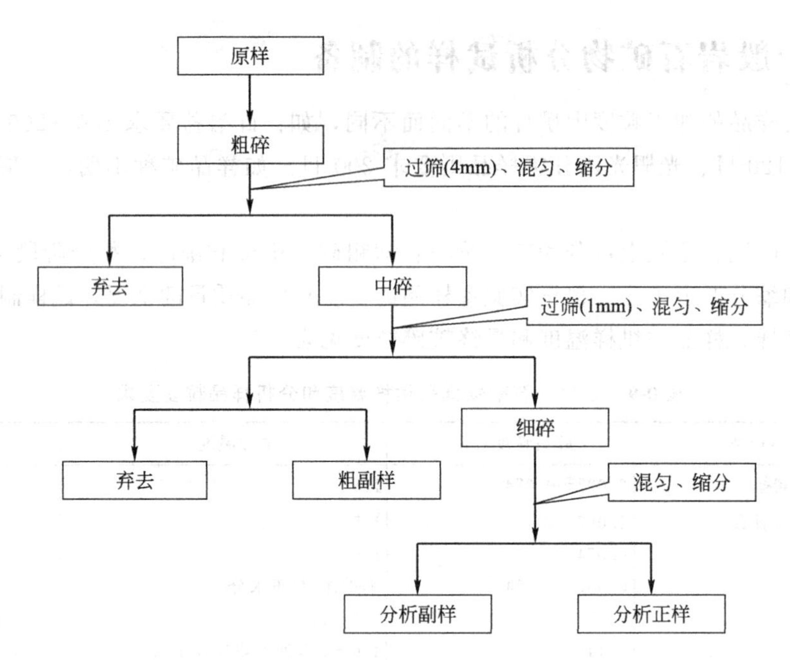

图 0-1 一般岩石矿物分析试样的制备流程

分矿样挑选出来碎至 100mm 以下后进行堆锥。具体方法是将试样用铁铲堆成锥形，每次堆锥时，均需把物料送到锥顶，让物料均匀地从锥顶滑下。堆好一次后，换个地方按上述方法再堆一次，这样反复三次，然后用四分法或二分法缩分。

2. 滚移法

该法用于矿量较少，粒度小于 3mm 的样品。其方法是将样品放在正方形的塑料布或胶布上，然后对角合起来，让矿样在布上反复滚动几次，每次滚动让试样超过对角线，放下一副对角，拿起另一副对角照上述办法重复进行，这样交替反复 10 次以上。

矿样混匀后，要进行缩分，以获得要求的样品质量。常用的方法有以下几种。

（1）堆锥四分法（四分法）

此法是先将混匀的矿样堆成锥形，然后用薄板插至矿堆到一定深度后，旋转薄板将矿堆展平成圆盘状，再通过中心点划十字线，将其分成 4 个扇形部分，取其对角部分合并成一份矿样；如果矿量过大，可照此法再进行缩分，直到符合所需要的质量为止。

（2）二分器法

此法一般用于矿粒尺寸在 3mm 以下、质量又不大的物料的缩分，由二分器来完成。为了使物料顺利通过小槽，小槽宽度应大于物料中最大矿粒尺寸的 3～4 倍。使用时，两边先用盒接好，再将矿样沿二分器上端沿整个长度徐徐倒入，从而使矿样分成两份，取其中一份作为需要矿样。如果矿样量还大，再进行缩分，直到缩分到所需的矿量为止。

（3）方格法

将试样混匀以后摊平为一薄层，划分为许多小方格，然后用平铲逐格取样。为了保证取样的准确性，必须做到以下几点：一是方格要划匀，二是每格取样量要大致相等，三是每铲都要铲到底。此法一般用于粒度在 0.3mm 以下的细粒矿样，可同时连续分出多个小份试样，因而常用于取化学分析试样和浮选试样。

（4）割环法

将用移锥或环锥法混匀的试样，耙成一圆环，然后沿圆环依次割取小份试样。割取时应注意以下两点：一是每一个单份试样均应取自环周上相对的两处；二是铲样时每铲均应从上到下、从外到里铲到底，而不能是只铲顶层而不铲底层，或只铲外缘而不铲内缘。

实验室可以根据用户送来的实验室样品的粒度、样品的质量大小以及自身碎样设备的具体情况，确定分析试样制备的阶段和工序。样品质量较小、粒度较细或者自身碎样设备具有连续破碎缩分功能时，实验室也可以省略上述三个阶段中的粗碎或中碎阶段或省略某个阶段中的缩分工序。但是无论采用哪几个步骤和工序制备分析试样，均必须保证分析试样对实验室样品的代表性，采用自动缩分时，必须保证符合切乔特缩分公式的要求。

五、特殊岩石矿物分析试样的制备

1. 黄铁矿和测定亚铁分析试样的制备

将中碎后通过 1.00mm 筛的试样直接用棒磨细碎机细碎。如采用圆盘细碎机，不能将磨盘调得太紧，以免磨盘发热引起试样在磨样过程中氧化变质。如磨样时间长，引起磨盘发烫时，必须将磨盘冷却后再继续加工。要求制备的分析试样最后粒度只需通过 0.149mm（100 目）筛，黄铁矿副样应装入玻璃瓶中蜡封保存。测定亚铁的分析试样不烘样。铬铁矿中 FeO 的测定样品，应粉碎到 0.074mm。

2. 铬铁矿分析试样

破碎铬矿时，应避免铁质混入，可用高强度锰钢磨盘或镶合金磨盘加工，然后分取少量试样用三头研磨机玛瑙研细至 0.074mm。

3. 石英砂、石英岩、高岭土、黏土、瓷土等分析试样

这类试样制备过程中不能使用铁制工具，以免引进铁质。对石英岩来说，若较致密、坚硬不易破碎，可将样品在 800℃以上灼烧约 1h，然后迅速将灼热的样品放入冷水中骤冷，使试样疏松，易于破碎，样品从水中取出风干后，再进行粗碎。

4. 岩盐、芒硝、石膏分析试样

芒硝、岩盐和含有芒硝、岩盐的石膏样品，各项分析结果均应以湿基原样为计算标准。为避免样品中水分的损失，样品应尽可能就地、及时制样和分析。若送样路途较远，送样时间较长，样品应装瓶、密封、尽快送出，实验室收样开瓶后，应立即粗碎，迅速装入干净的搪瓷盘中，称重，然后放入干燥箱中，于 40～50℃烘 6～8h（样品很湿时还可以延长），烘干后称重，计算样品在此过程中失去的水分。即：

$$w(\mathrm{H_2O})=\frac{\text{原样质量}-\text{烘干后样品质量}}{\text{原样质量}}\times 100\%$$

此后，继续按一般样品加工制备，但在破碎和缩分过程中，也应防止水分变化而尽可能使工作在短时间内连续进行，试样制好后应尽快装瓶，以免吸收水分。

石膏样品的制样粒度为 0.125mm（120 目），对不含芒硝、岩盐的样品于 55℃烘样 2h；对含有芒硝、岩盐的样品则不烘样，立即装入瓶内。

岩盐样品，制样粒度为 0.149mm（100 目）。

上述样品均应留粗副样，装入玻璃瓶中，盖严蜡封保存。

5. 云母、石棉分析试样

云母、石棉试样制备时，可先用剪刀剪碎，然后在玛瑙研钵中磨细，也可以先灼烧使云母变脆，然后粉碎、混匀，但不烘样。纯度不高的石棉、云母样品，可按一般岩矿分析试样进行制备，采用棒磨细碎机细碎至0.125mm。

6. 沸石分析试样

沸石样品经中碎全部通过0.84mm后，需留800g左右试样，缩分出一半作为副样保存，另一半再缩分为两份，一份A样过筛后作为吸钾分析试样，另一份B样加工后作为阳离子总交换容量及化学分析用试样。

吸钾分析试样因分析需用0.84～0.42mm（20～40目）的试样，将A样过0.42mm筛，筛上试样一次不要放得太多，以免筛上留存小于0.42mm的细粒试样，最后筛上0.84～0.42mm的试样应小于过筛试样的10%，取筛上试样供吸钾分析用，筛下试样弃去，不烘样。

阳离子总交换容量分析试样，将B样细碎至全部通过0.105mm（140目）筛，缩分为两份，一份样品为测定阳离子总交换容量的分析试样，另一份为化学分析试样。化学分析试样继续粉碎通过0.074mm筛，不烘样，分析后校正水分。沸石吸水性很强，副样应装瓶密封或放在塑料袋中密封保存。

7. 膨润土分析试样

样品粗碎前，应在干燥箱内于105℃下烘干，然后取出尽快地进行粗碎和中碎。通过1.00mm筛后，留副样，装入塑料瓶（袋）中密封保存。正样倒入干净的搪瓷盘中，再于105℃下烘干，继续进行细碎通过0.074mm筛，备作可交换阳离子和交换总量、脱色率、吸蓝量、胶质价、膨胀容、pH值等测试项目用。

8. 物相分析试样

物相分析对试样的粒度要求较严，颗粒应尽量均匀一致。在制样时不能一次磨细，磨盘不可调得太紧，应逐步破碎，多次过筛，以免试样产生过细颗粒。一般物相分析试样过0.149mm（100目）筛，不烘样。含硫化物高时，应用手工磨细或用棒磨细碎机细碎。金红石、硅灰石的物相分析试样应过0.097mm（160目）筛。

9. 单矿物分析试样

单矿物样品质量很小（特别是稀有元素单矿物），所以在破碎时不能沾污，不能损失，必须在玛瑙研体中压碎和磨细至0.074mm（200目）。

10. 组合分析试样

每个勘探矿区采样分析进行到一定程序后，需要提出一定数量的组合分析样，测定其基本分析项目中未测定的有益元素和有害杂质。组合样是由几件或几十件样组合而成的，组合的方法为按采样长度比计算出每件单样应称取的量。计算方法为：

单样(g)=[单样长度(cm)/组合长度(cm)]×组合样质量(g)

一般组合样的质量不少于200g。由于试样是由粒度细和件数较多的单样组合而成的，量又较大，仅在橡皮布上不易混匀，有的试样因存放过久会有结块现象，为此，可采用将圆盘细碎机的磨盘调松一些，把组合后的试样先细碎一次，然后选用比原样粒度粗一点的筛子过筛，使试样松散，再充分混匀、缩分、粉碎至分析所需粒度。另一简单方法是将组合好的试样直接进入或烘干后装入棒磨筒中，棒磨至分析所需粒度。如不需对组合样继续粉碎，也可用棒磨磨样约半小时初步混匀。

11. 水系沉积物和土壤试样

水系沉积物和土壤样细碎加工的粒度要求达到 0.074mm（200 目）。符合粒度要求的试样质量应不少于加工前试样质量的 90%，凭手感检查试样是否达到 0.074mm（200 目）的粒度，不需过筛。

六、金矿和铂族矿分析试样的制备

1. 金矿样品的特性

金在矿石中往往可能以自然金状态存在，嵌布极不均匀，且富有延展性，所以给试样制备造成困难。

2. 金矿样品的缩分

由于金矿样品中基岩母质与金粒不能同步破碎，用基岩的最大颗粒直径代替金粒最大颗粒直径是不适合的。除微细粒级型金矿样品外，样品缩分不应该采用切乔特公式，每一矿区的样品，应经试验确定金粒度级别后，再确定其缩分程序。

3. 金矿分析试样的制备流程

金矿试样的制备应根据自然金在样品中粒度的分布情况，制订不同流程式，并兼顾不同的分析取样量。流程中的关键是确定第一次缩分时的试样粒度，有条件的矿区，应通过试验研究求得。

① 微细粒型金矿样品、普查拣块和零星金矿样品制样流程应当采用一般岩矿样品制样流程，K 值选用 0.8，第一次缩分试样的粒度应小于 0.84mm。

② 其他金矿样品。可以根据样品中金的赋存状态和金颗粒大小，查阅参考资料，制订具体的试样制备方法。如采用人工重砂，筛上筛下分别测试金品位的方法，重砂尾矿和筛下物的破碎按照一般金矿的制备方法进行。

③ 金粒度级别的划分。为了金矿试样制备的需要，根据样品中自然金的不同粒度而划分为加工难易不一的不同级别，具体划分见表 0-10。

表 0-10　金粒度级别划分表

自然金粒度/mm	按粒级分	按加工难易分
全部远小于 0.07	微粒金矿	极易碎
全部小于 0.07	细粒金矿	易碎
小于 0.07 占 80%以上，0.07～0.3 占 20%以内	中粒金矿	可碎
小于 0.07 占 70%左右，0.07～0.3 占 20%左右，0.3～0.5 占 10%	粗粒金矿	难碎
小于 0.07 占 70%以内，大于 0.3 占 30%以上	巨粒金矿	极难碎

注：上述统计是按自然金的颗粒数计算的，若换算为质量比，则粗粒所占的比例更大。

4. 金矿制样质量的简易判别

金矿分析试样制备得是否均匀和具有代表性，除按总的制样质量检查办法进行外，还可用分析副样的方法简易判别制样质量。

取金含量为 (10～50)×10－6 的试样几件，每件样分析测定三份以上，全部分析测定由一人在条件一致的情况下平行进行。最后统计每件样品的三份以上分析结果的精密度，如分析结果极差值超差，应查找原因和改进制样流程。对于零星拣块样，应采用不少于三份样品分析结果的平均值作为分析结果报出。

5. 铂族矿分析试样的制备

铂族矿分析试样的设备，同金矿试样的制备。

七、分析试样制备的质量检查

1. 制样损耗率的要求

分析试样在制样全过程中，应尽量减少样品损失。但是粗碎时的样品的蹦跳，细碎时排风除尘和制样机黏结残留都可能使一部分试样损耗，样品损耗将影响试样质量。按粗碎、中碎、细碎三个阶段分别计算损耗率，要求粗碎阶段损耗率低于3%、中碎阶段低于5%和细碎阶段低于7%。

计算式为：

$$损耗率=\frac{原样量或最后缩分留样量-碎筛后量}{原样量或最后缩分留样量}\times 100\%$$

各个阶段的制样损耗率不得低于上述要求，如低于此标准应从制样过程中查找原因，特别应注意排风量的大小。细碎时排风量过大，造成密度较高的金属矿物部分相对富集，降低了制样的代表性。

2. 制样中质量差的要求

试样缩分时，每次缩分后两部分试样之质量差不得大于缩分前试样质量的3%。缩分质量差的计算式如下：

$$缩分质量差=\frac{|留样质量-弃样质量|}{缩分前样品质量}\times 100\%$$

3. 试样制备的内部抽查制样质量和样品的过筛检查

对于普查、详查和勘探矿区的分析试样，在第一批试样制备时，应抽取20～30件试样进行内部检查。大型矿，样品抽样量应不少于30件；中型矿，应不少于20件。

制备检查试样应在基本样碎完后再通知进行，以防止将基本样与抽查样合在一起重新混匀后再加工。

抽查制样质量的方法为：由测试管理人员确定检查的样号，样品应于第一次缩分后，在原要弃去的一半样品中抽取，每30～50件试样抽查一个。待基本样碎完后，测试管理人员通知制样组抽查的样品编号，未被抽查的试样弃去，抽查的试样按正样要求的制样流程进行加工，并将此份抽查的分析试样和正样分析试样一同送交进行主要分析项目的测定。依相应的允许限判断单项分析质量，之后统计抽查试样分析项目的合格率，分矿区进行统计，合格率应不低于90%。

合格率低于90%时，应停止试样制备工作，检查试样制备过程中各个环节，排除造成试样制备不合格的因素，并重新抽查制样质量直至合格率达到要求。

对普查、详查和勘探矿区的分析试样在整个制样过程中，应抽取3%～5%的试样进行各粒级副样或分析正样的过筛检查，抽查试样应不少于30件。

试样粒度检查应在试样制备完成后，由测试管理人员通知制样组抽查试样的编号，提取各粒级副样或分析正样，按照规定的筛号（网目）过筛，过筛率达到95%为合格。

过筛率(%)=通过规定筛号的样品质量×100/过筛前样品总质量

八、副样管理

1. 副样保存时间

① 区域地质调查和区域矿产普查工作结束，报告经批准后，副样应根据不同情况处理。

可及时处理的副样包括以下几种。

a. 区域化探（原生晕、次生晕、分散流）样品；b. 外部检查分析样品；c. 自然重砂和人工重砂的原矿样品、轻矿物部分；d. X射线鉴定和差热分析样品；e. 非金属矿的物化性质和工艺性能试验样品（不包括应按规定权限处理的特种非金属矿，如压电水晶、金刚石等）。

应保存五年的副样包括以下几种。

a. 基本分析样品（若分析结果经外部检查质量符合要求和基本分析的组合样品中伴生有益、有害组分已经进行检查，则基本分析样品可在地质报告批准后及时处理）；b. 自然重砂和人工重砂的重矿物部分；c. 岩矿鉴定及古生物标本和光薄片。

② 矿产普查和详查阶段的地质报告审查批准后，凡已做出否定评价的矿区（点）的样品副样无继续保存的必要，一般即可处理。

凡矿区由普查转入详查阶段，或由详查转入勘探阶段，在本地质工作阶段报告批准后，按下述两种办法处理。

可以及时处理的样品副样，包括以下几种。

a. 区域化探（原生晕、次生晕、分散流）样品；b. 外部检查分析样品；c. 自然重砂和人工重砂的原矿样品、轻矿物部分；d. X射线鉴定和差热分析样品；e. 选（冶）试验原矿样品及产品；f. 非金属矿的物化性质和工艺性能试验样品（不包括应按规定权限处理的特种非金属矿，如压电水晶、金刚石等）。

需要保存到下一阶段工作结束时的副样，包括以下几种。

a. 基本分析样品（若分析结果经外部检查质量符合要求和基本分析的组合样品中伴生有益、有害组分已经进行检查，则基本分析样品可在本地质工作报告批准后及时处理）；b. 自然重砂和人工重砂的重矿物部分；c. 岩矿鉴定标本及光薄片；d. 选（冶）试验原矿样品及产品。

③ 勘探工作结束，报告经正式批准后，可与有关归口工业部门联系，如果需要样品副样，则可办理移交手续；如有关工业部门明文不需要，副样则自行处理。若勘探报告经批准后，尚无工业归口单位，则实验样品副样应继续保存。

④ 下述实验样品副样，实验工作结束后保存一年，一般即可处理。

易氧化和易变质的（如黄铁矿、煤）以及易水解盐类的矿产（如岩盐、钾镁盐等）分析样品；[注：对这类矿产，要求送样单位（地质勘探）必须做好作为副样保存的岩芯保管工作。] 普查拣块样品；岩石和土的物理性能试验样品；岩石弹模变型试验样品和岩石的密度测试样品。

⑤ 下述试验样品，实验工作结束发出报告后，一个月内无质量疑义即可处理，一般不保存副样。

水质分析样品；易变质的硫化矿选冶试验样品；岩石和土的力学试验样品；岩石、矿石和煤的体重测试样品；非本系统的单位所送的实验样品。

⑥ 对有问题或需进一步综合分析、综合评价、综合研究的实验样品、标本和光薄片，应暂保留，待研究查清之后，按上述类别规定时间处理；对于某些特有的、新型的岩石、矿石、矿物标本、光薄片、地层命名或标准剖面、典型岩体、岩石标本和各队区域调查每个图幅代表性岩矿及古生物标本，应建立陈列室或送地质博物馆长期保存。

⑦ 凡是只有一份副样的样品，可在上述副样保存时间有关规定的基础上，根据本地区情况，予以适当延长。如送样单位已有副样，实验室的副样保存时间则可按原规定处理。

2. 副样保存

① 必须建立专用的实验样品副样库，仓库应注意通风、防潮、防火。设副样架，指定专人负责管理，实行登记造册和送、收、移交样品签字制度，库内不得堆放杂物，经常保持库内整洁。

② 实验样品副样一般均应装入牢固的牛皮纸袋（如为黄铁矿、煤或岩盐等易变质的样品，则应装入密闭瓶内），或使用不吸湿的容器保存，副样袋应写明批号；容器应写明送样单位和年批号，按一定顺序放入副样库，妥善保管。并保持整齐干燥，避免阳光直射，防止风化变质。

③ 岩矿分析一般只需保存一种副样，且以分析样品副样作为副样。分析样品副样的留存量：一般样品保留 200g，贵金属样品保留 500g；若为硫化矿物、岩盐等易变质的样品和沸石样品，以及详查、勘探矿区的内部检查样品，则应以 0.84mm 粗样 400～600g 作为副样；若为煤样，可从小于 3mm 的煤样中直接缩分出 0.5kg 作为副样；对于样品质量少，仅要求作工业分析的煤样，亦可以 0.84mm 粗样作为副样。粗副样保存质量，均应符合 $Q=Kd^2$ 公式要求。例如某试样 12kg（$K\approx0.1$）经破碎后全部通过 40# 筛孔（最大粒度直径为 0.42mm）应保留的试样为

$$Q\geqslant0.1\times0.42^2\text{kg}=0.18\text{kg}$$

计算结果说明试样经 6 次连续缩分后，可使保留试样质量为

$$12\times(1/2)^6\text{kg}=0.187\text{kg}$$

若要进一步缩分，必须经研磨并通过较小筛孔的筛子后才行，否则影响试样的代表性。

九、试样的分解

在实际分析工作中，除干法分析外，通常要先将试样分解，把待测组分定量转入溶液后再进行测定。在分解试样的过程中，应遵循以下几个原则：①试样的分解必须完全；②在分解试样的过程中，待测组分不能有损失；③不能引入待测组分和干扰物质。根据试样的性质和测定方法的不同，常用的分解方法有溶解法、熔融法和干式灰化法等。

1. 溶解法

采用适当的溶剂，将试样溶解后制成溶液的方法，称为溶解法。常用的溶剂有水、酸和碱等。

（1）水溶法　用水溶解试样最简单、快速，适用于一切可溶性盐和其他可溶性物料，直接用蒸馏水溶解制成溶液。常见的可溶性盐类有硝酸盐、醋酸盐、铵盐、绝大多数的碱金属化合物、大部分的氯化物及硫酸盐。当用水不能溶解或不能完全溶解时，再用酸或碱溶解。

(2) 酸溶法　酸溶法是利用酸的酸性、氧化还原性及形成配合物的性质，使试样溶解制成溶液。钢铁、合金、部分金属氧化物、硫化物、碳酸盐矿物、磷酸盐矿物等，常用多种无机酸及混合酸作溶解试样的溶剂。常用的酸有以下几种。

① 盐酸（HCl）　大多数氯化物均溶于水，电位序在氢之前的金属及大多数金属氧化物和碳酸盐都可溶于盐酸中，另外，Cl^- 还具有一定的还原性，并且还可与很多金属离子生成配离子而利于试样的溶解。常用来溶解赤铁矿（Fe_2O_3）、辉锑矿（Sb_2S_3）、碳酸盐、软锰矿（MnO_2）等样品。在硅酸盐系统分析中，利用盐酸的强酸性、氯离子的配位性，可以分解正硅酸盐矿物、品质较好的水泥和水泥熟料试样。例如，GB/T176《水泥化学分析方法》中，以氯化铵重量法测定水泥或水泥熟料中的二氧化硅时，若试样中酸不溶物含量小于0.2%，则可用盐酸分解试样。分离除去二氧化硅后所得试验溶液可用来测定铁、铝、钛、钙、镁等成分。

用盐酸分解试样时宜用玻璃、塑料、陶瓷、石英等器皿，不宜使用金、铂、银等器皿。

② 硝酸（HNO_3）　具有强氧化性的强酸，作为溶剂，它兼有酸的作用和氧化作用，溶解能力强而且快。几乎所有的硝酸盐都溶于水，除铂、金和某些稀有金属外，浓硝酸几乎能溶解所有的金属及其合金。铁、铝、铬等会被硝酸钝化，溶解时加入非氧化酸，如盐酸除去氧化膜即可很好地溶解。几乎所有的硫化物也都可被硝酸溶解，但应先加入盐酸，使硫以H_2S的形式挥发出去，以免单质硫将试样裹包，影响分解。一般用于单项测定中溶样，如用氟硅酸钾容量法测定水泥熟料中的 SiO_2 时，多用硝酸分解试样。但在系统分析中很少采用硝酸溶样，这是由于硝酸在加热蒸发过程中易形成难溶性碱式盐沉淀而干扰测定。

③ 硫酸（H_2SO_4）　除钙、锶、钡、铅外，其他金属的硫酸盐都溶于水。热的浓硫酸具有很强的氧化性和脱水性，常用于分解铁、钴、镍等金属和铝、铍、锑、锰、钍、铀、钛等金属合金以及分解土壤等样品中的有机物等。硫酸的沸点较高（338℃），当硝酸、盐酸、氢氟酸等低沸点酸的阴离子对测定有干扰时，常加硫酸并蒸发至冒白烟（SO_3）来驱除。

④ 磷酸（H_3PO_4）　是一个中强酸，其酸效应仅强于 H_2F_2。但在200～300℃（通常在250℃左右）是一种强有力的溶剂，因在该温度下磷酸变成焦磷酸，具有很强的配位能力，能溶解不被盐酸、硫酸分解的硅酸盐、硅铝酸盐、铁矿石等矿物试样。对于含有高碳、高铬、高钨的合金也能很好地溶解，但系统分析中，溶液含有大量的磷酸存在是不适宜的，因为磷酸与许多金属离子会形成难溶性化合物，会干扰配位滴定法对铁、铝、钙、镁等元素的测定，故磷酸溶样只适用于某些元素的单项测定，如在水泥控制分析中，铁矿石、生料试样中铁的快速测定，萤石中氟的蒸馏法测定，水泥中三氧化硫的还原碘量法测定等。

由于磷酸对许多硅酸盐矿物的作用甚微，所以常加入其他酸或辅助试剂，如与 H_2F_2 联用，可以彻底分解硅酸盐矿物。用磷酸分解试样时，温度不宜太高，时间不宜太长，否则会析出难溶性的焦磷酸盐或多磷酸盐；同时，对玻璃器皿的腐蚀比较严重。

⑤ 高氯酸（$HClO_4$）　热的、浓高氯酸具有很强的氧化性，能迅速溶解钢铁和各种铝合金。能将Cr、V、S等元素氧化成最高价态。高氯酸是最强的酸，沸点为203℃，用它蒸发赶走低沸点酸后，残渣加水很容易溶解，而用 H_2SO_4 蒸发后的残渣常常不易溶解。因此，$HClO_4$ 可用于除去溶样后剩余的氢氟酸。高氯酸也常作为重量法中测定 SiO_2 的脱水剂。热的浓高氯酸具有强氧化性和脱水性，遇有机物或某些无机还原剂（如次亚磷酸、三价锑等）时会激烈反应，发生爆炸。高氯酸蒸气与易燃气体混合形成猛烈爆炸的混合物。在操作时应

特别小心。

⑥ 氢氟酸（HF） 氢氟酸的酸性很弱，但F^-的配位能力很强，能与Fe(Ⅲ)、Al(Ⅲ)、Ti(Ⅳ)、Zr(Ⅳ)、W(Ⅴ)、Nb(Ⅴ)、Ta(Ⅴ)、U(Ⅵ) 等离子形成配离子而溶于水，并可与硅形成SiF_4而逸出。

氢氟酸是弱酸，但却是分解硅酸盐试样唯一最有效的溶剂，因为F^-可与硅酸盐中的主要成分硅、铝、铁等形成稳定的易溶于水的配离子。氢氟酸分解的常用方案有三种。第一，用氢氟酸与硫酸或高氯酸混合，可分解绝大多数硅酸盐矿物。使用氢氟酸和硫酸（或高氯酸）分解试样的目的，通常是为了测定除二氧化硅以外的其他组分，或硅的存在对其他组分测定有干扰时，二氧化硅以四氟化硅的形式挥发。加入硫酸的作用是防止试样中的钛、锆、铌等元素与氟形成挥发性化合物而损失，同时利用硫酸的沸点（338℃）高于氢氟酸沸点（120℃）的特点，加热除去剩余的氢氟酸，以防止铁、铝等形成稳定的氟配合物而无法进行测定。第二，用氢氟酸或氢氟酸加硝酸分解样品，用于测定SiO_2。第三，用氢氟酸于120～130℃温度下增压溶解，所得制备溶液可进行系统分析测定SiO_2、Al_2O_3、Fe_2O_3、TiO_2、MnO、CaO、MgO、Na_2O、K_2O、P_2O_5等。

当用氢氟酸处理试样时，由于HF能与玻璃作用，因此不能在玻璃器皿中进行，也不宜用银、镍器皿，只能用铂金器皿或塑料器皿。目前国内广泛采用聚四氟乙烯器皿。

(3) 混合酸溶法

① 王水 HNO_3与HCl按1∶3（体积比）混合。由于硝酸的氧化性和盐酸的配位性，使其具有更好的溶解能力。能溶解Pb、Pt、Au、Mo、W等金属和Bi、Ni、Cu、Ga、In、U、V等合金，也常用于溶解Fe、Co、Ni、Bi、Cu、Pb、Sb、Hg、As、Mo等的硫化物和Se、Sb等矿石。

② 逆王水 HNO_3与HCl按3∶1（体积比）混合。可分解Ag、Hg、Mo等金属及Fe、Mn、Ge的硫化物。浓HCl、浓HNO_3、浓H_2SO_4的混合物，称为硫王水，可分别溶解含硅量较大的矿石和铝合金。

③ $HF+H_2SO_4+HClO_4$ 可分解Cr、Mo、W、Zr、Nb、Tl等金属及其合金，也可分解硅酸盐、钛铁矿、粉煤灰及土壤等样品。

④ $HF+HNO_3$ 常用于分解硅化物、氧化物、硼化物和氮化物等。

⑤ $H_2SO_4+H_2O_2+H_2O$，H_2SO_4∶H_2O_2∶H_2O按2∶1∶3（体积比）混合。可用于油料、粮食、植物等样品的消解。若加入少量的$CuSO_4$、K_2SO_4和硒粉作催化剂，可使消解更为快速完全。

⑥ $HNO_3+H_2SO_4+HClO_4$（少量）常用于分解铬矿石及一些生物样品，如动、植物组织、尿液、粪便和毛发等。

⑦ $HCl+SnCl_2$ 主要用于分解褐铁矿、赤铁矿及磁铁矿等。

(4) 碱溶法 碱溶法的主要溶剂为NaOH、KOH或加入少量的Na_2O_2、K_2O_2。常用来溶解两性金属，如铝、锌及其合金以及它们的氢氧化物或氧化物，也可用于溶解酸性氧化物如MoO_3、WO_3等。

2. 熔融法

熔融法是将试样与酸性或碱性熔剂混合，利用高温下试样与熔剂发生的多相反应，使试样组分转化为易溶于水或酸的化合物。该法是一种高效的分解方法。但要注意，熔融时，需加入大量的熔剂（一般为试样的6～12倍）而会引入干扰。另外，熔融时，由于坩埚材料的腐蚀，也会引入其他组分。在铂坩埚中熔融试样，通常于950～1000℃的温度下进行。在硅酸盐分析中熔剂的加入量一般为试样量的4～6倍，熔融时间30～40min即可。比较难熔（如含铝较高）的样品，可加6～10倍的碳酸钠，熔融时间也需适当延长。试样一般应粉碎通过200#筛，并且在熔融前仔细将试样与熔剂混匀，并在表面覆盖一层熔剂。

根据所用熔剂的性质和操作条件，可将熔融法分为酸熔、碱熔和半熔法。

（1）酸熔法　酸熔法适用于碱性试样的分解，常用的熔剂有$K_2S_2O_7$、$KHSO_4$、KHF_2、B_2O_3等。$KHSO_4$加热脱水后生成$K_2S_2O_7$，二者的作用是一样的。在300℃以上时，$K_2S_2O_7$中部分SO_3可与碱性或中性氧化物（如TiO_2、Al_2O_3、Cr_2O_3、Fe_3O_4、ZrO_2等）作用，生成可溶性硫酸盐。常用于分解铝、铁、钛、铬、锆、铌等金属氧化物及硅酸盐、煤灰、炉渣和中性或碱性耐火材料等。KHF_2在铂坩埚中低温熔融可分解硅酸盐、钍和稀土化合物等。B_2O_3在铂坩埚中于580℃熔融，可分解硅酸盐及其他许多金属氧化物。

例如，焦硫酸钾是一种酸性熔剂，适于熔融金属氧化物。熔融后变成金属的硫酸盐。这种熔剂对酸性矿物的作用很小，一般的硅酸盐矿物很少用这种熔剂进行熔融。

在硅酸盐分析中，焦硫酸钾主要用来分解在分析过程中所得到的已氧化过的物质或已灼烧过的混合氧化物，来测定其中某些组分。

用焦硫酸钾作熔剂，既可在铂坩埚中熔融，也可在瓷坩埚中熔融。在熔融过程中，除了二价铁易被氧化外，其他如二价锰、三价铬等都不能被氧化。在近300℃时，$K_2S_2O_7$开始熔化，达450℃时则开始分解，分解反应如下：

$$K_2S_2O_7 \xrightarrow{\geqslant 45℃} K_2SO_4 + SO_3$$

高温分解生成的SO_3可穿越矿物晶格，使矿样中的金属转化成可溶性硫酸盐。所以在熔解时适当调节温度以尽量使SO_3少挥发，这点非常重要。因为温度过高，SO_3尚来不及与被分解的物质起反应就已挥发掉，而焦硫酸钾则变成不起分解作用的K_2SO_4。另外，在高温下长时间熔融，也会使钛、锆、铬等元素形成难溶性的盐类。

在熔融刚一开始时，应在低温下加热，以防熔融物溅出。待气泡停止冒出后，再逐渐将温度升高到450℃左右（这时坩埚底部呈暗红色），直至坩埚内熔融物呈透明状态，分解即趋于完全。

在浸取熔融物时，温度最好在70℃左右，温度过高，TiO^{2+}易水解形成不溶性的偏钛酸（H_2TiO_3）。所以通常使用70℃左右的硫酸溶液来浸取熔融物。

（2）碱熔法　碱熔法用于酸性试样的分解。常用的熔剂有Na_2CO_3、K_2CO_3、$NaOH$、KOH、Na_2O_2和它们的混合物等。

① 用碳酸钠作熔剂　碳酸钠密度为2.53g/cm^3，熔点851℃，在热水中溶解度为45.5g/mL。是分析硅酸盐以及其他矿物较常用的重要熔剂之一。熔剂用无水碳酸钠一般是分析纯或优级纯。用碳酸钠分解试样，不仅操作方便，而且对系统分析中SiO_2、Fe_2O_3、Al_2O_3、TiO_2、MnO、CaO及MgO等的测定，不会引起不必要的影响。

碳酸钠是一种碱性熔剂，适用于熔融酸性矿物。当硅酸盐与碳酸钠一起熔融时，硅酸盐便被分解为硅酸钠、铝酸钠、锰酸钠等复杂的混合物。熔融物用酸处理时，则分解为相应的盐类并析出硅酸。例如，正长石的分解反应如下：

$$K_2Al_2Si_6O_{16}+7Na_2CO_3 \xrightarrow{\triangle} 6Na_2SiO_3+K_2CO_3+2NaAlO_2+6CO_2$$

碳酸钠和其他试剂混合作为熔剂，对许多特殊样品的分解有突出的优点，在实际工作中应用较多。例如碳酸钠加过氧化钠、硝酸钾、氯酸钾、高锰酸钾等氧化剂，可以提高氧化能力，使单独用碳酸钠不能分解的复杂硅酸盐试样分解完全。

用碳酸钠作熔剂时，通常是在铂坩埚中进行熔融或半熔（烧结）。

② 用碳酸钾作熔剂　碳酸钾也是一种碱性熔剂，熔点为891℃。一般在重量法的系统分析中，很少采用碳酸钾作为熔剂，因其吸湿性较强，同时钾盐被沉淀吸附的倾向比钠盐大，不容易从沉淀中洗净。但用碳酸钾熔融后的熔块却比碳酸钠的熔块易于溶解，所以在某些情况下也用到它。用氟硅酸钾容量法测定铝矾土、铝酸盐水泥等试样中的二氧化硅时，常用碳酸钾熔融法分解试样。

当碳酸钠和碳酸钾混合使用时，可降低熔点，用于测定硅酸盐中氟和氯的试样分解。Na_2CO_3［m. p.（熔点）：851℃］和 K_2CO_3（m. p. :891℃）Na_2CO_3 与 K_2CO_3 按 1∶1 形成的混合物，其熔点为700℃左右，用于分解硅酸盐、硫酸盐等。分解硫、砷、铬的矿样时，用 Na_2CO_3 加入少量的 KNO_3 或 $KClO_3$。用 Na_2CO_3 或 K_2CO_3 作熔剂宜在铂坩埚中进行。

Na_2CO_3+S 用来分解含砷、锑、锡的矿石，可使其转化为可溶性的硫代酸盐。由于含硫的混合熔剂会腐蚀铂，故常在瓷坩埚中进行。

③ 用氢氧化钾作熔剂　KOH、NaOH 对样品熔融分解的作用与 Na_2CO_3 类似，只是苛性碱的碱性强，熔点低。用氢氧化钾作熔剂进行熔融时、熔样温度为 400～500℃，可在小电炉上进行，于镍或银坩埚中熔融。KOH 的性质与 NaOH 相似，易吸湿，使用不如 NaOH 普遍。但许多钾盐溶解度较钠盐大，而氟硅酸盐却相反，因此，在水泥及其原材料分析中，以氟硅酸钾容量法单独称样测定 SiO_2，或硫酸钡重量法测定全硫含量时，多以氢氧化钾作熔剂在镍坩埚中熔融试样。

以氢氧化钾作熔剂在银坩埚中熔融，以盐酸或硝酸酸化，溶液会呈浑浊状态，另外在熔样过程中，熔融温度较高时，由于氢氧化钾易逸出，效果不理想，所以一般不以氢氧化钾作熔剂进行系统分析。

④ 用氢氧化钠作熔剂　NaOH 可以使样品中的硅酸盐和铝、铬、钒、铌、钽等两性氧化物转变为易溶的钠盐。例如斜长石：

$$CaAl_2Si_6O_{16}+14NaOH \longrightarrow 6Na_2SiO_3+2NaAlO_2+CaO+7H_2O$$

多年来的研究和实践工作证明，使用氢氧化钠作熔剂进行硅酸盐岩石和水泥及水泥原料分析是行之有效的，它适应性强，效果好，价格低廉。目前用氢氧化钠作熔剂，以银坩埚为熔器，采用配位滴定法及氟硅酸钾容量法的测定系统，已成为硅酸盐的常规分析方法，测定程序简单，快速，准确度高。现将此熔融法详细介绍如下。

熔融所需的氢氧化钠量、试样量为（8～10）∶1，熔融温度一般在 650℃左右保持 15～20min。熔块用沸水浸取。用浓硝酸或浓盐酸分解熔块，稀释至一定体积，供测定硅、铝、铁、钙、镁、锰、钛、磷等项目。

NaOH（m. p.：321℃）和 KOH（m. p.：404℃）二者都是低熔点的强碱性熔剂，常用于分解铝土矿、硅酸盐等试样。可在铁、银或镍坩埚中进行分解。用 Na_2CO_3 作熔剂时，加入少量 NaOH，可提高其分解能力并降低熔点。$NaOH+Na_2O_2$ 或 $KOH+Na_2O_2$ 常用于分解一些难溶性的酸性物质。

⑤ 用过氧化钠作熔剂　过氧化钠是一种强碱性和强氧化性的熔剂，适用于 Na_2CO_3、KOH 所不能分解的铬铁矿、钛铁矿、黑钨矿、辉钼矿、绿柱石、独居石等试样。例如铬铁矿的分解：

$$2FeCr_2O_4 + 7Na_2O_2 \xrightarrow{\triangle} Fe_2O_3 + 4Na_2CrO_4 + 3Na_2O$$

$$Fe_2O_3 + Na_2O_2 \longrightarrow 2NaFeO_4(\text{高铁酸钠}) + Na_2O$$

熔融时发生剧烈的氧化作用，使样品中低价化合物氧化，如熔融硫化物、砷化物时，硫被氧化成硫酸盐；砷被氧化成砷酸盐。同时，用过氧化钠熔融，可使某些元素互相分离，如熔融后用水提取时，铝、铬、钒、硫等进入溶液；铁、钛、钙、镁等成为不溶性残渣而分离出来。尽管如此，Na_2O_2 分解在全分析中仍较少应用，因为该试剂不易提纯，一般含硅、铝、钙、铜、锡等杂质，影响测定的准确性。

由于过氧化钠具有强烈的侵蚀作用，所以绝对不允许在高温下于铂坩埚中熔融，有时将 Na_2O_2 与 Na_2CO_3 混合使用，以减缓其氧化的剧烈程度。用 Na_2O_2 作熔剂时，不宜与有机物混合，以免发生爆炸。Na_2O_2 对坩埚腐蚀严重，而只能在镍、银、铁或刚玉坩埚中进行。熔融后将有较多的镍、银或铁等金属被侵蚀下来，因而在系统分析中，必须考虑这些离子的干扰。

⑥ 用硼砂作熔剂　硼砂（$Na_2B_4O_7$）也是有效熔剂之一。硼砂熔样的制备溶液不能用于钠和钾的测定。单独使用时由于熔剂的黏度太大，不易使试样在熔剂中均匀地分散；同时熔融后的熔块，用酸分解亦非常缓慢，故通常将硼砂与碳酸钠（钾）混合在一起［(1+1)～(1+3)］应用。它主要用于难分解的矿物，如铬铁矿、高铝样品、尖晶石、锆石、炉渣等的分析。

熔融用的硼砂，应为无水硼砂，否则应预先脱水。为此，将含结晶水的硼砂放在瓷蒸发皿或铂皿中，先低温加热，然后以 700～800℃加热至熔化（无水硼砂的熔点为 740℃）。冷却后变成无色玻璃状物质，研碎后放在磨口瓶中保存。

⑦ 用偏硼酸锂作熔剂　偏硼酸锂也是一种碱性较强的熔剂，可用于分解多种矿物（包括很多难熔矿物）。由于熔样速度快，大多数试样仅需数分钟即可熔融分解完全，所制得的试样溶液，可进行包括钾、钠在内的多项元素测定。但是熔融物冷却后呈球状，较难脱埚和被酸浸取。试剂价格也比较昂贵，因而在实际应用上受到一定的限制。

用碳酸锂和硼酸（或硼酸酐）按［(7+1)～(10+1)］的比例混合，以 5～10 倍于矿样质量相混合（经灼烧后成为 Li_2CO_3-$LiBO_2$ 混合物）于 850℃熔融 10min，所得熔块易于被 HCl 浸取。熔融在铂坩埚中进行。熔剂的用量一般不宜过多，以免引起铂坩埚的损耗。

(3) 半熔法　半熔法又称烧结法。该法是在低于熔点的温度下，将试样与熔剂混合加热至熔结。由于温度比较低，不易损坏坩埚而引入杂质，但加热所需时间较长。例如 800℃时，用 Na_2CO_3+ZnO 分解矿石或煤；用 MgO+Na_2CO_3 分解矿石、煤或土壤等。用碳酸钠半熔（烧结）法分解试样，一般用相当于试样质量 0.6～1 倍的碳酸钠。为使试样较快地分解完全，应先将试样在铂坩埚中于 950～1000℃的温度下灼烧 10min，然后再加研细的无水碳酸钠在同样温度下灼烧 10min。

半熔法的优点是：第一，熔剂用量少，带入的干扰离子少；第二，熔样时间短，操作速度快，烧结块易脱埚便于提取，同时也减轻了对铂坩埚的侵蚀作用。此法多用于较易熔样品的处理，如水泥、石灰石、水泥生料、水泥熟料等，在水泥厂中，对水泥生料、石灰石等试样的分析，采用氯化铵重量法测定二氧化硅的系统分析方法时，基本上都用半熔法分解试样。而对一些较难熔的样品则难以分解完全，因此有一定的局限性。

一般情况下，优先选用简便、快速、不易引入干扰的溶解法分解样品。熔融法分解样品时，操作费时费事，且易引入坩埚杂质，所以熔融时，应根据试样的性质及操作条件，选择合适的坩埚，尽量避免引入干扰。

3. 干式灰化法

常用于分解有机试样或生物试样。在一定温度下，于马弗炉内加热，使试样分解、灰化，然后用适当的溶剂将剩余的残渣溶解。根据待测物质挥发性的差异，选择合适的灰化温度，以免造成分析误差。也可用氧气瓶燃烧法。该法是将试样包裹在定量滤纸内，用铂片夹牢，放入充满氧气并盛有少量吸收液的锥形瓶中进行燃烧，试样中的硫、磷、卤素及金属元素，将分别形成硫酸根、磷酸根、卤素离子及金属氧化物或盐类等溶解在吸收液中。对于有机物中碳、氢元素的测定，通常用燃烧法，将其定量地转变为 CO_2 和 H_2O。

除以上几种常用分解方法外，还有在密封容器中进行加热，使试样和溶剂在高温、高压下快速反应而分解的压力溶样法；还有目前已被人们普遍接受、特点较为明显的微波溶样法，即利用微波能，将试样、溶剂置于密封的、耐压、耐高温的聚四氟乙烯容器中进行微波加热溶样。该法可大大简化操作步骤、节省时间和能源，且不易引入干扰，同时也减少了对环境的污染，原本需数小时处理分解的样品，只需几分钟即可顺利完成。

4. 使用铂坩埚熔融时应注意的问题

试样中如含有某些能被还原的物质，应在充分氧化的气氛中进行，否则，还原后的物质（如还原后的铁）与铂作用而生成一种紫褐色的薄层，会损坏铂坩埚。试样中如含有碳或硫化物等物质，应在熔融之前将试样小心灼烧，使其充分氧化。如果这类物质含量较高，应先在瓷坩埚中灼烧，然后再在铂坩埚中进行熔融。

当熔融物冷却后，如果呈蓝绿色，或在用水浸取时呈玫瑰色，则表明样品中有锰存在。如有铬存在，由于在熔融时形成铬酸钠而熔融物将呈黄色。锰和铬同时存在时，铬的黄色将被锰的颜色所掩蔽。如果试样中含有较多的锰或铬，当熔融物用盐酸溶解时，由于锰被盐酸还原成 Mn^{2+}，而铬酸则被还原成 Cr^{3+}；同时 HCl 被氧化生成氯气，氯与铂起强烈的作用，使铂成为氯铂酸而转入溶液中。因此，对这类试样不能直接用盐酸在铂坩埚中浸取熔融物。

当坩埚中的熔融物全部浸出之后，应检查一下坩埚内部是否有被侵蚀的现象。试样中铁的含量较高时（尤其是其中的铁以亚铁形式存在），坩埚常常会出现紫褐色，甚至黑色的薄层。即使是高价铁，如果在熔融时氧化不足，铁也会被还原，因而同样会形成这种紫褐色的薄层。有时这种现象可能不太明显，但将空坩埚灼烧之后，就可以明显地看到。此时应往坩埚中加入少许稀盐酸，并稍加热，以洗掉附在坩埚壁上的铁，洗液与主液合并。然后再将空坩埚灼烧一次，如未洗净，必须再用盐酸或进一步以焦硫酸钾熔融处理。否则会造成铁的分析结果偏低。

5. 试样分解方法的选择

选择试样分解方法的一般原则如下。

① 根据试样的化学组成、结构及有关性质来选择试样的分解方法。能溶于水的试样最后用水溶解。金属活动顺序中氢以前的金属，可被非氧化性的强酸来分解。金属活动顺序中氢以后的金属，可用氧化性的酸或混合酸来溶解。如试样为化合物，则酸性试样用碱溶（熔）法，碱性试样用酸溶（熔）法，对还原性试样采用氧化性的溶（熔）剂来分解。有时由于晶体结构不同，虽然化学组成相同，但选择的分解方法也不一样。如试剂 Al_2O_3 可溶于盐酸中，但天然的 Al_2O_3，如刚玉之类则不溶于盐酸，而需用熔融法分解。

② 根据待测组分的性质来选择试样的分解方法。通常一个试样经分解后可测定其中多种组分，但有时同一试样中的几种待测组分必须采用不同的分解方法。例如，测定钢铁中的磷时必须使用氧化性的酸（如硝酸）来溶解，将磷氧化成 H_2PO_4 后进行测定。若使用非氧化性的酸来溶解，则会使一部分磷生成 PH_3 而挥发损失，但在测定钢铁中其他元素时，则可用盐酸或硫酸溶解。

③ 根据测定方法来选择试样的分解方法。有时测定同一组分，由于测定方法不同，选择分解试样的方法也不同。例如，用重量法测定 SiO_2，一般用 Na_2CO_3 熔融后，以盐酸浸取，使 H_2SiO_3 沉淀析出。但用滴定法测定 SiO_2 时就要防止 H_2SiO_3 析出，否则测定结果偏低，因此就要改用 KOH 熔融，用水浸出后，趁热加硝酸，得到清亮溶液，以便进行滴定分析。

④ 在试样分解过程中，常引进某些阴离子或金属离子，因此选择分解方法时要考虑这些离子对以后的测定有无影响。例如测定某些物料中的 Mn，常将 Mn 氧化成 MnO_4^- 进行测定，用 Ag^+ 作催化剂，因此，分解此物料时要避免引入 Cl^-，以防止以后分析工作中形成 AgCl 沉淀，而影响测定。

以上仅讨论试样分解方法及其一般性的选择，在实际工作中，还要根据具体情况，全面考虑，综合运用。

【任务训练一】样品接收及分析检测程序的制订

训练提示

① 准确填写《样品检测委托书》，明确检测任务。

② 依据检测标准，制订详细的检测实施计划，其中包括仪器、药品准备单、具体操作步骤等。

③ 按照要求准备仪器、药品，仪器要洗涤干净，摆放整齐，同时注意操作安全；配制溶液时要规范操作，节约使用药品，药品不能到处扔，多余的药品应该回收，实验台面保持清洁。

④ 依据具体操作步骤认真进行操作，仔细观察实验现象，及时、规范地记录数据，实事求是。

⑤ 计算结果，处理检测数据，对检测结果进行分析，出具检测报告。

实验中应自觉遵守实验规则，保持实验室整洁、安静、仪器安置有序，注意节约使用试剂和蒸馏水，要及时记录实验数据，严肃认真地完成实验。

考核评价

过程考核	任务训练 样品接收及分析检测程序的制订				
	序号	考核项目	考核内容及要求(评分要素)		
			A	B	C
专业能力	1	项目计划决策	计划合理,准备充分,实践过程中有完整规范的数据记录	计划合理,准备较充分,实践过程中有数据记录	计划较合理,准备少量,实践过程中有较少或无数据记录
	2	项目实施检查	在规定时间内完成项目,操作规范正确,数据正确	在规定时间内完成项目,操作基本规范正确,数据偏离不大	在规定时间内未完成项目,操作不规范,数据不正确
	3	项目讨论总结	能完整叙述项目完成情况,能准确地分析结果,实践中出现的各种现象,正确回答思考题	能较完整地叙述项目完成情况,能较准确地分析结果,实践中出现的各种现象,基本能够正确回答思考题	能叙述项目完成情况,能分析结果,实践中出现的各种现象,能回答部分思考题
职业素质	1	考勤	不缺勤、不迟到、不早退、中途不离场	不缺勤、不迟到、不早退、中途离场不超过1次	不缺勤、不迟到、不早退、中途离场不超过2次
	2	5S执行情况	仪器清洗干净并规范放置,实验环境整洁	仪器清洗干净并放回原处,实验环境基本整洁	仪器清洗不够干净,未放回原处,实验环境不够整洁
	3	团队配合力	配合得很好,服从组长管理	配合得较好,基本服从组长管理	不服从管理
合计	100%				

拓展习题

1. 研究性习题

① 请课后查阅资料，谈谈岩石矿物在我国经济建设中的应用。

② 以小组为单位，探讨碎样、缩分的设备及使用方法。

③ 结合岩石矿物分析试样的制备，探讨测试样品制备、保存及质量检查的方法。

2. 理论习题

① 简述试样制备的目的和原则。

② 矿物试样制备时应注意哪些安全方面的问题?

③ 试样验收程序包括哪些方面?

④ 如何确定分析试样的制备量?

⑤ 常用的制样设备有哪些?

⑥ 试样混匀常用的方法有哪些?

模块一 硅酸盐岩石分析

知识目标

1. 了解硅酸盐的分类、组成及表示方法。

2. 了解硅酸盐的主要分析项目，全分析结果的表示、计算和分析意义。

3. 掌握硅酸盐试样的准备和制备方法。

4. 掌握硅酸盐中二氧化硅和氧化铝的主要分析方法的测定原理、试剂的作用、测定步骤、结果计算、操作要点和应用。

5. 了解三氧化二铁、二氧化钛、氧化钙和氧化镁等一般分析项目的分析方法、测定原理和应用。

能力目标

1. 能正确表示硅酸盐的组成、计算和分析结果。

2. 能正确进行硅酸盐试样的准备和制备操作，正确选择不同试样的分解处理方法及有关试剂和器皿。

3. 能够正确管理样品及副样，能够正确处理样品及副样保存时间。

4. 能运用氯化铵重量法或氟硅酸钾容量法测定硅酸盐试样中二氧化硅的含量。

5. 能运用 EDTA 直接滴定法或铜盐返滴定法测定硅酸盐试样中氧化铝的含量。

6. 能运用 EDTA 直接滴定法或原子吸收分光光度法测定硅酸盐试样中三氧化二铁的含量。

任务一 认识硅酸盐岩石

人类赖以生存的地球之外壳是一个岩石圈。这个岩石圈的岩石，是由各种矿物组成的。矿物又是由许多天然化学元素组成的，整个岩石圈里的岩石按其形成条件的不同可分为岩浆岩、沉积岩和变质岩三大类。岩浆岩和变质岩主要由硅酸盐组成，而沉积岩除了由硅酸盐组成外，还有碳酸盐岩石等。因此，从整体上来讲，可以说地壳大部分是由硅酸盐组成的。

硅酸盐不仅种类繁多，根据其生成条件不同，其化学成分也各不相同。总体上说，周期表中的大部分天然元素几乎都可能存在于硅酸盐岩石中。在硅酸盐中，SiO_2 是其主要组成成分。在地质学上，通常根据 SiO_2 含量的大小，将硅酸盐划分为五种类型，即极酸性岩［$w(SiO_2)>78\%$］、酸性岩［$65\%<w(SiO_2)<78\%$］、中性岩［$55\%<w(SiO_2)<65\%$］、基性岩［$38\%<w(SiO_2)<55\%$］和超基性岩［$w(SiO_2)<38\%$］。

组成硅酸盐岩石的化学成分中最主要的元素是氧、硅、铝、铁、钙、镁、钠、钾，其次是锰、钛、磷、氟、氯、锆、锂、硼、碳等。硅酸盐是硅酸中的氢被铁、铝、钙、镁、钾、钠及其他金属离子取代而生成的盐；因此，硅酸盐分析主要是对其中的二氧化硅和金属氧化物的分析。

一、硅酸盐的组成

硅酸盐可分为天然硅酸盐和人造硅酸盐。天然硅酸盐包括硅酸盐岩石和硅酸盐矿物等，在自然界分布较广，按质量计，约占地壳质量的85％以上。在工业上常见的有长石、黏土、滑石、云母、石棉和石英等。除此之外，硅酸盐岩石中还含有 Cr、V、Re、Sr、Ba、Cu、Ni、Co、Be、Rb、Cs、Nb、Ta、U、Th 等。在绝大部分矿石中都含有硅酸盐杂质，例如煤渣及冶炼金属的炉渣等。人造硅酸盐是以天然硅酸盐为原料，经加工而制得的工业产品，例如水泥、玻璃、陶瓷、水玻璃和耐火材料等。

在硅酸盐岩石和矿物中，由于类质同象比较普遍，致使其化学组成复杂化，但从结构上看，硅酸盐实际上并不是简单的由 SiO_2 和金属氧化物组成的，它们的基本结构单元是 SiO_2 硅氧四面体。这些硅氧四面体以单个或通过共用氧原子连接存在于小的基团、小的环状、无限的链或层中。因此，依结构不同，硅酸盐可划分为：a. 简单正硅酸型矿物；b. 缩合硅酸盐矿物；c. 环状硅酸盐矿物；d. 无限链状硅酸盐矿物；e. 无限层型硅酸盐矿物；f. 骨架型硅酸盐矿物等。由于硅酸盐的组成和结构非常复杂，通常用硅酸酐和构成硅酸盐的所有金属氧化物的分子式分开写以表示其构成，例如：

正长石　$K_2O \cdot Al_2O_3 \cdot 6SiO_2$ 或 $K_2Al_2Si_6O_{16}$

白云母　$K_2O \cdot 3Al_2O_3 \cdot 6SiO_2 \cdot 2H_2O$ 或 $H_4K_2Al_6Si_6O_{24}$

石　棉　$CaO \cdot 3MgO \cdot 4SiO_2$ 或 $CaMg_3Si_4O_{12}$

$$\text{水泥}\begin{cases} 2CaO \cdot SiO_2 \\ 3CaO \cdot SiO_2 \\ 3CaO \cdot Al_2O_3 \\ 4CaO \cdot Al_2O_3 \cdot Fe_2O_3 \end{cases} \quad \text{或 } Ca_{12}Al_4Fe_2Si_2O_{25}$$

硅酸盐水泥熟料中的 CaO、SiO_2、Al_2O_3 和 Fe_2O_3 四种主要氧化物占总量的95％以上，另外还有其他少量氧化物，如 MgO、SO_3、TiO_2、P_2O_5、Na_2O、K_2O 等。四种主要氧化物的含量一般是：CaO 为62％～67％，SiO_2 为20％～24％，Al_2O_3 为4％～7％，Fe_2O_3 为2.5％～6％。

二、硅酸盐的分析意义和分析项目

1. 硅酸盐的分析意义

由于硅酸盐岩石在工业生产中的特殊性，人们对硅酸盐分析的研究相当充分。工业分析工作者对岩石、矿物、矿石中主要化学成分进行系统的全面测定，称为全分析。硅酸盐岩石和矿物的全分析在地质研究、工业原料、工业产品的生产和控制分析中很有代表性，而且在地质学的研究和勘探、工业建设中都具有十分重要的意义。

在地质学方面，根据全分析结果不仅能给矿物命名，而且还可以了解岩石的成分变化、迁移、分散，阐明岩石的成因，指导地质普查勘探工作。

在工业建设方面，许多岩石和矿物本身就是工业、国防上的重要材料和原料，如硅酸盐岩石中的云母、长石、石棉、滑石、石英砂等；又有许多元素主要取自硅酸盐岩石，如锂、铍、硼、铷、铯、锆等；另外工业生产过程中常常需要对原材料、中间产品、成品和废渣等进行与岩石全分析相类似的全分析，以指导、监控生产工艺过程和鉴定产品质量（如水泥工业生产）。

2. 硅酸盐的分析项目

硅酸盐岩石和矿物的全分析，一般测定项目为水分、烧失量、SiO_2、Al_2O_3、Fe_2O_3、TiO_2、CaO、MgO、Na_2O、K_2O、MnO_2、P_2O_5 和 FeO 共十三项。在硅酸盐工业中，应根据工业原料和工业产品的组成、生产过程控制等要求来确定分析项目，依据物料组成的不同，有时还要测定 F、Cl、SO_3、硫化物、H_2O、B_2O_3 等。

三、硅酸盐全分析质量的表示、计算及应注意的问题

1. 硅酸盐全分析结果的表示和计算

硅酸盐全分析的分析报告中各组分的测定结果应按该组分在物料中的实际存在状态表示。硅酸盐矿物、岩石可认为是由组成酸根的非金属氧化物和各种金属氧化物构成的，故都表示为氧化物的形式。例如铁，按其存在状态不同，应分别表示为全铁［Fe_2O_3(T)］、三氧化二铁（Fe_2O_3）、氧化亚铁（FeO）、金属铁（Fe）等。对于高、中、低含量的分析结果，一般均以质量分数表示。

根据硅酸盐岩石的组成，其全分析的测定项目和总量计算方法为：

$$\begin{aligned}总量=&w(SiO_2)+w(Al_2O_3)+w(Fe_2O_3)+w(TiO_2)+w(FeO)+\\&w(MnO)+w(CaO)+w(MgO)+w(Na_2O)+w(K_2O)+w(P_2O_5)+烧失量\end{aligned}$$

如果需要测定 H_2O、CO_2、有机碳的含量，则不测定烧失量，而将此 3 种组分的含量计入总量。

2. 测量和结果计算中应注意的主要问题

硅酸盐全分析的结果，要求各项的质量分数总和应在（100.0%±0.7%）范围内（国家储备委员会规定两个级别：Ⅰ级 99.3%～100.7%；Ⅱ级 98.7%～101.3%），一般不应超过±1%。如果加和总结果远低于 100%，则表明有某种主要成分未被测定或存在较大偏低因素。反之，若加和总结果远高于 100%，则表明某种成分的测定结果存在较大偏高因素，应从主要成分的含量测定查找原因。也可能是在加和总结果时将某种成分的结果重复相加了。为了获得全分析的可靠数据，必须严格检查与合理处理分析数据。除内外检查和单项测定的

误差控制外，常用计算全分析各组分含量总和的方法来检查各组分的分析质量。同时，借此检查是否存在“漏测”组分，检查一些组分的结果表示形式是否符合其在矿物中的实际存在状态。下面介绍水分、烧失量的测定和校正。

(1) 水分的测定和校正　水分一般按其与岩石、矿物的结合状态不同分为吸附水和化合水两类。

① 吸附水　又称附着水、湿存水等，是存在于矿物岩石的表面或孔隙中的很薄的膜，其含量与矿物的吸水性、试样加工的粒度、环境的湿度及存放的时间等有关。其测定方法是：对于一般样品，取风干样品于105～110℃下烘2h；对于含水分多或易被氧化的样品，宜在真空恒温干燥箱中干燥后称重测定或在较低温度（60～80℃）下烘干测定。

由于吸附水并非矿物内的固定组成部分，因此在计算总量时，该水分不参与计算总量。对于易吸湿的试样，则应在同一时间称出各份试样，测定吸附水并扣除。

② 化合水　化合水包括结晶水和结构水两部分。结晶水是以 H_2O 分子状态存在于矿物晶格中，如石膏 $CaSO_4 \cdot 2H_2O$ 等，通常在较低的温度（低于300℃）下灼烧即可排出，有的甚至在测定吸附水时则可能部分逸出。结构水是以化合状态的氢或氢氧根存在于矿物的晶格中，需加热到300～1300℃才能分解而放出水分。化合水的测定方法有重量法、气相色谱法、库仑法等。

(2) 烧失量的测定和校正　烧失量，又称为灼烧减量，是试样在1000℃灼烧后所失去的质量。烧失量主要包括化合水、二氧化碳和少量的硫、氟、氯、有机质等，一般主要指化合水和二氧化碳。在硅酸盐全分析中，当亚铁、二氧化碳、硫、氟、氯、有机质含量很低时，可以用烧失量代替化合水等易挥发组分，参加总量计算，使平衡达到100%。但是，当试样的组成复杂或上述组分中某些组分的含量较高时，高温灼烧过程中的化学反应比较复杂，如有机物、硫化物、低价化合物被氧化，碳酸盐、硫酸盐分解，碱金属化合物挥发，吸附水、化合水、二氧化碳被排除等。有的反应使试样的质量增加，有的反应却使试样的质量减少，因此，严格地说，烧失量是试样中各组分在灼烧时的各种化学反应所引起的质量增加和减少的代数和。在样品较为复杂时，测定烧失量就没有意义了。

试样组成比较简单的硅酸盐岩石，可测烧失量，并将烧失量测定结果直接计入总量；对于组成较复杂的试样，应测定 H_2O、CO_2、硫、氟、氯等组分，不能测定烧失量。

任务二　硅酸盐分析试样的制备

一、硅酸盐试样分析测试前的处理

1. 分析试样的制备方法

分析试样的制备一般要经过破碎、过筛、混匀和缩分四道工序。具体制备时样品的加工方法还需根据样品的种类和用途而定。如果试样是进行筛分分析，测定粒度，则必须保持原来的粒度组成，而不能进行破碎，这时只需将试样混匀与缩分即可。

供化学分析用的试样必须要求颗粒细而均匀，除严格遵守制样规范外，还必须做到以下几点。

① 试样必须全部通过 0.08mm 方孔筛，并充分混匀，装入带有磨口塞的瓶中。

② 采用锰钢磨盘研磨的试样，必须用磁铁将其引入的铁尽量吸掉，以减少沾污。

③ 测试完的样品一定要妥善保管，以备试样结果复验、抽查和发生质量纠纷时进行仲裁。制备好的试样，标识要详细清楚。水泥、熟料等易受潮的样品应用封口铁桶和带盖的磨口瓶保存。保存期应按相关规定执行。

2. 试样的烘干

试样吸附的水分为无效成分，制备好的试样一般在分析前应将其除去。除去吸附水分的办法通常是在一定温度下将试样烘干一定时间。如黏土、生料、石英砂、矿渣等原材料，在105～110℃下烘干 2h。黏土试样烘干后吸水性很强，冷却后要快速称量。水泥试样、熟料试样不烘干。

二、硅酸盐试样的分解

1. 酸分解法

酸分解法操作简单、快速。少数简单硅酸盐可以用酸法分解，但一般很少单独使用一种酸来分解。使用时应根据试样的性质选择合适的分解试剂。

2. 熔融（或烧结）法

在硅酸盐岩石及矿物中，由于大部分层状、链状、环状、骨架型硅酸盐都是难溶的，因此，在硅酸盐分析中一般采用熔融分解。熔融法和烧结法都属于干法分解，所使用的溶剂大体相同，只是加热温度和所得产物的形状不同。

① 用碳酸钠作熔剂。碳酸钠密度为 $2.53g/cm^3$，熔点 851℃，在热水中溶解度为 45.5g/mL。是分析硅酸盐以及其他矿物较常用的重要熔剂之一。熔剂用无水碳酸钠一般是分析纯或优级纯。用碳酸钠分解试样，不仅操作方便，而且对系统分析中 SiO_2、Fe_2O_3、Al_2O_3、TiO_2、MnO、CaO 及 MgO 等的测定，不会引起不必要的影响。

碳酸钠和其他试剂混合作为熔剂，对许多特殊样品的分解有突出的优点，在实际工作中应用较多。例如碳酸钠加过氧化钠、硝酸钾、氯酸钾、高锰酸钾等氧化剂，可以提高氧化能力，使单独用碳酸钠不能分解的复杂硅酸盐试样分解完全。

用碳酸钠作熔剂时，通常是在铂坩埚中进行熔融或半熔（烧结）。

② 用过氧化钠作熔剂　过氧化钠是一种强碱性和强氧化性的熔剂，适用于 Na_2CO_3、KOH 所不能分解的铬铁矿、钛铁矿、钨矿等试样的分解。

③ 用氢氧化钾作熔剂　KOH、NaOH 对样品熔融分解的作用与 Na_2CO_3 类似，只是苛性碱的碱性强，熔点低。用氢氧化钾作熔剂进行熔融时，熔样温度为 400～500℃，可在小电炉上进行，于镍坩埚或银坩埚中熔融。KOH 性质与 NaOH 相似，易吸湿，使用不如 NaOH 普遍。但许多钾盐溶解度较钠盐大，而氟硅酸盐却相反，因此，在水泥及其原材料分析中，以氟硅酸钾容量法单独称样测定 SiO_2，或硫酸钡重量法测定全硫含量时，多以氢氧化钾作熔剂在镍坩埚中熔融试样。

④ 用氢氧化钠作熔剂　NaOH 可以使样品中的硅酸盐和铝、铬、钡、铌、钽等两性氧化物转变为易溶的钠盐。例如斜长石：

$$CaAl_2Si_6O_{16}+14NaOH \longrightarrow 6Na_2SiO_3+2NaAlO_2+CaO+7H_2O$$

研究和工作实践证明，使用氢氧化钠作熔剂进行硅酸盐岩石和水泥及水泥原料分析是行之有效的，它适应性强，效果好，价格低廉。目前用氢氧化钠作熔剂，以银坩埚为熔器，采用配位滴定法及氟硅酸钾容量法的测定系统，已成为硅酸盐的常规分析方法，测定程序简单，快速，准确度高。

任务三 硅酸盐岩石中主要成分含量的测定方法

一、硅酸盐岩石中二氧化硅含量的测定

硅酸盐中二氧化硅的测定方法较多，通常采用重量法和氟硅酸钾容量法。对硅含量低的试样，可采用硅钼蓝光度法和原子吸收分光光度法。

（一）重量法

1. 方法综述

测定 SiO_2 的重量法主要有氢氟酸挥发重量法和硅酸脱水灼烧重量法两类。氢氟酸挥发重量法是将试样置于铂坩埚中经灼烧至恒重后，加 $H_2F_2+H_2SO_4$（或 $H_2F_2+HNO_3$）处理后，再灼烧至恒重，差减计算 SiO_2 的含量。该法只适用于较纯的石英样品中 SiO_2 的测定，无实用意义。而硅酸脱水灼烧重量法则在经典和快速分析系统中均得到了广泛的应用。其中，两次盐酸蒸干脱水重量法是测定高、中含量 SiO_2 的最精确的、经典的方法；采用动物胶、聚环氧乙烷、十六烷基三甲基溴化铵等凝聚硅酸胶体的快速重量法是长期应用于例行分析的测定方法。

2. 氯化铵重量法测定二氧化硅

(1) 方法原理　试样以无水碳酸钠烧结，盐酸溶解，加固体氯化铵于沸水浴上加热蒸发，使硅酸凝聚。滤出的沉淀灼烧后，得到含有铁、铝等杂质的不纯的二氧化硅。沉淀用氢氟酸处理后，失去的质量即为纯二氧化硅的量。在水溶液中绝大部分硅酸以溶胶状态存在。当以浓盐酸处理时，只能使其中一部分硅酸以水合二氧化硅（$SiO_2 \cdot nH_2O$）的形式沉降出来，其余仍留在溶液中。为了使溶解的硅酸能全部析出，必须将溶液蒸发至干，使其脱水，但费时较长。为加快脱水过程，使用盐酸加氯化铵，既安全，效果也最好。

(2) 试剂　盐酸［(1+1)、(3+97)］；硫酸（1+4）。

无水碳酸钠（Na_2CO_3）：将无水碳酸钠用玛瑙研钵研细至粉末。

焦硫酸钾（$K_2S_2O_7$）：将市售焦硫酸钾在瓷蒸发皿中加热熔化，待气泡停止发生后，冷却，砸碎，贮于磨口瓶中。

5g/L 硝酸银溶液：将 5g 硝酸银（$AgNO_3$）溶于水中，加 10mL 硝酸（HNO_3），用水稀释至 1L。

(3) 测定步骤　称取约 0.5g 试样，精确至 0.0001g，置于铂坩埚中，在 950～1000℃下灼烧 5min，冷却。用玻璃棒仔细压碎块状物，加入 0.3g 无水碳酸钠，混匀，再将坩埚置于 950～1000℃下灼烧 10min，放冷。

将烧结块移入瓷蒸发皿中，加少量水润湿，用平头玻璃棒压碎块状物，盖上表面皿，从

皿口滴入 5mL 盐酸及 2～3 滴硝酸，待反应停止后取下表面皿，用平头玻璃棒压碎块状物使分解完全，用热盐酸（1＋1）清洗坩埚数次，洗液合并于蒸发皿中。将蒸发皿置于沸水浴上，蒸发皿上放一玻璃三角架，再盖上表面皿。蒸发至糊状后，加入 1g 氯化铵，充分搅匀，继续在沸水浴上蒸发至干。中间过程搅拌数次，并压碎块状物。

取下蒸发皿，加入 10～20mL 热盐酸（3＋97），搅拌使可溶性盐类溶解。用中速滤纸过滤，用热盐酸（3＋97）擦洗玻璃棒及蒸发皿，并洗涤沉淀 3～4 次。然后用热水充分洗涤沉淀，直至检验无氯离子为止。滤液及洗液保存在 250mL 容量瓶中。

在沉淀上加 3 滴硫酸（1＋4），然后将沉淀连同滤纸一并移入铂坩埚中，烘干并灰化后放入 950～1000℃的马弗炉内灼烧 1h。取出坩埚，置于干燥器中，冷却至室温，称量，反复灼烧，直至恒重（m_1）。

向坩埚中加数滴水润湿沉淀，加 3 滴硫酸（1＋4）和 10mL 氢氟酸，放入通风橱内的电热板上缓慢蒸发至干，升高温度继续加热至三氧化硫白烟完全逸尽。将坩埚放入 950～1000℃的马弗炉内灼烧 30min。取出坩埚，置于干燥器中，冷却至室温，称量，反复灼烧，直至恒重（m_2）。

（4）结果计算　二氧化硅的质量分数 w（SiO_2）按下式计算：

$$w(SiO_2)=\frac{m_1-m_2}{m}\times 100\% \qquad (1\text{-}1)$$

式中　m_1——灼烧后未经氢氟酸处理的沉淀及坩埚的质量，g；

m_2——用氢氟酸处理并经灼烧后的残渣及坩埚的质量，g；

m——试料的质量，g。

（5）方法讨论

① 试样的处理　以碳酸钠烧结法分解试样，应预先将固体碳酸钠用玛瑙研钵研细。碳酸钠加入量要相对准确，用分析天平称量 0.30g 左右。加入量不足，试料烧结不完全，测定结果不稳定；加入量过多，烧结块不易脱埚。加入碳酸钠后，用细玻璃棒仔细混匀，否则试料烧结不完全。

用盐酸浸出烧结块时，应控制溶液体积，溶液太多，蒸干耗时太长。通常加 5mL 浓盐酸溶解烧结块，再以约 5mL 盐酸（1＋1）和少量的水洗净坩埚。

② 脱水的温度　脱水的温度不要超过 110℃，为保证硅酸充分脱水，又不致温度过高，应采用水浴加热。

③ 沉淀的洗涤　为防止钛、铝、铁水解产生氢氧化物沉淀及硅酸形成胶体漏失，首先应以温热的稀盐酸（3＋97）将沉淀中夹杂的可溶性盐类溶解，用中速滤纸过滤以热稀盐酸溶液（3＋97）洗涤沉淀 3～4 次，再以热水充分洗涤沉淀，直到无氯离子为止。洗液体积不超过 120mL，否则漏失的可溶性硅酸会明显增加。

洗涤的速度要快（应使用带槽长颈漏斗，且在颈中形成水柱），防止因温度降低而使硅酸形成胶冻，以致过滤困难。

④ 氢氟酸的处理　在二氧化硅沉淀中吸附的铁、铝等杂质的量可能达到 0.1%～0.2%，消除此吸附现象的最好办法就是将灼烧过的不纯的二氧化硅沉淀用氢氟酸加硫酸处理。

处理后，SiO_2 以 SiF_4 形式逸出，减轻的质量即为纯 SiO_2 的质量。

(二)滴定法

1. 方法综述

测定样品中二氧化硅的滴定分析方法都是间接测定方法。依据分离和滴定方法的不同分为硅钼酸喹啉法、氟硅酸钾法及氟硅酸钡法等。其中，氟硅酸钾法应用最广泛。

氟硅酸钾法，确切地应称为氟硅酸钾沉淀分离-酸碱滴定法。其基本原理是：在强酸介质中，有氟化钾、氯化钾的存在下，可溶性硅酸与 F^- 作用，定量地析出氟硅酸钾沉淀，沉淀在沸水中水解析出氢氟酸，用标准氢氧化钠溶液滴定，从而间接计算出样品中二氧化硅的含量，其反应如下：

$$SiO_3^{2-}+6F^-+6H^+ \longrightarrow SiF_6^{2-}+3H_2O$$

$$SiF_6^{2-}+2K^+ \longrightarrow K_2SiF_6\downarrow$$

$$K_2SiF_6+3H_2O \longrightarrow 2KF+H_2SiO_3+4HF$$

$$HF+NaOH \longrightarrow NaF+H_2O$$

氟硅酸钾法测定二氧化硅时，影响因素多，操作技术也比较复杂。氟硅酸钾沉淀的生成要注意介质、酸度、氟化钾和氯化钾的用量以及沉淀时的温度和体积等，还与氟硅酸钾沉淀的陈化时间、洗涤溶液的选择、水解和滴定的温度、pH 值以及样品中含有铝、钛、硼元素的干扰等因素有关。

2. 氟硅酸钾容量法测定二氧化硅

(1) 方法原理　试样经苛性碱熔剂熔融后，加入硝酸使硅生成游离硅酸。在有过量的氟离子、钾离子存在的强酸性溶液中，使硅形成氟硅酸钾（K_2SiF_6）沉淀，经过滤、洗涤及中和残余酸后，加沸水使氟硅酸钾沉淀水解生成等物质的量的氢氟酸，然后以酚酞为指示剂，用氢氧化钠标准滴定溶液进行滴定，终点颜色为粉红色。

(2) 试剂　150g/L 氟化钾溶液：称取 150g 氟化钾（$KF\cdot 2H_2O$）于塑料杯中，加水溶解后，用水稀释至 1L，贮存于塑料瓶中。

50g/L 氯化钾溶液：将 50g 氯化钾（KCl）溶于水中，用水稀释至 1L。

50g/L 氯化钾-乙醇溶液：将 5g 氯化钾（KCl）溶于 50mL 水中，加入 50mL 95%（体积分数）乙醇，混匀。

酚酞指示剂溶液：将 1g 酚酞溶于 100mL 95%（体积分数）乙醇中。

氢氧化钠标准滴定溶液 [$c(NaOH)=0.15mol/L$]：将 60g 氢氧化钠溶于 10L 水中，充分摇匀，贮存于带胶塞（装有钠石灰干燥管）的硬质玻璃瓶或塑料瓶内。

氢氧化钠标准滴定溶液的标定：称取约 0.8g（精确至 0.0001g）苯二甲酸氢钾（$C_8H_5KO_4$），置于 400mL 烧杯中，加入约 150mL 新煮沸过的已用氢氧化钠溶液中和至酚酞呈微红色的冷水，搅拌，使其溶解，加入 6～7 滴酚酞指示液，用氢氧化钠标准溶液滴定至溶液呈微红色。

氢氧化钠标准滴定溶液的浓度按下式计算：

$$c(NaOH)=\frac{m\times 1000}{V\times 204.2} \tag{1-2}$$

式中　$c(NaOH)$——氢氧化钠标准滴定溶液的浓度，mol/L；

V——滴定时消耗氢氧化钠标准滴定溶液的体积，mL；

m——苯二甲酸氢钾的质量，g；

204.2——苯二甲酸氢钾的摩尔质量，g/mol。

氢氧化钠标准滴定溶液对二氧化硅的滴定度按下式计算：

$$T_{SiO_2}=c(NaOH)\times 15.02 \tag{1-3}$$

式中　T_{SiO_2}——每毫升氢氧化钠标准滴定溶液相当于二氧化硅的质量分数，mg/mL；

15.02——1/4 SiO_2 的摩尔质量，g/mol。

（3）测定步骤　称取约 0.5g 试样，精确至 0.0001g，置于铂坩埚中，加入 6～7g 氢氧化钠，在 650～700℃的高温下熔融 20min，取出冷却。将坩埚放入烧杯中加入 100mL 近沸的水，盖上表面皿，于电热板上适当加热，待熔块完全浸出后，取出坩埚，用水冲洗坩埚和表面皿，在搅拌下一次加入 25～30mL 盐酸，再加入 1mL 硝酸，用热盐酸（1+5）洗净坩埚，将溶液加热至沸，冷却，然后移入 250mL 容量瓶中，用水稀释至标线，摇匀。此溶液供测定二氧化硅、三氧化二铁、氧化铝、氧化钙、氧化镁、二氧化钛用。

吸取 50.00mL 溶液，放入 250～300mL 塑料杯中，加入 10～15mL 硝酸，搅拌，冷却至 30℃以下，加入氯化钾，仔细搅拌至饱和并有少量氯化钾析出，再加 2g 氯化钾及 10mL 氟化钾溶液，仔细搅拌（如氯化钾析出量不够，应再补充加入），放置 15～20min。用中速滤纸过滤，用氯化钾溶液洗涤塑料杯及沉淀 3 次。将滤纸连同沉淀取下置于原塑料杯中，沿杯壁加入 10mL 氯化钾-乙醇溶液及 1mL 酚酞指示液（10g/L），用氢氧化钠标准滴定溶液中和未洗尽的酸，仔细搅动滤纸并以之擦洗杯壁直至溶液呈红色。向杯中加入 200mL 沸水（煮沸并用氢氧化钠溶液中和至酚酞呈微红色），用氢氧化钠标准滴定溶液滴定至溶液呈微红色。

（4）结果计算　二氧化硅的质量分数 $w(SiO_2)$ 按式(1-4) 计算

$$w(SiO_2)=\frac{T_{SiO_2}V\times 5}{m\times 1000}\times 100\% \tag{1-4}$$

式中　T_{SiO_2}——每毫升氢氧化钠标准滴定溶液相当于二氧化硅的质量，mg/mL；

V——滴定时消耗氢氧化钠标准滴定溶液的体积，mL；

m——试料的质量，g；

5——全部试样溶液与所分取试样溶液的体积比。

（5）方法讨论

① 试样的分解　单独称样测定二氧化硅，可采用氢氧化钾作熔剂，在镍坩埚中熔融；或以碳酸钾作熔剂，在铂坩埚中熔融。系统分析，多采用氢氧化钠作熔剂，在银坩埚中熔融。

② 溶液的酸度　溶液的酸度应保持在 3mol/L 左右。酸度过低易形成其他金属的氟化物沉淀而干扰测定；酸度过高将使 K_2SiF_6 沉淀反应不完全。

③ 氯化钾的加入量　氯化钾应加至饱和，过量的钾离子有利于 K_2SiF_6 沉淀完全，加入固体氯化钾时，要不断搅拌，溶解后再加，直到不再溶解为止，再过量 1～2g。

④ 氟化钾的加入量　氟化钾的加入量要适宜。一般硅酸盐试样，在含有 0.1g 试料的试验溶液中，加入 150g/L 的 $KF\cdot 2H_2O$ 溶液 10mL 即可。

⑤ 氟硅酸钾沉淀的陈化　从加入氟化钾溶液开始，沉淀放置以 15～20min 为宜。放置时间短，K_2SiF_6 沉淀不完全；放置时间过长，会增强 Al^{3+} 的干扰。

K_2SiF_6 的沉淀反应是放热反应，冷却有利于沉淀反应完全。沉淀时的温度以不超过

25℃为宜，否则，应采取流水冷却，以免沉淀反应不完全。

⑥ 氟硅酸钾的过滤和洗涤　氟硅酸钾属于中等细度晶体，过滤时用中速定量滤纸。为加快过滤速度，宜使用带槽长颈塑料漏斗，并在漏斗颈中形成水柱。

⑦ 中和残余酸　氟硅酸钾晶体中夹杂的硝酸却严重干扰测定。当采用洗涤法来除去硝酸时，会使氟硅酸钾严重水解，因而只能洗涤2～3次，残余的酸则采用中和法消除。

⑧ 水解和滴定过程　氟硅酸钾沉淀的水解反应分为两个阶段，即氟硅酸钾沉淀的溶解反应及氟硅酸根离子的水解反应，反应式如下：

$$K_2SiF_6 \rightleftharpoons 2K^+ + SiF_6^{2-}$$

$$SiF_6^{2-} + 3H_2O \rightleftharpoons H_2SiO_3 + 2F^- + 4HF$$

两步反应均为吸热反应，水温越高、体积越大，越有利于反应进行。故实际操作中，应用刚刚沸腾的水，并使总体积在200mL以上。

上述水解反应是随着氢氧化钠溶液的加入，K_2SiF_6不断水解，直到滴定终点时才趋于完全。故滴定速度不可过快，且应保持溶液的温度以在终点时不低于70℃为宜。若滴定速度太慢，硅酸会发生水解而使终点不敏锐。

⑨ 注意空白　应随试样进行全流程空白试验，并将空白值从滴定所消耗的氢氧化钠溶液体积中扣除。

二、硅酸盐岩石中氧化铝含量的测定

铝的测定方法很多，有重量法、滴定法、光度法、原子吸收分光光度法和等离子体发射光谱法等。重量法的手续烦琐，已很少采用。光度法测定铝的方法很多，出现了许多新的显色剂和新的显色体系，特别是三苯甲烷类和荧光酮类显色剂的显色体系研究很活跃。原子吸收分光光度法测定铝，由于在空气-乙炔火焰中铝易生成难溶化合物，测定的灵敏度极低，而且共存离子的干扰严重，因此需用笑气-乙炔火焰，限制了它的普遍应用。硅酸盐中铝含量较高，多采用滴定分析法。

（一）直接滴定法

1. 方法综述

直接滴定法的基本原理是：在pH=3左右的制备溶液中，以Cu-PAN为指示剂，在加热的条件下用EDTA标准溶液滴定。

滴定剂除EDTA外，还常采用CYDTA。由于Al-CYDTA的稳定常数很大，而且CYDTA与铝的配位反应速率比EDTA快，在室温和有大量钠盐存在的情况下，CYDTA能与铝定量反应，并且能允许试液中含有较高量的铬和硅。

2. EDTA直接滴定法

(1) 方法原理　于滴定铁后的溶液中，调整pH=3，在煮沸下用EDTA-Cu和PAN为指示剂，用EDTA标准滴定溶液滴定。

用EDTA直接滴定Al^{3+}，因所用指示剂和测定时溶液pH值不同，而有多种不同的方法。目前，大多在pH=3的煮沸的溶液中，用PAN和等物质的量配制的EDTA-Cu为指示剂，以EDTA标准滴定溶液直接进行滴定。其反应过程如下：

$$Al^{3+} + CuY^{2-} \rightleftharpoons AlY^- + Cu^{2+}$$

$$Cu^{2+} + PAN \rightleftharpoons \underset{(红色)}{Cu\text{-}PAN}$$

$$H_2Y^{2-} + Al^{3+} \rightleftharpoons AlY^{-} + 2H^{+}$$

$$\underset{(红色)}{Cu\text{-}PAN} + H_2Y^{2-} \rightleftharpoons \underset{(黄色)}{CuY^{2-}} + PAN + 2H^{+}$$

当第一次滴定到指示剂呈稳定的黄色时，约有 90%以上的 Al^{3+} 被滴定。为继续滴定剩余的 Al^{3+}，须再将溶液煮沸，于是溶液又由黄变红。当第二次以 EDTA 滴定至呈稳定的黄色后，被配位的 Al^{3+} 总量可达 99%左右。因此，对于普通硅酸盐样品分析，滴定 2～3 次所得结果的准确度已能满足生产要求。

(2) 试剂　氨水溶液(1+2)；盐酸溶液(1+2)。

缓冲溶液（pH＝3）：将 3.2g 无水乙酸钠溶于水中，加 120mL 冰乙酸，用水稀释至 1L。

PAN 指示剂溶液：将 0.2g 1-(2-吡啶偶氮)-2-萘酚溶于 100mL 95%乙醇中。

EDTA-Cu 溶液：用浓度各为 0.015mol/L 的 EDTA 标准滴定溶液和硫酸铜标准滴定溶液等体积混合而成。

溴酚蓝指示液：将 0.2g 溴酚蓝溶于 100mL 乙醇（1+4）中。

EDTA 标准滴定溶液：c(EDTA)＝0.015mol/L（见本模块中 EDTA 直接滴定法测定三氧化二铁）。

(3) 测定步骤　将测定完铁的溶液用水稀释至约 200mL，加 1～2 滴溴酚蓝指示剂溶液，滴加氨水（1+2）至溶液出现蓝紫色，再滴加盐酸（1+2）至黄色，加入 15mL pH＝3 的缓冲溶液，加热至微沸并保持 1min，加入 10 滴 EDTA-Cu 溶液及 2～3 滴 PAN 指示剂溶液，用 EDTA[c(EDTA)＝0.015mol/L] 标准滴定溶液滴定至红色消失，继续煮沸，滴定，直至溶液经煮沸后红色不再出现并呈稳定的黄色为止。

(4) 结果计算　氧化铝的质量分数 $w(Al_2O_3)$ 按下式计算：

$$w(Al_2O_3) = \frac{T_{Al_2O_3} V \times 10}{m \times 1000} \times 100\% \tag{1-5}$$

式中　$T_{Al_2O_3}$——每毫升 EDTA 标准滴定溶液相当于氧化铝的质量，mg/mL；

V——滴定时消耗 EDTA 标准滴定溶液的体积，mL；

m——试料的质量，g。

(5) 方法讨论

① 用 EDTA 直接滴定铝，不受 TiO^{2+} 和 Mn^{2+} 的干扰。因为在 pH＝3 的条件下，Mn^{2+} 基本不与 EDTA 配位，TiO^{2+} 水解为 $TiO(OH)_2$ 沉淀，所得结果为纯铝含量。因此，若已知试样中锰含量高，应采用直接滴定法。

② 方法最适宜的 pH 值范围为 2.5～3.5。若溶液的 pH＜2.5，Al^{3+} 与 EDTA 配位能力降低；pH＞3.5 时，Al^{3+} 水解作用增强，均会引起铝的测定结果偏低。当然，如果 Al^{3+} 的浓度太高，即使是在 pH＝3 的条件下，其水解倾向也会增大。所以，含铝和钛高的试样不应采用直接滴定法。

③ TiO^{2+} 在 pH＝3、煮沸的条件下能水解生成 $TiO(OH)_2$ 沉淀。为使 TiO^{2+} 充分水解，在调整溶液 pH＝3 之后，应先煮沸 1～2min，再加入 EDTA-Cu 和 PAN 指示剂。

④ PAN 指示剂的用量，一般以在 200mL 溶液中加入 2～3 滴为宜。如指示剂加入太多，溶液底色较深，不利于终点的观察。

⑤ EDTA 直接滴定法测定铝，应同时进行空白试验并扣除。

（二）返滴定法

1. 方法综述

在含有铝的酸性溶液中加入过量的 EDTA，将溶液煮沸，调节溶液 pH 值至 4.5，再加热煮沸使铝与 EDTA 的配位反应进行完全。然后，选择适宜的指示剂，用其他金属的盐溶液返滴定过量的 EDTA，从而得出铝的含量。用锌盐返滴时，可选用二甲酚橙或双硫腙为指示剂；用铜盐返滴时，可选用 PAN 或 PAR 为指示剂；用铅盐返滴时，可选用二甲酚橙为指示剂。

2. 铜盐返滴定法

（1）方法原理　在滴定铁后的溶液中，加入对铝、钛过量的 EDTA 标准滴定溶液，于 pH 值为 3.8～4.0 以 PAN 为指示剂，用硫酸铜标准滴定溶液回滴过量的 EDTA，扣除钛的含量后即为氧化铝的含量。适用于氧化锰含量在 0.5%以下的试样。

在进行试样分析时，一般分取同一份试样溶液连续测定铁、铝（钛）。由于铁、铝与 EDTA 配合物的稳定常数相差较大，可通过控制酸度的方法对铁、铝（钛）进行分步滴定。

在 pH＝2～3 的溶液中，加入过量 EDTA，发生下列反应：

$$Al^{3+} + H_2Y^{2-} \rightleftharpoons AlY^{-} + 2H^{+}$$

$$TiO^{2+} + H_2Y^{2-} \rightleftharpoons TiOY^{2-} + 2H^{+}$$

将溶液 pH 值调至约 4.3 时，剩余的 EDTA 用 $CuSO_4$ 标准滴定溶液返滴定

$$Cu^{2+} + H_2Y^{2-}(\text{剩余}) \rightleftharpoons \underset{(\text{蓝色})}{CuY^{2-}} + 2H^{+}$$

$$Cu^{2+} + \underset{(\text{黄色})}{PAN} \rightleftharpoons \underset{(\text{红色})}{Cu\text{-}PAN}$$

（2）试剂　氨水溶液(1＋1)。

EDTA 标准滴定溶液［c(EDTA)＝0.015mol/L］和 PAN 指示剂溶液：配制、标定方法同直接法中 Al_2O_3 的测定。

缓冲溶液（pH＝4.3）：将 42.3g 无水乙酸钠（CH_3COONa）溶于水中，加 80mL 冰醋酸（CH_3COOH），用水稀释至 1L，摇匀。

硫酸铜标准滴定溶液［$c(CuSO_4)$＝0.015mol/L］：将 3.7g 硫酸铜（$CuSO_4 \cdot 5H_2O$）溶于水中，加 4～5 滴硫酸（1＋1），用水稀释至 1L，摇匀。

EDTA 标准滴定溶液与硫酸铜标准滴定溶液体积比的标定：从滴定管缓慢放出 10～15mL［c(EDTA)＝0.015mol/L］EDTA 标准滴定溶液于 400mL 烧杯中，用水稀释至约 150mL，加 15mL pH＝4.3 的缓冲溶液，加热至沸，取下稍冷，加 5～6 滴 PAN 指示液，以硫酸铜标准滴定溶液滴定至亮紫色。

EDTA 标准滴定溶液与硫酸铜标准滴定溶液体积比按式(1-6) 计算：

$$K = \frac{V_1}{V_2} \tag{1-6}$$

式中　K——每毫升硫酸铜标准滴定溶液相当于 EDTA 标准滴定溶液的体积；

V_1——EDTA标准滴定溶液的体积，mL；

V_2——滴定时消耗硫酸铜标准滴定溶液的体积，mL。

(3) 测定步骤　向滴定完铁的溶液中加入[c(EDTA)=0.015mol/L] EDTA标准滴定溶液至过量10～15mL（对铝、钛含量而言），用水稀释至150～200mL。将溶液加热至70～80℃后，加数滴氨水（1+1）使溶液pH值在3.0～3.5之间，加15mL pH=4.3的缓冲溶液，煮沸1～2min，取下稍冷，加入4～5滴PAN指示液，以[$c(CuSO_4)$=0.015mol/L]硫酸铜标准滴定溶液滴定至亮紫色。

(4) 结果计算　氧化铝的质量分数$w(Al_2O_3)$按式(1-7)计算：

$$w(Al_2O_3)=\frac{T_{Al_2O_3}(V_1-KV_2)\times 10}{m\times 1000}\times 100\%-0.64\times w(TiO_2) \tag{1-7}$$

式中　$T_{Al_2O_3}$——每毫升EDTA标准滴定溶液相当于氧化铝的质量，mg/mL；

V_1——加入EDTA标准滴定溶液的体积，mL；

V_2——滴定时消耗硫酸铜标准滴定溶液的体积，mL；

K——每毫升硫酸铜标准滴定溶液相当于EDTA标准滴定溶液的体积；

$w(TiO_2)$——二氧化钛的质量分数；

0.64——二氧化钛对氧化铝的换算系数；

m——氟硅酸钾容量法中试料的质量，g。

(5) 方法讨论

① 铜盐返滴定法选择性差，主要是铁、钛的干扰，故不适于复杂的硅酸盐分析。

② 在用EDTA滴定完Fe^{3+}的溶液中加入过量的EDTA之后，应将溶液加热到70～80℃再调整pH=3.0～3.5后，才加入pH=4.3的缓冲溶液。这样可以使溶液中的少量TiO^{2+}和Al^{3+}与EDTA配位完全，并防止其水解。

③ EDTA（0.015mol/L）的加入量一般控制在与Al+Ti配位后，剩余10～15mL。

④ 锰的干扰。Mn^{2+}与EDTA定量配位的最低pH值为5.2，一般对于MnO含量高于0.5%的试样，采用直接滴定法或氟化铵置换-EDTA配位滴定法测定。

⑤ 氟的干扰。F^-能与Al^{3+}逐级形成AlF^{2+}、AlF_2^{2+}、…、AlF_6^{3-}等稳定的配合物，干扰Al^{3+}与EDTA的配位。对于氟含量高于5%的试样，需采取措施消除氟的干扰。

三、硅酸盐岩石中三氧化二铁含量的测定

随环境及形成条件不同，铁在硅酸盐矿物中呈现二价或三价状态。在许多情况下既需要测定试样中铁的总含量，又需要分别测定二价铁和三价铁的含量。测定氧化铁的方法很多，目前常用的是EDTA配位滴定法、重铬酸钾氧化还原滴定法和原子吸收分光光度法，如样品中铁含量很低时，可采用磺基水杨酸、邻菲罗啉等光度法。

(一) 重铬酸钾滴定法

1. 方法综述

重铬酸钾滴定法是测定硅酸盐岩石矿物中铁含量的经典方法，具有简便、快速、准确和稳定等优点，在实际工作中应用较广。在测定试样中的全铁、高价铁时，首先要将制备溶液中的高价铁还原为低价铁，然后再用重铬酸钾标准溶液滴定。根据所用还原剂的不同，有不

同的测定体系，其中常用的是 $SnCl_2$ 还原-重铬酸钾滴定法（又称汞盐重铬酸钾法）、$TiCl_3$ 还原-重铬酸钾滴定法、硼氢化钾还原-重铬酸钾滴定法等。

2. 重铬酸钾法测定氧化亚铁

（1）方法原理　试样用氢氟酸-硫酸分解，利用熔样时排出的蒸气防止亚铁被空气氧化。以硼酸消除溶样时剩余氟的影响，用二苯胺磺酸钠作指示剂，重铬酸钾标准溶液滴定至稳定紫色为终点。

（2）试剂　饱和硼酸溶液（约5%的硼酸水溶液）；二苯胺磺酸钠（0.5%水溶液）。

重铬酸钾标准溶液：称取经150℃干燥的基准重铬酸钾 0.6824g 于烧杯中，用水溶解后移入1000mL容量瓶中，稀释至刻度，摇匀。此溶液1mL相当于1mg氧化亚铁。

（3）测定步骤　称取 0.2g 试样（精确至 0.0001g）于塑料坩埚内，以水润湿，摇匀。加入硫酸（1+1）10mL，氢氟酸5mL，盖上坩埚盖，留一小缝，放于已预热的电热板上迅速煮沸5min，使样品分解完全，立即取下，放入已盛有20mL硼酸、100mL水、5mL磷酸和5滴二苯胺磺酸钠指示剂的250mL烧杯中，快速用重铬酸钾标准溶液滴定至稳定紫红色为终点。

（4）结果计算

$$w(\text{FeO})=\frac{T_{\text{FeO}}V}{m} \tag{1-8}$$

式中　T_{FeO}——每毫升重铬酸钾标准溶液相当于氧化亚铁的质量，mg/mL；

V——加入的重铬酸钾标准溶液的体积，mL；

m——试样的质量，mg。

（5）方法讨论

① 加酸后应尽快加热，分解温度不宜过高，时间不能太长，否则，稀硫酸浓缩后随亚铁有氧化作用，使测定结果偏低。

② 试样中存在的大量硫化物（或锰）对亚铁的测定会有干扰，可采用在乙酸-乙酸钠介质中用过氧化氢浸取的方法来消除其干扰。

（二）EDTA滴定法

1. 方法综述

在酸性介质中，Fe^{3+} 与EDTA能形成稳定的配合物。控制 pH=1.8～2.5，以磺基水杨酸为指示剂，用EDTA标准滴定溶液直接滴定溶液中的三价铁。由于在该酸度下 Fe^{2+} 不能与EDTA形成稳定的配合物而不能被滴定，所以测定总铁时，应先将溶液中的 Fe^{2+} 氧化成 Fe^{3+}。

EDTA滴定法测定铁时的主要干扰是：凡是 $\lg K^{\ominus}_{\text{M-EDTA}}>18$ 的金属离子，依据滴定介质的pH值的变化都会或多或少地产生正误差。钍产生定量的正干扰。钛、锆因其强烈水解而不与EDTA反应；当存在 H_2O_2 时，钛与 H_2O_2 和EDTA可形成稳定的三元配合物而产生干扰。氟离子的干扰情况与溶液中的铝含量有关，当试样中含有毫克量的铝时，约10mg氟不干扰。PO_4^{3-} 的干扰与操作方法有关，滴定前若调节试液的pH值大于4，则所形成的磷酸铁很难在 pH=1.8～2.5 的介质中复溶，因此，当试样中的含磷量较高时，铁的测定结果将偏低；若调节试液的pH值小于3，则高品位磷矿所含的 PO_4^{3-} 也不会影响铁的测定。

2. EDTA 直接滴定法测定二氧化三铁

（1）方法原理　在 pH＝1.8～2.0 及 60～70℃的溶液中，以磺基水杨酸为指示剂，用 EDTA 标准滴定溶液直接滴定溶液中的三价铁。此法适于 Fe_2O_3 含量小于 10%的试样。

用 EDTA 直接滴定 Fe^{3+}，一般以磺基水杨酸或其钠盐（S. S.）作指示剂。在溶液 pH 值为 1.8～2.5 时，磺基水杨酸钠能与 Fe^{3+} 生成紫红色配合物，能被 EDTA 所取代。反应过程如下：

$$Fe^{3+} + Sal^{2-} \rightleftharpoons \underset{\text{（紫红色）}}{FeSal^{+}}$$

$$Fe^{3+} + H_2Y^{2-} \rightleftharpoons \underset{\text{（黄色）}}{FeY^{-}} + 2H^{+}$$

$$FeSal^{+} + H_2Y^{2-} \rightleftharpoons \underset{\text{（黄色）}}{FeY^{-}} + \underset{\text{（无色）}}{Sal^{2-}} + 2H^{+}$$

因此，终点时溶液颜色由紫红色变为亮黄色。试样中铁含量越高，则黄色越深；铁含量低时为浅黄色，甚至近于无色。若溶液中含有大量 Cl^-，FeY^- 与 Cl^- 生成黄色更深的配合物，所以，在盐酸介质中滴定比在硝酸介质中滴定可以得到更明显的终点。

（2）试剂　氨水溶液(1+1)；盐酸溶液(1+1)。

200g/L 氢氧化钾溶液：称取 200g 氢氧化钾溶于水中，加水稀释至 1L。贮存于塑料瓶中。

100g/L 磺基水杨酸钠指示剂溶液：将 10g 磺基水杨酸钠溶于水中，加水稀释至 100mL。

CMP 混合指示液：称取 1.000g 钙黄绿素、1.000g 甲基百里香酚蓝、0.200g 酚酞与 50g 已在 105℃烘干过的硝酸钾混合，研细，保存在磨口瓶中。

碳酸钙标准溶液 [$c(CaCO_3)$＝0.024mol/L]：称取 0.6g（精确至 0.0001g）已于105～110℃下烘干过 2h 的碳酸钙，置于 400mL 烧杯中，加入约 100mL 水，盖上表面皿，沿杯口滴加盐酸（1+1）至碳酸钙全部溶解，加热煮沸数分钟。将溶液冷至室温，移入 250mL 容量瓶中，用水稀释至标线，摇匀。

EDTA 标准滴定溶液 [c(EDTA)＝0.015mol/L]：称取约 5.6g EDTA（乙二胺四乙酸二钠盐）置于烧杯中，加约 200mL 水，加热溶解，过滤，用水稀释至 1L。

标定：吸取 25.00mL 碳酸钙标准溶液（0.024mol/L）于 400mL 烧杯中，加水稀释至约 200mL，加入适量的 CMP 混合指示液，在搅拌下加入氢氧化钾溶液（200g/L）至出现绿色荧光后再过量 2～3mL，以 EDTA 标准滴定溶液滴定至绿色荧光消失并呈现红色即为终点。

EDTA 标准滴定溶液的浓度按式(1-9) 计算：

$$c(\text{EDTA}) = \frac{m \times 25 \times 1000}{250V \times 100.09} \tag{1-9}$$

式中　c(EDTA)——EDTA 标准滴定溶液的浓度，mol/L；

V——滴定时消耗 EDTA 标准滴定溶液的体积，mL；

m——配制碳酸钙标准溶液的碳酸钙的质量，g；

100.09——$CaCO_3$ 的摩尔质量，g/mol。

EDTA 标准滴定溶液对各氧化物的滴定度按式(1-10) 计算：

$$T_{Fe_2O_3}=c(EDTA)\times 79.84$$
$$T_{Al_2O_3}=c(EDTA)\times 50.98$$
$$T_{CaO}=c(EDTA)\times 56.08 \qquad (1\text{-}10)$$
$$T_{MgO}=c(EDTA)\times 40.31$$
$$T_{TiO_2}=c(EDTA)\times 79.88$$

式中 $T_{Fe_2O_3}$，$T_{Al_2O_3}$，T_{CaO}，T_{MgO}，T_{TiO_2}——每毫升 EDTA 标准滴定溶液分别相当于 Fe_2O_3、Al_2O_3、CaO、MgO、TiO_2 的质量，mg/mL；

79.84——（$1/2Fe_2O_3$）的摩尔质量，g/mol；

50.98——（$1/2Al_2O_3$）的摩尔质量，g/mol；

56.08——CaO 的摩尔质量，g/mol；

40.31——MgO 的摩尔质量，g/mol；

79.88——TiO_2 的摩尔质量，g/mol。

（3）测定步骤 吸取 25.00mL 碱熔制备的系统溶液放入 300mL 烧杯中，加水稀释至约 100mL，用氨水（1+1）和盐酸（1+1）调节溶液 pH 值在 1.8～2.0（用精密 pH 试纸检验）。将溶液加热至 70℃，加 10 滴磺基水杨酸钠指示剂溶液（100g/L），用 [c(EDTA)=0.015mol/L] EDTA 标准滴定溶液缓慢地滴定至亮黄色（终点时溶液温度应不低于 60℃）。

（4）结果计算 三氧化二铁的质量分数 $w(Fe_2O_3)$ 按式(1-11) 计算：

$$w(Fe_2O_3)=\frac{T_{Fe_2O_3}V\times 10}{m\times 1000}\times 100\% \qquad (1\text{-}11)$$

式中 $T_{Fe_2O_3}$——每毫升 EDTA 标准滴定溶液相当于 Fe_2O_3 的质量，mg/mL；

V——滴定时消耗 EDTA 标准滴定溶液的体积，mL；

m——试料的质量，g。

（5）方法讨论

① 正确控制溶液的 pH 值是本法的关键。如果 $pH<1$，EDTA 不能与 Fe^{3+} 定量配位；同时，磺基水杨酸钠与 Fe^{3+} 生成的配合物也很不稳定，致使滴定终点提前，滴定结果偏低。如果 $pH>2.5$，Fe^{3+} 易水解，使 Fe^{3+} 与 EDTA 的配位能力减弱甚至完全消失。同时，Al^{3+} 的干扰增强，当有 Al^{3+} 共存时，溶液的最佳 pH 值范围为 1.8～2.0（室温下），滴定终点的变色最明显。

调整溶液的 pH 值可用磺基水杨酸钠作为 pH 指示剂。因为它与 Fe^{3+} 生成配合物的颜色与溶液的 pH 值有关，$pH<2.5$ 时为紫红色，$pH=4\sim8$ 时为橘红色。在调整溶液 pH 值时，加 1 滴磺基水杨酸钠指示剂，先以氨水（1+1）调至溶液呈现橘红色；再用盐酸（1+1）调至溶液刚刚变成紫红色，继续滴加 8～9 滴，此时溶液 pH 值近似为 2。

② 温度的控制。在 $pH=1.8\sim2.0$ 时，Fe^{3+} 与 EDTA 的配位反应速率较慢，所以需将溶液加热，但也不是越高越好，因为溶液中共存的 Al^{3+} 在温度过高时亦同 EDTA 配位，而使 Fe_2O_3 的结果偏高，Al_2O_3 的结果偏低。一般在滴定时，溶液的起始温度以 70℃ 为宜，高铝类样品不要超过 70℃。在滴定结束时，溶液的温度不宜低于 60℃。

③ 试验溶液的体积以 80～100mL 为宜。体积过大，滴定终点不敏锐；体积过小，溶液中 Al^{3+} 浓度相对增高，干扰增强，同时溶液的温度下降较快，对滴定不利。

④ 滴定近终点时，要加强搅拌，缓慢滴定，直至无残余红色为止。

⑤ 由于在 pH 值为 1.8～2.0 时，Fe^{2+} 不能与 EDTA 定量配位而使铁的测定结果偏低。所以在测定总铁时，应先将溶液中的 Fe^{2+} 氧化成 Fe^{3+}。在用氢氧化钠熔融试样制成溶液时，一定要加入少量浓硝酸。

⑥ 如果在测定溶液中的铁后还要继续测定 Al_2O_3 的含量，磺基水杨酸钠指示液的用量不宜多，以防它与 Al^{3+} 配位反应而使 Al_2O_3 的测定结果偏低。

四、硅酸盐岩石中二氧化钛含量的测定

钛的测定方法很多。由于硅酸盐试样中含钛量较低，通常采用光度法测定。钛（Ⅳ）有数百种有机显色剂可用于光度测定，其中主要是含有羟基的有机试剂、安替比林类染料、三苯甲烷类染料、偶氮化合物等以及它们和表面活性剂等形成的多元配合物，有不少方法属于高灵敏度分光光度法（$\varepsilon > 1 \times 10^5$），准确度较高。常用的是过氧化氢光度法、二安替比林甲烷光度法和钛铁试剂光度法等。另外，钛的配位滴定法通常有苦杏仁酸置换-铜盐溶液返滴定法和过氧化氢配位-铋盐溶液返滴定法。

(一) 过氧化氢光度法

1. 方法综述

在酸性条件下，TiO^{2+} 与 H_2O_2 形成黄色的 $[TiO(H_2O_2)]^{2+}$ 配离子，其 $\lg K^{\ominus} = 4.0$，$\lambda_{max} = 405nm$，$\varepsilon_{405} = 740$。过氧化氢光度法简便快速，但灵敏度和选择性较差。

显色反应可以在硫酸、硝酸、过氯酸或盐酸介质中进行，一般在 5%～6% 的硫酸溶液中显色。显色反应的速率和配离子的稳定性受温度的影响，通常在 20～25℃ 显色，3min 可显色完全，稳定时间在 1d 以上。过氧化氢的用量，以控制在 50mL 显色体积中，以加 3% 过氧化氢 2～3mL 为宜。

铀、钍、钼、钒、铬和铌在酸性溶液中能与过氧化氢生成有色配合物，铜、钴和镍等离子具有颜色，它们含量高时对钛的测定有影响。F^-、PO_4^{3-} 与钛形成配离子而产生负误差。大量碱金属硫酸盐（特别是硫酸钾）会降低钛与过氧化氢配合物的颜色强度，可以采取提高溶液中硫酸浓度至 10%，并在标准溶液中加入同样的盐类，以消除其影响。用 NaOH 或 KOH 沉淀钛，可有效分离钼和钒；用氨水沉淀钛、铁，可使铜、钴、镍分离；试样本身存在一定量铝（或加入），与 F^- 形成稳定的 AlF_6^{3-}，可消除 F^- 干扰。

2. 过氧化氢光度法测定二氧化钛

(1) 方法原理　在硫酸介质中，钛与过氧化氢形成过钛酸黄色配合物，其最大吸收峰位于 420nm。加入磷酸，可以掩蔽铁的干扰，加入硫酸可消除碱金属盐类的影响。

(2) 试剂　过氧化氢（AR，30%）。

其余试剂见二安替比林甲烷光度法。

(3) 测定步骤　吸取硅酸盐系统溶液 5.0mL 于 50mL 比色管中，加入磷酸（1+1）2mL，硫酸（1+1）5mL，过氧化氢 2.5mL，用水稀释至刻度，摇匀。于分光光度计上用 3cm 比色皿，以试剂空白为参比，420nm 处测其吸光度。

(4) 标准曲线的绘制　取 0.00、0.02mg、0.04mg、0.06mg、0.08mg、0.12mg、2.00mg 二氧化钛标准溶液于 50mL 比色管中，以下同试样测定。

（5）结果计算　同二安替比林甲烷光度法。

（二）二安替比林甲烷光度法

1. 方法综述

二安替比林甲烷光度法灵敏度较高，而且易于掌握，重现性和稳定性好。被广泛应用于测定较低含量试样中的二氧化钛。

2. 二安替比林甲烷光度法测定二氧化钛

（1）方法原理　在酸性溶液中 TiO^{2+} 与二安替比林甲烷生成黄色配合物，于波长420nm 处测定其吸光度。Fe^{3+} 的干扰用抗坏血酸消除。

（2）仪器与试剂

① 仪器　分光光度计。

② 试剂　盐酸溶液［(1+2)、(1+11)］。

5g/L 抗坏血酸溶液：将 0.5g 抗坏血酸维生素 C 溶于 100mL 水中，过滤后使用。用时现配。

二安替比林甲烷溶液（30g/L 盐酸溶液）：将 15g 二安替比林甲烷（$C_{23}H_{24}N_4O_2$）溶于50mL 盐酸（1+11）中，过滤后使用。

（3）测定步骤

① 二氧化钛（TiO_2）标准溶液的配制　称取 0.1000g（精确至 0.0001g）经高温灼烧过的二氧化钛，置于铂（或瓷）坩埚中，加入 2g 焦硫酸钾，在 500～600℃下熔融至透明。熔块用硫酸（1+9）浸出，加热至 50～60℃使熔块完全熔解，冷却后移入 1000mL 容量瓶中，用硫酸（1+9）稀释至标线，摇匀。此标准溶液每毫升含有 0.1mg 二氧化钛。

吸取 100.00mL 上述标准溶液于 500mL 容量瓶中，用硫酸（1+9）稀释至标线，摇匀，此标准溶液每毫升含有 0.02mg 二氧化钛。

② 工作曲线的绘制　吸取 0.02mg/mL 二氧化钛的标准溶液 0、2.50mL、5.00mL、7.50mL、10.00mL、12.50mL、15.00mL 分别放入 100mL 容量瓶中，依次加入 10mL 盐酸（1+2）、10mL 抗坏血酸溶液（5g/L）、5mL 95%（体积分数）乙醇、20mL 二安替比林甲烷溶液（30g/L），用水稀释至标线，摇匀。放置 40min 后，使用分光光度计，10mm 比色皿，以水作参比于 420nm 处测定溶液的吸光度。用测得的吸光度作为相对应的二氧化钛含量的函数，绘制工作曲线。

③ 测定　从沉淀测定硅的溶液中吸取 25.00mL 溶液放入 100mL 容量瓶中，加入 10mL 盐酸（1+2）及 10mL 抗坏血酸溶液（5g/L），放置 5min。加入 5mL 95%（体积分数）乙醇、20mL 二安替比林甲烷溶液（30g/L），用水稀释至标线，摇匀。放置 40min 后，使用分光光度计，10mm 比色皿，以水作参比，于 420nm 处测定溶液的吸光度。在工作曲线上查出二氧化钛的含量（mL）。

（4）结果计算

二氧化钛的质量分数 $w(TiO_2)$ 按式(1-12) 计算：

$$w(TiO_2)=\frac{m_1\times 10}{m\times 1000}\times 100\% \tag{1-12}$$

式中　m_1——100mL 测定溶液二氧化钛的含量，mg；

m——试料的质量，g。

(5) 方法讨论

① 比色用的试样溶液可以是氯化铵重量法测定硅后的溶液，也可以用氢氧化钠熔融后的盐酸溶液。但加入显色剂前，需加入 5mL 乙醇，以防止溶液浑浊而影响测定。

② 抗坏血酸及二安替比林甲烷溶液不宜久放，应现用现配。

五、硅酸盐岩石中氧化钙、氧化镁含量的测定

钙和镁在硅酸盐试样中常常一起出现，常需同时测定。在经典分析系统中是将它们分离后，再分别以称量法或滴定法测定；而在快速分析系统中，则常常在一份溶液中控制不同条件分别测定。钙和镁的光度分析方法也很多，并有不少高灵敏度的分析方法，例如，Ca^{2+} 与偶氮胂 M 及各种偶氮羧试剂的显色反应，一般都很灵敏，$\varepsilon > 1\times10^5$；$Mg^{2+}$ 与铬天青 S、苯基荧光酮类试剂的显色反应，在表面活性剂的存在下，生成多元配合物，$\varepsilon > 1\times10^5$。由于硅酸盐试样中 Ca、Mg 含量较高，普遍采用配位滴定法和原子吸收分光光度法。

（一）配位滴定法

1. 方法综述

在一定的条件下，Ca^{2+}、Mg^{2+} 能与 EDTA 形成稳定的 1∶1 的配合物（Mg-EDTA 的 $K^{\ominus}_{稳} = 10^{8.89}$，Ca-EDTA 的 $K^{\ominus}_{稳} = 10^{10.59}$）。选择适宜的酸度条件和适当的指示剂，可用 EDTA标准滴定溶液滴定钙、镁。

EDTA 滴定 Ca^{2+} 时的最高允许酸度为 pH>7.5，滴定 Mg^{2+} 时的最高允许酸度为 pH>9.5。在实际操作中，常控制在 pH=10 时滴定 Ca^{2+} 和 Mg^{2+} 的合量，再于 pH>12.5 时滴定 Ca^{2+}。单独滴定 Ca^{2+} 时，控制 pH>12.5，使 Mg^{2+} 生成难离解的 $Mg(OH)_2$，可消除 Mg^{2+} 对测定 Ca^{2+} 的影响。

滴定方式有分别滴定法和连续滴定法，但指示剂的选择比较复杂，配位滴定法测定钙、镁的指示剂很多，而且还在不断研究出新的指示剂。配位滴定钙时，指示剂有紫脲酸铵、钙试剂、钙黄绿素、酸性铬蓝 K、安替比林甲烷、偶氮胂Ⅲ、双偶氮钯等。其中，紫脲酸铵的应用较早，但是它的变化不够敏锐，试剂溶液不稳定，现已很少使用，而钙黄绿素和酸性铬蓝 K 的应用较多。配位滴定镁时，指示剂有铬黑 T、酸性铬蓝 K、铝试剂、钙镁指示剂、偶氮胂Ⅲ等。其中，铬黑 T 和酸性铬蓝 K 的使用较多。

2. EDTA 配位滴定法测定氧化钙

(1) 方法原理　在 pH>13 的强碱性溶液中，以三乙醇胺（TEA）为掩蔽剂，用钙黄绿素-甲基百里香酚蓝-酚酞（CMP）混合指示剂，用 EDTA 标准滴定溶液滴定。至绿色荧光消失并呈现红色为终点。

(2) 试剂三乙醇胺（1+2）；氢氧化钾溶液（200g/L）。

钙黄绿素-甲基百里香酚蓝-酚酞混合指示液（简称 CMP 混合指示液）：详见本模块中三氧化二铁的测定。

(3) 测定步骤　从硅酸盐分析系统溶液中吸取 25.00mL 溶液放入 300mL 烧杯中，加水

稀释至约200mL，加5mL三乙醇胺（1+2）及少许的钙黄绿素-甲基百里香酚蓝-酚酞混合指示液，在搅拌下加入氢氧化钾溶液（200g/L），至出现绿色荧光后再过量加入5～8mL，此时溶液在pH=13以上。用［c(EDTA)＝0.015mol/L］EDTA标准滴定溶液滴定至绿色荧光消失并呈现红色。

（4）结果计算　氧化钙的质量分数w(CaO)按式(1-13)计算：

$$w(\mathrm{CaO})=\frac{T_{\mathrm{CaO}}V\times 10}{m\times 1000}\times 100\% \tag{1-13}$$

式中　T_{CaO}——每毫升EDTA标准滴定溶液相当于氧化钙的质量，mg/mL；

V——滴定时消耗EDTA标准滴定溶液的体积，mL；

m——试料的质量，g。

（5）方法讨论

① 不分离硅的试液中测定钙时，在强碱性溶液中会生成硅酸钙，使钙的测定结果偏低。可将试液调为酸性后，加入一定量的氟化钾溶液，搅拌并放置2min以上，生成氟硅酸。

再用氢氧化钾将上述溶液碱化。该反应速率较慢，新释放出的硅酸为非聚合状态的硅酸，在30min内不会生成硅酸钙沉淀。因此，当碱化后应立即滴定，即可避免硅酸的干扰。

② 铁、铝、钛的干扰可用三乙醇胺掩蔽。少量锰与三乙醇胺也能生成绿色配合物而被掩蔽，锰量太高则生成的绿色背景太深，影响终点的观察。镁在pH>12时，生成氢氧化镁沉淀而消除。三乙醇胺用量一般为5mL，但当测定高铁或高锰类试样时应增加至10mL，并经过充分搅拌，加入后溶液应呈酸性，如变浑浊应立即以盐酸调至溶液呈酸性并放置几分钟。如试样中含有磷，由于有磷酸钙生成，滴定近终点时应放慢速度并加强搅拌。当磷含量较高时，应采用返滴定法测Ca^{2+}。

③ 采用CMP作指示剂，即使有1～5mg银存在，对钙的滴定仍无干扰；共存镁量高时，终点无返色现象，可用于菱镁矿、镁砂等高镁样品中钙的测定；且对pH值的要求较宽（pH>12.5）；所以，可用于氢氧化钠-银坩埚熔样的分析系统。但加入CMP的量不宜过多，否则终点呈深红色，变化不敏锐。

滴定至近终点时应充分搅拌，使被氢氧化镁沉淀吸附的钙离子能与EDTA充分反应。在使用CMP指示剂时，不能在光线直接照射下观察终点，应使光线从上向下照射。近终点时应观察整个液层，至烧杯底部绿色荧光消失呈现红色。

3. 配位滴定差减法测定氧化镁

（1）方法原理　在pH=10的溶液中，以三乙醇胺、酒石酸钾钠为掩蔽剂，用酸性铬蓝K-萘酚绿B混合指示剂（简称KB），以EDTA标准滴定溶液滴定，测得钙、镁含量，然后扣除氧化钙的含量，即得氧化镁含量。当试样中氧化锰含量在0.5%以上时，在盐酸羟胺存在下，测定钙、镁、锰总量，差减法求得氧化镁含量。

（2）试剂　三乙醇胺溶液(1+2)；酒石酸钾钠溶液（100g/L）。

pH=10的缓冲溶液：将67.5g氯化铵溶于水中，加570mL氨水，加水稀释至1L。

酸性铬蓝K-萘酚绿B混合指示剂：称取1.000g酸性铬蓝K、2.5g萘酚绿B和50g已在105℃下烘干过的硝酸钾，混合研细，保存在磨口瓶中。

（3）测定步骤

① 氧化锰含量在0.5%以下　从系统溶液中吸取25.00mL放入400mL烧杯中，加水稀释至约200mL，加1mL酒石酸钾钠溶液（100g/L），5mL三乙醇胺溶液（1+2），搅拌，然后加入25mL pH=10的缓冲溶液及少许酸性铬蓝K-萘酚绿B混合指示剂，用[c(EDTA)=0.015mol/L] EDTA标准滴定溶液滴定，近终点时应缓慢滴定至纯蓝色。

② 氧化锰含量在0.5%以上　除将三乙醇胺溶液（1+2）的加入量改为10mL，并在滴定前加入0.5～1g盐酸羟胺外，其余分析步骤同①。

（4）结果计算

① 氧化锰含量在0.5%以下　氧化镁的质量分数w(MgO)按式(1-14)计算：

$$w(\mathrm{MgO})=\frac{T_{\mathrm{MgO}}(V_1-V_2)\times 10}{m\times 1000}\times 100\% \tag{1-14}$$

式中　T_{MgO}——每毫升EDTA标准滴定溶液相当于氧化镁的质量，mg/mL；

V_1——滴定钙、镁含量时消耗EDTA标准滴定溶液的体积，mL；

V_2——按本节中测定氧化钙时消耗EDTA标准滴定溶液的体积，mL；

m——试料的质量，g。

② 氧化锰含量在0.5%以上　氧化镁的质量分数w(MgO)式(1-15)计算

$$w(\mathrm{MgO})=\frac{T_{\mathrm{MgO}}(V_1-V_2)\times 10}{m\times 1000}\times 100\%-0.57\times w(\mathrm{MnO}) \tag{1-15}$$

式中　T_{MgO}——每毫升EDTA标准滴定溶液相当于氧化镁的质量，mg/mL，

V_1——滴定钙、镁、锰总量时消耗EDTA标准滴定溶液的体积，mL；

V_2——按本节中测定氧化钙时消耗EDTA标准滴定溶液的体积，mL；

m——试料的质量，g；

w(MnO)——测得的氧化锰的质量分数；

0.57——氧化锰对氧化镁的换算系数。

（5）方法讨论

① 当溶液中锰含量在0.5%以下时对镁的干扰不显著，但超过0.5%则有明显的干扰，此时可加入0.5～1g盐酸羟胺，使锰呈Mn^{2+}，并与Mg^{2+}、Ca^{2+}一起被定量配位滴定，然后再扣除氧化钙、氧化锰的含量，即得氧化镁含量。在测定高锰类样品时，三乙醇胺的量需增至10mL，并需充分搅拌。

② 滴定近终点时，一定要充分搅拌并缓慢滴定至由蓝紫色变为纯蓝色。若滴定速度过快，将使结果偏高，因为滴定近终点时，由于加入的EDTA夺取镁-酸性铬蓝K中的Mg^{2+}，而使指示剂游离出来，此反应速率较慢。

③ 在测定硅含量较高的试样中的Mg^{2+}时，也可在酸性溶液中先加入一定量的氟化钾来防止硅酸的干扰，使终点易于观察。

④ 在测定高铁或高铝类样品时，需加入100g/L酒石酸钾钠溶液2～3mL、三乙醇胺（1+2）10mL，充分搅拌后滴加氨水（1+1）至黄色变浅，再用水稀释至200mL，加入pH=10的缓冲溶液后滴定，掩蔽效果较好。

⑤ 如试样中含有磷，应使用EDTA返滴定法测定。

（二）原子吸收分光光度法

1. 方法综述

原子吸收分光光度法测定钙和镁，是一种较理想的分析方法，操作简便，选择性、灵敏度高。

钙的测定：在盐酸或过氯酸介质中，加入氯化锶消除干扰，用空气-乙炔火焰，于422.7nm波长下测定钙，其灵敏度为0.084μg（CaO）/mL。

镁的测定：介质的选择与钙的测定相同，只是盐酸的最大允许浓度为10%。在实际工作中可以控制与钙的测定完全相同的化学条件。在285nm波长下测定镁，其灵敏度为0.017μg（MgO）/mL。

原子吸收分光光度法测定钙、镁时，铁、铝、锆、铬、钒、铀以及硅酸盐、磷酸盐、硫酸盐和其他一些阴离子，都可能与钙、镁生成难挥发的化合物，妨碍钙、镁的原子化，故需在溶液中加入氯化锶、氯化镧等释放剂和EDTA、8-羟基喹啉等保护剂。

在实际工作中，常控制于在1%盐酸介质中，有氯化锶存在的条件下进行测定。此时，大量的钠、钾、铁、铝、硅、磷、钛等均不影响测定，钙、镁之间即使含量相差悬殊也互不影响。

另外，溶液中含有1%的动物胶溶液1mL及1g氯化钠也不影响测定，所以可直接分取测定二氧化硅的滤液来进行钙、镁的测定，还可以用氢氟酸、过氯酸分解试样后进行钙、镁的测定。

2. 原子吸收分光光度法测定氧化钙和氧化镁

（1）方法原理　以氢氟酸-高氯酸分解或用硼酸锂熔融，盐酸溶解试样的方法制备溶液，分取一定量的溶液，用锶盐消除硅、铝、钛等的干扰，在空气-乙炔火焰中，于285.2nm处测定镁的吸光度、422.7nm处测定钙的吸光度。

（2）仪器与试剂

① 仪器　原子吸收光谱仪；钙、镁空心阴极灯等。

② 试剂　盐酸［(1＋1)、(1＋10)］。

氯化锶溶液（锶50g/L）：将152.2g氯化锶（$SrCl_2 \cdot 6H_2O$）溶于水中，用水稀释至1L，必要时过滤。

（3）测定步骤

① 氢氟酸-高氯酸分解试样　称取约0.1g试样，精确至0.0001g，置于铂坩埚（或铂皿）中，用0.5～1mL水润湿，加入5～7mL氢氟酸和0.5mL高氯酸，置于电热板上蒸发。近干时摇动坩埚以防溅失，待白色浓烟驱尽后取下放冷。加入20mL盐酸（1＋1），温热至溶液澄清，取下冷却转移到250mL容量瓶中，加5mL氯化锶溶液（锶50g/L），用水稀释至标线，摇匀。此溶液可供原子吸收光谱法测定氧化镁、氧化钙、三氧化二铁、氧化钾和氧化钠用。

② 硼酸锂熔融试样　称取约0.1g试样，精确至0.0001g，置于铂坩埚中，加入0.5g硼酸锂搅匀。用喷灯在低温下熔融，逐渐升高温度至1000℃使熔成玻璃体，取下冷却。在铂坩埚内放入一个搅拌子（塑料外壳），并将坩埚放入预先盛有150mL盐酸（1＋10）并加热至约45℃的200mL烧杯中，用磁力搅拌器搅拌溶解，待熔块全部溶解后取出坩埚及搅拌子，用水洗净，将溶液冷却至室温，移至250mL容量瓶中，加5mL氯化锶溶液（锶50g/L），用

水稀释至标线，摇匀。此溶液可供原子吸收光谱法测定氧化镁、氧化钙、三氧化二铁、氧化锰、氧化钾和氧化钠用。

③ 氧化镁（MgO）和氧化钙（CaO）标准溶液的配制　分别称取 1.000g（精确至 0.0001g）已于 600℃下灼烧过 1.5h 的氧化镁（MgO）和氧化钙（CaO），置于两个 250mL 烧杯中，加入 50mL 水，再缓缓加入 20mL 盐酸（1+1），低温加热至全部溶解，冷却后分别移入 1000mL 容量瓶中，用水稀释至标线，摇匀。此标准溶液每毫升含有 1.0mg 氧化镁和氧化钙。

各吸取 25.00mL 上述标准溶液于两个 500mL 容量瓶中，用水稀释至标线，摇匀。此标准溶液每毫升含有 0.05mg 氧化镁和氧化钙。

（4）工作曲线的绘制　分别吸取 0.05mg/mL 氧化镁和氧化钙标准溶液 0、2.00mL、4.00mL、6.00mL、8.00mL、10.00mL、12.00mL 放入 7 个 500mL 容量瓶中，加入 30mL 盐酸及 10mL 氯化锶溶液（锶 50g/L）。用水稀释至标线，摇匀。将原子吸收光谱仪调节至最佳工作状态，在空气-乙炔火焰中，用镁空心阴极灯，于 285.2nm 处，以水校零测定溶液的吸光度。用测得的吸光度作为相对应的氧化镁含量的函数，绘制工作曲线。同样在 422.7nm 处测定钙的吸光度。

（5）氧化镁、氧化钙的测定　从上述试样溶液中吸取一定量的试液放入容量瓶中（试液的分取量及容量瓶的体积视氧化镁、氧化钙的含量而定），加入盐酸（1+1）及氯化锶溶液（锶 50g/L），使测定溶液中盐酸的浓度为 6%（体积分数），锶浓度为 1mg/mL。用水稀释至标线，摇匀。用原子吸收光谱仪、镁空心阴极灯，于 285.2nm 处在与工作曲线绘制时相同的仪器条件下测定溶液的吸光度，在工作曲线上查出氧化镁的浓度。换上钙空心阴极灯，在 422.7nm 处测定钙的吸光度，并计算氧化钙的浓度。

（6）结果计算

氧化镁、氧化钙的质量分数分别按式(1-16)、式(1-17) 计算：

$$w(\mathrm{MgO})=\frac{c(\mathrm{MgO})Vn\times10^{-3}}{m}\times100\% \tag{1-16}$$

$$w(\mathrm{CaO})=\frac{c(\mathrm{CaO})Vn\times10^{-3}}{m}\times100\% \tag{1-17}$$

式中　$c(\mathrm{MgO})$ ——测定溶液中氧化镁的浓度，mg/mL；

$c(\mathrm{CaO})$ ——测定溶液中氧化钙的浓度，mg/mL；

V——测定溶液的体积，mL；

m——上述试料的质量，g；

n——全部试样溶液与所分取试样溶液的体积比。

（7）方法讨论

① 试样分解除了采用以上的氢氟酸-高氯酸分解和硼酸锂熔融分解外，可以用径重量凝聚法测定二氧化硅后的系统溶液测定氧化钙和氧化镁。

② 工作曲线的绘制应依据试样中钙、镁的含量来确定。一般硅酸盐试样中氧化钙含量比氧化镁要高，如果试样中氧化钙的吸光度大于工作曲线的吸光度，应分取少量试液重新测定，否则氧化钙含量将偏低。反之，如果氧化镁含量较高时也应稀释后测定。

通过前面的学习，在教师的指导下，学生自行设计完成实验，选择性地完成下面的任务训练，也可按照课时量合理安排训练项目。

【任务训练二】硅酸盐岩石中二氧化硅含量的测定

参照本模块前述内容，由学生自行设计实验方法，并进行测定。

【任务训练三】硅酸盐岩石中三氧化二铝含量的测定

训练提示

① 准确填写《样品检测委托书》，明确检测任务。

② 依据检测标准，制订详细的检测实施计划，其中包括仪器、药品准备单、具体操作步骤等。

③ 按照要求准备仪器、药品，仪器要洗涤干净，摆放整齐，同时注意操作安全；配制溶液时要规范操作，节约使用药品，药品不能到处扔，多余的药品应该回收，实验台面保持清洁。

④ 依据具体操作步骤认真进行操作，仔细观察实验现象，及时、规范地记录数据，实事求是。

⑤ 计算结果，处理检测数据，对检测结果进行分析，出具检测报告。

实验中应自觉遵守实验规则，保持实验室整洁、安静、仪器安置有序，注意节约使用试剂和蒸馏水，要及时记录实验数据，严肃认真地完成实验。

考核评价

过程考核	任务训练				
	序号	考核项目	考核内容及要求(评分要素)		
			A	B	C
专业能力	1	项目计划决策	计划合理,准备充分,实践过程中有完整规范的数据记录	计划合理,准备较充分,实践过程中有数据记录	计划较合理,准备少量,实践过程中有较少或无数据记录
	2	项目实施检查	在规定时间内完成项目,操作规范正确,数据正确	在规定时间内完成项目,操作基本规范正确,数据偏离不大	在规定时间内未完成项目,操作不规范,数据不正确
	3	项目讨论总结	能完整叙述项目完成情况,能准确分析结果,实践中出现的各种现象,正确回答思考题	能较完整地叙述项目完成情况,能较准确地分析结果,实践中出现的各种现象,基本能够正确回答思考题	能叙述项目完成情况,能分析结果,实践中出现的各种现象,能回答部分思考题
职业素质	1	考勤	不缺勤、不迟到、不早退、中途不离场	不缺勤、不迟到、不早退、中途离场不超过1次	不缺勤、不迟到、不早退、中途离场不超过2次
	2	5S执行情况	仪器清洗干净并规范放置,实验环境整洁	仪器清洗干净并放回原处,实验环境基本整洁	仪器清洗不够干净未放回原处,实验环境不够整洁
	3	团队配合力	配合得很好,服从组长管理	配合得较好,基本服从组长管理	不服从管理
合计	100%				

1. 研究性习题

① 请课后查阅资料，对硅酸盐样品中二氧化硅测定方法进行综述并简述基本原理。

② 以小组为单位，讨论测定水泥及其原料时容量法测定三氧化二铁、三氧化二铝的方法原理。

③ 结合任务一、任务二，分析硅酸盐岩石矿物的主要元素有哪些？硅酸盐全分析通常测定哪些项目？

2. 理论习题

① 硅酸盐试样的分解中，酸分解法、熔融法中常用的溶（熔）剂有哪些？各有何特点？

② 往 0.4779g 水泥生料中加入 20.00mL 0.5000mol/L HCl 标准滴定溶液，过量的酸需要用 7.38mL NaOH 标准滴定溶液返滴定，已知 1mL NaOH 相当于 0.6140mL HCl 溶液。试求生料中以碳酸钙表示的滴定值。

③ 称取硅酸盐试样 0.1000g，经熔融分解，沉淀出 K_2SiF_6，然后经过滤洗净，水解产生的 HF 用 0.1124 mol/L NaOH 标准滴定溶液滴定，以酚酞为指示剂，耗去标准滴定溶液 28.54mL。计算试样中 SiO_2 的质量分数。

④ 测定硅酸盐中的 SiO_2 时，0.5000g 试样得到 0.2835g 不纯的 SiO_2，将不纯的 SiO_2 用 HF-H_2SO_4 处理，使 SiO_2 以 SiF_4 的形式逸出，残渣经灼烧后称得质量为 0.0015g，计算试样中 SiO_2 的质量分数。若不用 HF-H_2SO_4 处理，分析误差有多大？

模块二 铁矿石分析

知识目标

1. 了解铁的性质，理解铁矿石的分类、组成及表示方法。

2. 了解铁矿石的主要分析项目，全分析结果的表示、计算和分析意义。

3. 掌握铁矿石试样的准备和制备方法。

4. 掌握铁矿石中全铁含量的测定原理、试剂的作用、测定步骤、结果计算、操作要点和应用。

5. 了解铁矿石中亚铁含量、五氧化二磷、硫等一般分析项目的分析方法、测定原理和应用。

能力目标

1. 能正确进行铁矿石试样的准备和制备操作，正确选择不同试样的分解处理方法及有关试剂和器皿。

2. 能够正确管理铁矿石样品及副样，能够正确处理样品及副样保存时间。

3. 能运用重铬酸钾容量法或三氯化钛还原滴定法测定铁矿石试样中全铁的含量。

4. 能运用 X-荧光光谱法或 ICP 发射光谱法同时测定铁矿石试样中多种元素的含量。

任务一 认识铁和铁矿石

一、铁的性质

铁元素的原子序数为 26，符号为 Fe。在元素周期表中，铁是第四周期第八副族（ⅧB）的元素。它与钴和镍同属四周期ⅧB 族。

在自然界中，铁元素有 4 种稳定的同位素，其同位素丰度（%）如下（Hertz，1960）：^{54}Fe——5.81，^{56}Fe——91.64，^{57}Fe——2.21，^{58}Fe——0.34。

铁的原子量平均为55.847（当^{12}C=12.000时）。

铁的原子半径为1.26×10^{-10}m。铁的原子体积为7.1cm^3/g（原子），原子密度为7.86g/cm^3。

铁原子的电子结构是$3d^64s^2$。

铁原子很容易失掉最外层的两个s电子而呈正二价离子（Fe^{2+}）。如果再失掉次外层的1个d电子，则呈正三价离子（Fe^{3+}）。铁元素的这种变价特征，导致铁在不同氧化还原反应中显示出不同的化学性质。

铁原子失去第一个电子的电离势（I_1）为7.90eV，失去第二个电子的电离势（I_2）为16.18eV，失去第三个电子的电离势（I_3）为30.64eV。

铁的离子半径随配位数和离子电荷而变化。凡是原子半径与铁相近的元素，当晶体结构相同时，易与铁形成金属互化物，如铁和铂族形成的金属互化物粗铂矿（Pt，Fe）。凡是离子半径与铁相近的元素，当化学结构式相同时，易与铁发生类质同象替换，如硅酸盐中的铁橄榄石和镁橄榄石类质同象系列；碳酸盐中的菱铁矿和菱锰矿类质同象系列；以及钨酸盐中的钨铁矿和钨锰矿类质同象系列等。

二、铁矿石分类

（一）主要铁矿石

铁矿石种类繁多，目前已发现的铁矿物和含铁矿物约300余种，其中常见的有170余种。但在当前技术条件下，具有工业利用价值的主要是磁铁矿、赤铁矿、磁赤铁矿、钛铁矿、褐铁矿和菱铁矿等。

1. 磁铁矿

主要成分为Fe_3O_4，即四氧化三铁，每个Fe_3O_4分子中有两个+3价的铁原子和1个+2价的铁原子，氧原子现−2价，其中Fe的质量分数约为72.3597945571%。等轴晶系，单晶体常呈八面体，较少呈菱形十二面体。在菱形十二面体面上，长对角线方向常现条纹。集合体多呈致密块状和粒状。颜色为铁黑色、条痕为黑色，半金属光泽，不透明；硬度5.5～6.5；密度4.9～5.2g/cm^3；具强磁性。

磁铁矿是岩浆成因铁矿床、接触交代-热液铁矿床、沉积变质铁矿床，以及一系列与火山作用有关的铁矿床中铁矿石的主要矿物。此外，也常见于砂矿床中。磁铁矿氧化后可变成赤铁矿（假象赤铁矿及褐铁矿），但仍能保持其原来的晶形。

2. 赤铁矿

赤铁矿中主要成分为Fe_2O_3，即氧化铁。自然界中Fe_2O_3的同质多象变种已知有两种，即α-Fe_2O_3和γ-Fe_2O_3。前者在自然条件下稳定，称为赤铁矿；后者在自然条件下不如α-Fe_2O_3稳定，处于亚稳定状态，称为磁赤铁矿。

赤铁矿是自然界中分布很广的铁矿物之一，可形成于各种地质作用，但以热液作用、沉积作用和区域变质作用为主。在氧化带里，赤铁矿可由褐铁矿或纤铁矿、针铁矿经脱水作用形成。但也可以变成针铁矿和水赤铁矿等。在还原条件下，赤铁矿可转变为磁铁矿，称假象磁铁矿。

3. 磁赤铁矿

γ-Fe_2O_3，其化学组成中常含有Mg、Ti和Mn等混入物。等轴晶系，五角四面体晶类，多呈粒状集合体，致密块状，常具磁铁矿假象。颜色及条痕均为褐色，硬度5，密度4.88g/cm^3，强磁性。

磁赤铁矿主要是磁铁矿在氧化条件下经次生变化作用形成的。磁铁矿中的Fe^{2+}完全为Fe^{3+}所代替（$3Fe^{2+} \longrightarrow 2Fe^{3+}$），所以由1/3$Fe^{2+}$所占据的八面体位置产生了空位。另外，磁赤铁矿可由纤铁矿失水而形成，亦有由铁的氧化物经有机作用而形成的。

4. 褐铁矿

实际上并不是一个矿物种，而是针铁矿、纤铁矿、水针铁矿、水纤铁矿以及含水氧化硅、泥质等的混合物。化学成分变化大，含水量变化也大。

(1) 针铁矿 α-FeO(OH)　含Fe 62.9%。含不定量的吸附水者，称水针铁矿$HFeO_2 \cdot nH_2O$。斜方晶系，形态有针状、柱状、薄板状或鳞片状。通常呈豆状、肾状或钟乳状。切面具平行或放射纤维状构造。有时呈致密块状、土状，也有呈鲕状。颜色红褐、暗褐至黑褐。经风化而成的粉末状、赭石状褐铁矿则呈黄褐色。针铁矿条痕为红褐色，硬度5～5.5，密度4～4.3g/cm^3。而褐铁矿条痕则一般为淡褐或黄褐色，硬度1～4，密度3.3～4g/cm^3。

(2) 纤铁矿 γ-FeO(OH)　含Fe 62.9%。含不定量的吸附水者，称水纤铁矿$FeO(OH) \cdot nH_2O$。斜方晶系。常见鳞片状或纤维状集合体。颜色暗红至黑红色。条痕为橘红色或砖红色。硬度4～5，密度4.01～4.1g/cm^3。

5. 钛铁矿

主要成分为$FeTiO_3$，即钛酸亚铁，三方晶系，菱面体晶类。常呈不规则粒状、鳞片状或厚板状。在950℃以上钛铁矿与赤铁矿形成完全类质同象。当温度降低时，即发生熔离，故钛铁矿中常含有细小鳞片状赤铁矿包体。钛铁矿颜色为铁黑色或钢灰色。条痕为钢灰色或黑色。含赤铁矿包体时呈褐色或带褐色的红色条痕。金属-半金属光泽。不透明，无解理。硬度5～6.5，密度4～5g/cm^3。弱磁性。钛铁矿主要出现在超基性岩、基性岩、碱性岩、酸性岩及变质岩中。我国攀枝花钒钛磁铁矿床中，钛铁矿呈粒状或片状分布于钛磁铁矿等矿物颗粒之间，或沿钛磁铁矿裂开面成定向片晶。

6. 菱铁矿

主要成分为$FeCO_3$，即碳酸亚铁，常含Mg和Mn。三方晶系，常见菱面体，晶面常弯曲。其集合体呈粗粒状至细粒状。亦有呈结核状、葡萄状、土状者。黄色、浅褐黄色（风化后为深褐色），玻璃光泽。硬度3.5～4.5，密度3.96g/cm^{3}左右，因Mg和Mn的含量不同而有所变化。

7. 黄铁矿

主要成分为FeS_2，即过硫化亚铁，黄铁矿因其浅黄铜的颜色和明亮的金属光泽，常被误认为是黄金，故又称为“愚人金”。晶体属等轴晶系的硫化物矿物。成分中通常含钴、镍和硒，具有NaCl型晶体结构。常有完好的晶形，呈立方体、八面体、五角十二面体及其聚形。立方体晶面上有与晶棱平行的条纹，各晶面上的条纹相互垂直。集合体呈致密块状、粒状或结核状。浅黄（铜黄）色，条痕绿黑色，强金属光泽，不透明，无解理，参差状断口。摩氏硬度较大，达6～6.5，小刀刻不动。密度4.9～5.2g/cm^3。在地表条件下易风化为褐铁矿。

黄铁矿是铁的二硫化物。一般将黄铁矿作为生产硫黄和硫酸的原料，而不是用作提炼铁的原料，因为提炼铁有更好的铁矿石，且炼制过程当中会产生大量SO_2，造成空气污染。

黄铁矿分布广泛，在很多矿石和岩石中包括煤中都可以见到它们的影子。一般为黄铜色立方体样子。黄铁矿风化后会变成褐铁矿或黄钾铁矾。

（二）铁矿石分类

按照矿物组分、结构、构造和采、选、冶及工艺流程等特点，可将铁矿石分为自然类型和工业类型两大类。

1. 自然类型

① 根据含铁矿物种类可分为：磁铁矿石、赤铁矿石、假象或半假象赤铁矿石、钒钛磁铁矿石、褐铁矿石、菱铁矿石以及由其中两种或两种以上含铁矿物组成的混合矿石。

② 按有害杂质（S、P、Cu、Pb、Zn、V、Ti、Co、Ni、Sn、F、As）含量的高低，可分为高硫铁矿石、低硫铁矿石、高磷铁矿石、低磷铁矿石等。

③ 按结构、构造可分为浸染状矿石、网脉浸染状矿石、条纹状矿石、条带状矿石、致密块状矿石、角砾状矿石，以及鲕状矿石、豆状矿石、肾状矿石、蜂窝状矿石、粉状矿石、土状矿石等。

④ 按脉石矿物可分为石英型、闪石型、辉石型、斜长石型、绢云母绿泥石型、夕卡岩型、阳起石型、蛇纹石型、铁白云石型和碧玉型铁矿石等。

2. 工业类型

① 工业上能利用的铁矿石，即表内铁矿石，包括炼钢用铁矿石、炼铁用铁矿石、需选铁矿石。

② 工业上暂不能利用的铁矿石，即表外铁矿石，矿石含铁量介于最低工业品位与边界品位之间。

任务二　铁矿石分析试样的制备

一、化学分析样品制备

化学分析试样主要用来确定所取物料中某些元素或成分的含量，多用于原矿、精矿、尾矿或生产过程中其他产品的分析，以便检查数、质量指标并编制金属平衡表，它是选矿试验和生产检查中经常要取的试样。

在选矿厂取样中，所取原矿为干的粗物料，将其加工制备成化学试样，具体过程是：混匀—缩分—研磨—过筛—混匀—缩分—装袋（分正样和副样）—送化验分析。选矿产品一般为湿浆状，将其加工制备成化学试样，具体过程是：压滤—烘干—混匀—缩分—研磨—过筛—混匀—缩分—装袋（分正样和副样）—送化验分析。

供化学分析用的试样，粒度要细。按规定精矿过 180 目以上筛子，原矿和尾矿过 160 目以上筛子。测定亚铁的样品，一般破碎至过 100 目筛。过筛后试料的混匀和缩分，一般多在胶布或油布、漆布上用滚移法进行；或者在研磨板上用移锥法进行。缩分多用薄圆盘四分法，取对角线的两份作为正样，其余两份为副样；方格法可一批连续分出多份小份试样，也常用于分析试样的缩取操作。样品装袋前，在样袋上把试样名称、编号、班次、日期、要求分析元素的内容等一一写明，样品加工者在样袋上签名。

化学分析试样的质量一般为10～200g，最多不过几百克。通常分析原、精、尾矿样品位时，单一元素要求的样品质量为15～20g；两种以上的元素为25～40g；供物相分析用的样品为50g；供多元素分析的样品，视分析元素数目的多少而定，一般要在100g以上。

化学分析试样的粒度应为100μm或160μm。最好的方法是由粒度250μm的缩分大样中（最小质量500g）制成100μm、不少于50g的化学分析试样。如果使用一台适当的研磨机，可从粒度比250μm粗的样品中，直接制备成100μm或160μm的化学分析试样。一般试样粒度为100μm，对于含有质量分数为2.5%以上化合水和易氧化物质的矿石，过分研磨会影响结果，化学分析试样粒度应为160μm，质量最少为100g。

如果小于250μm的样品要研磨至小于100μm或小于160μm时，可用几种类型的研磨机，例如顶磨机、盘式研磨机、罐磨机、锤磨机或振磨机。研磨分为干磨和湿磨。

（1）干磨　化学分析用的全部小于250μm的样品，用一台合适的研磨机，应一次研磨至小于100μm或小于160μm。如果样品研磨不能一次进行，则将样品分成几部分研磨。各部分都研磨至小于100μm或小于160μm后，它们应在一个合适的混合机中充分混匀。为了保证样品的均匀，细磨样品不应筛分成筛上部分和筛下部分，对于矿石中含有可磨性与铁矿石组成物差异很大的矿物，如石英粒、油页岩碎片等，应避免使用冲击型研磨机，因为这种磨机具有选择研磨倾向。

（2）湿磨　当化学分析样品在振磨机中细磨会黏结，以及为了避免样品氧化，最好用较短的研磨时间时，允许在振磨机中用己烷为化学介质进行湿磨。样品通过加工制成的分析试样，其化学成分必须保持与原始样品完全一致，这是对样品加工的基本要求。为了达到这一要求，应尽可能地避免加工过程中的沾污。

二、分析化学通则与样品预处理

为了使铁矿石检测分析方法标准简洁、规范，一些国家及地区在制修订铁矿石成分分析标准时，把每一个标准内容中普遍的、相同的条款提取出来汇编成通则或总则，或一般规定，这有利于标准制修订的成套性、系列性、可操作性。另外，国际标准和国际上其他国家及地区为了避免有些标准样品前处理的重复，也把一些通用的样品预处理方法单独制订相关标准，以便被相关标准作为规范性文件引入。下面简单介绍一下铁矿石标准的通则及样品预处理标准情况。

1. 分析化学通则

我国国家标准关于铁矿石分析方法的通则有GB/T 1361—2008《铁矿石分析方法总则及一般规定》。该标准规定了天然铁矿石、铁精矿及其人造块矿各成分的仲裁分析和标样制作，以及验证其他分析方法时必须采用的方法。

铁矿石现行有效标准GB/T 6730系列所载入的标准方法，作为仲裁分析、验证其他分析方法以及标准物质定值分析时使用，也可作为铁矿石的例行分析方法以确保被测成分的分析质量。同一元素含有一个以上方法标准时，可根据试样的组成和含量情况选择使用。仲裁分析时应选择对待测元素干扰小、精密度高的分析方法。

通则规定分析结果：

① 试样必须进行两次以上独立分析，每次须带标准试样。标准试样的分析结果与标准

值在允许差范围内时，试样的分析结果保留，否则应重新分析。

② 两次以上分析结果的极差，如在允许差绝对值两倍范围内，则取算术平均值。若有个别数据超出允许差绝对值两倍，可视其分布情况，认为所得数据已足够时，可权宜弃去，否则应补做若干数据。

③ 规定的允许差仅为判断分析结果的准确性。判断分析结果准确与否，将原分析结果与仲裁结果相比较，如不超出允许差的绝对值，则认为原分析结果无误，而以仲裁结果为准。分析结果小数点后的位数与允许差取齐。

通则规定试样：

① 除特殊规定外，分析试样一般采取预干燥试样。分析试样应在（105±2）℃温度下烘干 2h，于干燥器中贮存。

② 吸湿性强的试样，应采用减量法称样。

③ 含有机物、碳化物及硫化物较高的试样，一般应在试料分解前将所称取的试样于 800℃灼烧 1h。

通则规定试剂：

① 所用试剂不得低于分析纯，作为基准物质应采用基准试剂。配制标准溶液时，所用试剂一般要求纯度应在 99.99%以上。

② 除特殊注明外，溶剂溶液均指水溶液。分析方法中所使用的酸等，如未注明浓度则均为浓溶液。

③ 由固体试剂配制的非标准溶液的浓度用质量浓度表示，单位为 g/L 或 mg/mL。由液体试剂配制的非标准溶液的浓度以（V_1+V_2）表示，即将体积为 V_1 的特定溶液加入到体积为 V_2 的溶剂中。

④ 标准系列溶液，应取标准贮存溶液逐级稀释配制而成，一般应用时配置。溶液标定应取三份同时进行，若其滴定体积极差不超过 0.03mL，可取其平均值，否则应重取三份再标定。用基准试剂直接配制的标准溶液，配制和使用时的温度应基本一致。

分析时必须做全部操作的试剂空白，对测定结果进行校正。所有分析操作过程用水，均为蒸馏水或去离子水。标准温度是 20℃，温水是指 40～60℃，热水或热溶液的温度是指 70～80℃。分光光度计、天平、砝码、容器量具等，应经常进行校正。灼烧物恒重时均应在干燥器中冷至室温，前后两次冷却时间应一致，两次称量之差应小于或等于 0.3mg。干过滤是指溶液用干滤纸和干漏斗过滤于干燥容器中，并弃去最初部分滤液。分析步骤中熔融及盛溶液的烧杯加热时，除特殊说明外，均应加盖或表面皿。

2. 分析化学试样预处理

试样分解的主要任务，在于将试样中的待测组分全部转变为适于测定的状态。通常是在试样分解后，使待测组分以可溶盐的形式进入溶液，或者使其保留于沉淀之中，从而与某些其他组分分离，有时也以气体形式将待测组分导出，再以适当的试剂吸收或任其挥发。

在分析工作中，对试样分解的一般要求是：试样应分解完全；待测组分不应有损失；不能引入含有待测组分的物质；不能引入干扰待测组分的物质。在实际应用中，根据矿石的特性、分析项目的要求以及干扰元素的分离等情况，通常选用酸分解及碱熔融的方法分解铁矿石。

常用的酸分解法有以下几种。

（1）盐酸分解　铁矿石一般能被盐酸加热分解，含铁的硅酸盐难以溶于盐酸，可加少许氢氟酸或氟化铵使试样分解完全。磁铁矿溶解的速度很慢，可加几滴氯化亚锡溶液，使分解速度加快。

（2）硫酸-氢氟酸分解　试样在铂坩埚或聚四氟乙烯坩埚中，加硫酸（1+1）10滴、氢氟酸4～5mL，低温加热，待冒出三氧化硫白烟后，用盐酸提取。

（3）磷酸或硫磷混合酸分解　溶矿时需加热至水分完全蒸发，并出现三氧化硫白烟后，再加热数分钟。但应注意加热时间不能过长，以防止生成焦磷酸盐。

目前采用碱熔法分解试样更为普遍。常用的溶剂有碳酸钠、过氧化钠、氢氧化钠、氢氧化钾和过氧化钠-碳酸钠混合溶剂等。熔融可在银坩埚、镍坩埚、高铝坩埚或石墨坩埚中进行。也有用过氧化钠在镍坩埚中半熔的。由于铁矿石中含有大量铁，用碳酸钠直接在铂坩埚中熔融会损害坩埚，且铂也影响铁的测定，故很少采用。对于含有硫化物和有机物的铁矿石，应将试样预先在500～600℃下灼烧以除去硫及有机物，然后用盐酸分解，并加入少量硝酸，使试样分解完全。硝酸的存在影响铁的测定，可加盐酸蒸发除去。

常规试样分解方法步骤烦琐，耗时长。因此有必要提出一个先进的、通用的、快速的试验溶解方法。目前，微波消解方法可以作为铁矿石消解的一个新手段。微波消解具有明显的优点：能大大缩短样品制备时间，提高分析速度；可以消除或减少样品消解过程中易挥发成分的损失及样品被沾污的可能性；利用密闭容器微波消解所用试剂少，空白值显著降低，提高了分析痕量元素的准确度；由于微波穿透力强，加热均匀，有利于样品分解，对难溶样品的分解更具优越性；微波消解制备的溶液很适合于原子吸收和等离子光谱的测定。在微波消解条件方面，现在在研究利用抗坏血酸和盐酸并添加硝酸的方法溶解铁矿。我国宝钢提供了一个用盐酸、氢氟酸、双氧水溶解的方法，巴西建议该方法应添加碱熔处理残渣的步骤。

任务三　铁矿石中主要成分含量的测定方法

铁矿石中常见元素有铁、硅、铝、硫、磷、钙、镁、锰、钛、铜、铅、锌、钾、钠、砷等。对铁矿石进行分析时，一般只测定全铁、硅、硫、磷。有时为了了解矿石氧化的状态以及确定是否可以磁选，则需要测定亚铁。从冶炼的角度考虑，则要求测定可溶铁（盐酸可溶）和硅酸铁。在铁矿的组合分析中，还需要增加测定氧化铝、氧化钙、氧化镁、氧化锰及砷、钾和钠。在全分析中，为了考虑对铁矿的综合评价和综合利用，常常还要测定钒、钛、铬、镍、钴、灼烧减量、化合水、吸附水、稀有分散元素，甚至稀土元素等。

铁矿石分析方法包括重量法、滴定法、比色法、原子吸收法、等离子体发射光谱法、X射线荧光光谱法等。一般在做铁矿石全分析之前，应对试样进行光谱半定量检查，然后根据具体情况确定分析项目和方法。对于例行的或常见类型的样品，其所含成分已经基本掌握，则这种工作可以不做。一般来说，如果待测组分的含量在常量范围内，宜采用重量法或滴定法；如在微量范围内，宜采用分光光度法或其他仪器分析法。此外，还应根据其他共存组分的情况来选择。

由于现代分析技术的发展，目前不少测定都可由仪器分析完成，但化学方法作为经典的分析方法，在化学分析中仍然占有非常重要的地位。本模块主要介绍铁矿石常见元素的化学分析方法。

一、全铁的测定

铁是铁矿石中的主量元素，采用重铬酸钾滴定法。样品处理方法分酸溶解法和碱熔融法。铁的还原方式有氯化亚锡-氯化汞还原和三氯化钛还原，目前使用比较多的是三氯化钛还原重铬酸钾滴定法。我国国家标准有：GB/T 6730.5—2007《铁矿石——全铁含量的测定——三氯化钛还原法》，GB/T 6730.4—1986《铁矿石化学分析方法——氯化亚锡-氯化汞-重铬酸钾容量法测定全铁量》。国际标准有：ISO 9507—1990《铁矿石——总铁含量的测定——三氯化钛还原法》，ISO 2597-1—1994《铁矿石——总铁含量的测定——氯化亚锡还原后用滴定法》。

1. 三氯化钛还原滴定法

(1) 方法原理　试样用酸分解或碱熔融分解，氯化亚锡将大量铁还原后，加三氯化钛还原少量剩余铁。用稀重铬酸钾溶液氧化（方法 1、方法 2）或用高氯酸氧化（方法 3）过量的还原剂。以二苯胺磺酸钠作指示剂，重铬酸钾标准溶液滴定。

(2) 试剂　盐酸[(1+9)、(1+50)]；硫酸(1+1)；高氯酸(1+1)；过氧化氢[30%(体积分数)、3%(体积分数)]；高锰酸钾溶液(40g/L)；重铬酸钾溶液(0.5g/L)；氢氧化钠溶液(20g/L)；二苯胺磺酸钠（$C_6H_5NHC_6H_4SO_3Na$）溶液（2g/L）。

60g/L 氯化亚锡溶液：称取 6g 氯化亚锡（$SnCl_2$）溶于 20mL 热盐酸中，加水稀释至 100mL，混匀，加一粒锡粒，贮于棕色瓶中。

三氯化钛溶液（1+14）：取 2mL 市售三氯化钛溶液［15%（质量浓度）～20%（质量浓度）］，用盐酸（1+5）稀释至 30mL。在冰箱中保存。

硫磷混酸（15+15+70）：边搅拌边将 150mL 浓硫酸慢慢注入 700mL 水中，加 150mL 磷酸，混匀。

硫酸亚铁铵溶液 {$c[(NH_4)_2Fe(SO_4)_2 \cdot 6H_2O]=0.05mol/L$}：称取 19.7g 硫酸亚铁铵溶解于硫酸（5+95）中，稀释至 1000mL，混匀。

重铬酸钾标准溶液 [$c(1/6K_2Cr_2O_7)=0.05000mol/L$]：称取 2.4518g 预先在 150℃下烘干 2h，并在干燥器中冷却至室温的重铬酸钾，溶解在适量水中，移入 1000mL 容量瓶中，用水稀释至刻度，混匀。

250g/L 钨酸钠溶液：称取 25g 钨酸钠（Na_2WO_4）溶于适量水中，加 5mL 磷酸，用水稀释至 100mL，混匀。

1g/L 靛蓝溶液：称取 0.1g 靛蓝（$Cl_6H_8O_8N_2S_2Na_2$）溶解于 100mL 硫酸（1+1）中，混匀。

(3) 分析步骤

① 试样的分解

a. 酸分解［钒含量小于 0.05%（质量分数），钼和铜含量均小于 0.1%（质量分数）的试样］称取 0.2000g 试样置于 300mL 烧杯中，加 30mL 盐酸，盖上表面皿，缓慢加热分解试样，不能沸腾，以免三氯化铁挥发。用射水冲洗表面皿及烧杯壁，至体积约 50mL。用中速滤纸过滤不溶残渣，用热盐酸（1＋50）洗残渣，直至看不见黄色的三氯化铁为止，然后再用热水洗6～8次。将滤液和洗液收集在600mL烧杯中，此即主液。

将滤纸和残渣放入铂坩埚中，灰化，在800℃灼烧20min，冷却。用硫酸（1＋1）润湿残渣，加5mL氢氟酸，低温加热至三氧化硫白烟冒尽，以除去二氧化硅和硫酸。取下，加2g焦硫酸钾于冷却后的坩埚中，缓慢加热升至650℃左右熔融约5min，冷却。将坩埚放入原烧杯中，加约25mL水和5mL盐酸，温热溶解熔融物。洗出坩埚，将该溶液并入主液。不沸腾状况下蒸发至约100mL。

注：盐酸分解试样后，如有少量白渣，可以不用回渣，对结果无显著影响。

b. 熔融-酸化［钒含量小于0.05％（质量分数），钼和铜含量均小于0.1％（质量分数）的试样］

称取0.2000g试样置于刚玉坩埚中，加3g混合熔剂（过氧化钠＋碳酸钠＝2＋1），充分混匀，上盖1g混合熔剂，在800℃熔融约15min。

冷却熔融物，将坩埚放入600mL烧杯中，加100mL温水，加热煮沸几分钟，浸出熔融物。加20mL盐酸，加热至碳酸钠和过氧化钠分解不再起泡为止。洗出坩埚，并将洗液加入溶液中。不沸腾状况下蒸发至约100mL。

c. 熔融-过滤［钒含量大于0.05％（质量分数），钼含量大于0.1％（质量分数），铜含量小于0.1％（质量分数）的试样］

称取0.2000g试样置于刚玉坩埚中，加3g混合熔剂（过氧化钠＋碳酸钠＝2＋1），充分混匀，上盖1g混合熔剂。在800℃熔融约15min。

冷却熔融物，将坩埚放入600mL烧杯中，加100mL温水，加热煮沸几分钟，浸出熔融物。用热水洗出坩埚，并将洗液加入溶液中。保留坩埚。冷却溶液，用中速滤纸过滤，用氢氧化钠溶液（20g/L）洗涤2次，弃去滤液。

将滤纸上的沉淀用射水洗入原烧杯中，加10mL盐酸，加热溶解沉淀。溶液用原滤纸过滤，用热盐酸（1＋1）洗滤纸3次，用盐酸（1＋50）洗数次，最后用温水洗至洗液无酸性为止。将滤液和洗液收集在600mL烧杯中，此即主液。用热盐酸（1＋1）将坩埚中残余熔融物溶解并洗入主液中。不沸腾状况下蒸发至约100mL。

② 还原　任选下列方法之一氧化过量的三氯化钛。

方法1：以钨酸钠为指示剂，用稀重铬酸钾氧化过量的三氯化钛。

在溶液中加3滴高锰酸钾溶液（40g/L），加热保持近沸5min，氧化溶液中的砷或有机物。用少量热盐酸（1＋9）洗表面皿和烧杯内壁。立刻滴加氯化亚锡溶液（60g/L）还原铁（Ⅲ），并不时转动烧杯中的溶液，直至溶液保持淡黄色。如果溶液因加入过量氯化亚锡而变为无色，则滴加过氧化氢溶液［3％（体积分数）］至溶液呈淡黄色。

用少量水清洗烧杯内壁，流水冷却至室温，调整溶液体积至150～200mL，边搅拌边滴加15滴钨酸钠溶液（250g/L），滴加三氯化钛溶液（1＋14）至蓝色出现，并过量1～2滴。滴加稀重铬酸钾溶液（0.5g/L）至蓝色消失（不计读数）。

方法2：以靛蓝为指示剂，用稀重铬酸钾溶液氧化过量的三氯化钛。

前一步骤与方法1相同。

用少量热水清洗烧杯内壁，加6滴靛蓝溶液作指示剂，然后滴加三氯化钛溶液（1＋14），并不时转动溶液，直至溶液由蓝色变为无色，再过量2～3滴。滴加稀重铬酸钾溶液

(0.5g/L) 至溶液呈稳定蓝色（保持 5s）。放在冷水浴中数分钟，然后用冷水将溶液稀释至约 200mL。

方法 3：用高氯酸氧化过量的三氯化钛。

前一步骤与方法 1 相同。

逐滴加入三氯化钛溶液（1+14），直至黄色消失并过量 3～5 滴。用少量水吹洗杯壁，并迅速加热至开始沸腾。取下烧杯，立即将 5mL 高氯酸（1+1）一次加入，摇动约 5s，将溶液混匀。立即加冷水（低于 10℃）稀释至 200mL，迅速冷却至 15℃以下。

③ 滴定　在冷却的溶液中，加 20mL 硫磷混酸，加 5 滴二苯胺磺酸钠指示剂，用重铬酸钾标准溶液滴定，当溶液由绿色变为蓝绿色到最后一滴变紫色时为终点。记下消耗的重铬酸钾标准溶液的体积。

注：滴定与配制重铬酸钾标准溶液的温度应保持一致，否则应对其体积进行校正。滴定比配制温度每升高 1℃，滴定度降低 0.02%。

④ 空白试验　用相同的试剂，按与试样相同的操作，测量空白值。但在加硫磷混酸前加入 5.00mL 硫酸亚铁铵溶液，用重铬酸钾标准溶液滴定至终点后，再加入 5.00mL 硫酸亚铁铵溶液，继续用重铬酸钾标准溶液滴定至终点。前后滴定所需重铬酸钾标准溶液的体积之差即为空白值。

(4) 结果计算　按式(2-1) 计算全铁含量，以质量分数表示：

$$w(\mathrm{Fe})=\frac{c(V-V_0)\times\frac{55.85}{1000}}{m}\times 100\% \tag{2-1}$$

式中　c——重铬酸钾标准溶液的浓度 $[c(1/6K_2Cr_2O_7)]$，mol/L；

V_0——滴定空白所需重铬酸钾标准溶液的体积，mL；

V——滴定试液所需重铬酸钾标准溶液的体积，mL；

m——称取试样的质量，g；

55.85——铁的摩尔质量，g/mol。

2. 氯化亚锡还原滴定法

(1) 方法原理　试样用酸分解或碱熔融分解，用氯化亚锡将三价铁还原为二价铁，加入氯化高汞以除去过量的氯化亚锡，以二苯胺磺酸钠为指示剂，用重铬酸钾标准溶液滴定至紫色。

反应方程式：

$$2Fe^{3+}+Sn^{2+}+6Cl^{-}\longrightarrow 2Fe^{2+}+SnCl_6^{2-}$$

$$Sn^{2+}+4Cl^{-}+2HgCl_2\longrightarrow SnCl_6^{2-}+Hg_2Cl_2\downarrow$$

$$6Fe^{2+}+Cr_2O_7^{2-}+14H^{+}\longrightarrow 6Fe^{3+}+2Cr^{3+}+7H_2O$$

此法的优点是：过量的氯化亚锡容易除去，重铬酸钾溶液比较稳定，滴定终点的变化明显，受温度的影响（30℃以下）较小，测定的结果比较准确。

(2) 试剂　氯化汞（饱和溶液）；硫磷混合酸（硫酸+磷酸=2+3）；二苯胺磺酸钠 ($C_6H_5NHC_6H_4SO_3Na$) 溶液 (5g/L)。

重铬酸钾标准溶液：称取 1.7559g 预先在 150℃烘干 1h 的重铬酸钾（基准试剂）于 250mL 烧杯中，以少量水溶解后，移入 1L 容量瓶中，用水定容。1.00mL 此溶液相当于

0.0020g 铁。

硫磷混合酸（15＋15＋70）：将 150mL 浓硫酸缓缓倒入 700mL 水中，冷却后加入 150mL 磷酸，搅匀。

100g/L 氯化亚锡溶液：称取 10g 氯化亚锡（$SnCl_2$）溶于 10mL 盐酸中，用水稀释至 100mL。

（3）分析步骤　硫磷混酸分解试样：称取 0.2000g 试样于 250mL 锥形瓶中，加 0.5g 氟化钠，用少许水润湿后，加入 10mL 硫磷混合酸（2＋3），摇匀。在高温电炉上溶解完全，直至冒出三氧化硫白烟，取下冷却，加入 20mL 盐酸，低温加热至近沸，取下趁热滴加氯化亚锡溶液至铁（Ⅲ）离子的黄色消失，并过量 2 滴，用水冲洗杯壁。流水冷却至室温后，加入 10mL 氯化高汞饱和溶液，摇动后放置 2～3min，加水至 120mL 左右，加 5 滴 5g/L 二苯胺磺酸钠指示剂，用重铬酸钾标准溶液滴定至呈紫色。与试样分析同时进行空白试验。

过氧化钠分解试样：称取 0.2000g 试样置于刚玉坩埚中，加 2～3g 过氧化钠，混匀，再覆盖 1g 过氧化钠。置于马弗炉中于 650～700℃ 熔融 5min，取出，冷却。将坩埚放入 250mL 烧杯中，盖上表面皿，加水 20mL、盐酸 20mL，浸取熔块。待熔块溶解后，用 5% 盐酸洗净坩埚，在电炉上加热溶解至近沸，并维持数分钟。取下趁热滴加氯化亚锡溶液至铁（Ⅲ）离子的黄色消失，并过量 2 滴。用水冲洗杯壁。流水冷却至室温后，加入 10mL 氯化高汞饱和溶液，摇动后放置 2～3min，加 15mL 硫磷混合酸（15＋15＋70），加水至 120mL 左右，加 5 滴 5g/L 二苯胺磺酸钠指示剂，用重铬酸钾标准溶液滴定至紫色。与试样分析同时进行空白试验。

当分析铬铁矿中的铁以及含钒、钼和钨矿石中的铁时，必须在碱熔浸取后过滤，将铬、钒、钼和钨除去，再进行铁的测定。

（4）结果计算　按式(2-2) 计算全铁含量，以质量分数表示：

$$w(\mathrm{Fe})=\frac{(V-V_0)\times 0.002000}{m}\times 100\% \tag{2-2}$$

式中　V_0——滴定空白所需重铬酸钾标准溶液的体积，mL；

V——滴定试液所需重铬酸钾标准溶液的体积，mL；

m——称取试样的质量，g；

0.002000——与 1.00mL 重铬酸钾标准溶液相当的以克表示的铁的质量。

（5）注意事项

① 若样品中含有机物，酸溶时需加几滴硝酸。

② 硫磷混酸溶样时需要用高温电炉，并不断地摇动锥形瓶以加速分解，否则在瓶底将析出焦磷酸盐或偏磷酸盐，使结果不稳定。

③ 硫磷混酸溶矿温度要严格控制。温度过低，样品不易分解；温度过高，时间太长，磷酸会转化为难溶的焦磷酸盐，影响滴定终点辨别，并使分析结果偏低。通常铁矿在 250～300℃ 加热 5min 即可分解。

④ 过氧化钠熔融物用盐酸提取后，要煮沸 5～10min，以赶净过氧化氢，否则测定结果不正常。

⑤ 控制好二氯化锡还原铁（Ⅲ）的滴加量。过量二氯化锡被二氯化汞氧化，应生成白色丝状沉淀。如果还原时二氯化锡过量太多，则产生灰色或黑色沉淀金属汞。金属汞容易被

重铬酸钾氧化，使铁的测定结果偏高。

⑥ 氯化高汞溶液应在小体积时加入，有白色丝绢光泽沉淀生成。这种甘汞沉淀的产生比较缓慢。因此加入二氯化汞后应摇匀并放置 2～3min，时间过短则结果偏高。

⑦ 指示剂必须用新配制的，每周应更换一次。

二、易溶矿亚铁的测定

铁矿中的亚铁是指磁铁矿、菱铁矿及一些硅酸盐中的亚铁，不包括硫化物矿物中的亚铁。所以当分析含有硫铁矿的试样中的亚铁时，试样的分解比较复杂，需要控制好一定的酸量和时间，以免部分硫铁矿分解而引起误差。

我国国家标准有：GB/T 6730.8—1986《铁矿石化学分析方法——重铬酸钾容量法测定亚铁量》。国际标准有：ISO 9035—1989《铁矿石——酸溶铁含量的测定——滴定分析法》。

（1）方法原理　在惰性气氛中，用盐酸和氟化钠分解试样。加硫磷混酸，用水稀释。以二苯胺磺酸钠作指示剂，用重铬酸钾标准溶液滴定，测定酸溶铁（Ⅱ）含量。

硫化物等其他还原态物质及高价锰等氧化态物质对测定有干扰。

（2）试剂　二苯胺磺酸钠指示剂（5g/L）；碳酸氢钠（饱和溶液）。

硫磷混合酸（15+15+70）：边搅拌边小心将 150mL 浓硫酸缓缓倒入 700mL 水中，冷却后加入 150mL 磷酸，搅匀。

重铬酸钾标准溶液 $[c(1/6K_2Cr_2O_7)=0.05000mol/L]$：称取 2.4518g 预先在 150℃烘干 2h，并在干燥器中冷却至室温的重铬酸钾，溶解在适量水中，移入 1000mL 容量瓶中，用水稀释至刻度，混匀。

（3）分析步骤　称取 0.5000g 试样于干燥的 300mL 锥形瓶中，加入 0.2～0.5g 碳酸氢钠、0.2g 氟化钠以及 30mL 盐酸，立即盖上盛有碳酸氢钠饱和溶液的盖氏漏斗并塞紧，置于电炉上加热至微沸，维持 20～30min。试样完全分解后，取下冷却至室温（此时注意补加碳酸氢钠饱和溶液），取下盖氏漏斗。加入 20mL 硫-磷混酸，加水稀释至约 150～200mL，加 5 滴二苯胺磺酸钠指示剂，迅速用重铬酸钾标准溶液滴定至稳定的紫色为终点。

试样分析的同时，用相同的试剂，按与试样相同的操作方法测量空白值。

（4）结果计算　按式(2-3) 计算酸溶铁（Ⅱ）含量，以质量分数表示：

$$w[\mathrm{Fe(II)}]=\frac{c(V-V_0)\times\frac{55.85}{1000}}{m}\times100\% \tag{2-3}$$

式中　c——重铬酸钾标准溶液的浓度 $[c(1/6K_2Cr_2O_7)]$，mol/L；

V_0——滴定空白所需重铬酸钾标准溶液的体积，mL；

V——滴定试液所需重铬酸钾标准溶液的体积，mL；

m——称取试样的质量，g；

55.85——铁的摩尔质量，g/mol。

（5）注意事项　如试样中含有金属铁，需要同时测定金属铁的含量，并按下式计算亚铁的含量：

$$w[\mathrm{Fe(II)}]=\frac{c(V-V_0)\times\frac{55.85}{1000}}{m}\times100\%-3\times w(\mathrm{MFe}) \tag{2-4}$$

式中 $w(\mathrm{MFe})$——金属铁含量（质量分数），%。

三、可溶铁的测定

可溶铁系指能溶解于盐酸的铁矿物，除磁铁矿、赤铁矿、褐铁矿等外，还包括可溶性硅酸铁，如绿泥石、黑云母、角闪石、绿帘石等。所以溶矿时，不得同时加入其他酸或预先将试样灼烧再溶解。参考全铁的测定，溶于盐酸的铁还原方式有氯化亚锡-氯化汞还原和三氯化钛还原，用重铬酸钾标准溶液滴定。本节仅介绍氯化亚锡-氯化汞还原-重铬酸钾滴定法测定可溶铁。

(1) 方法原理　试样用盐酸在控制一定温度和时间的条件下溶解，随后按照氯化亚锡-氯化汞还原-重铬酸钾滴定法测定。

(2) 试剂　氯化汞（饱和溶液）；二苯胺磺酸钠（$C_6H_5NHC_6H_4SO_3Na$）溶液（5g/L）。

重铬酸钾标准溶液：称取 1.7559g 预先在 150℃ 烘干 1h 的重铬酸钾（基准试剂）于 250mL 烧杯中，以少量水溶解后，移入 1L 容量瓶中，用水定容。1.00mL 此溶液相当于 0.0020g 铁。

硫磷混合酸（15＋15＋70）：将 150mL 浓硫酸缓缓倒入 700mL 水中，冷却后加入 150mL 磷酸，搅匀。

100g/L 氯化亚锡溶液：称取 10g 氯化亚锡（$SnCl_2$）溶于 10mL 盐酸中，用水稀释至 100mL。

(3) 分析步骤　称取 0.2000g 试样于 250mL 锥形瓶中，用少许水润湿，加入 30mL 盐酸（1＋1）、摇匀。盖上瓷坩埚盖。置于低温电热板上，在近沸温度下，加热溶解约 40min，此时溶液体积浓缩为 10～15mL。取下，用水冲洗瓶壁，趁热滴加氯化亚锡溶液到黄色消失，并过量 2 滴。流水冷却至室温后，加入 10mL 氯化高汞饱和溶液，摇动后放置 2～3min，加 15mL 硫磷混合酸，加水至 120mL 左右，加 5 滴 5g/L 二苯胺磺酸钠指示剂，用重铬酸钾标准溶液滴定至紫色。与试样分析同时进行空白试验。

(4) 结果计算　按式(2-5) 计算可溶铁含量，以质量分数表示：

$$w(\text{可溶铁})=\frac{(V-V_0)\times 0.002000}{m}\times 100\% \tag{2-5}$$

式中 V_0——滴定空白所需重铬酸钾标准溶液的体积，mL；

V——滴定试液所需重铬酸钾标准溶液的体积，mL；

m——称取试样的质量，g；

0.002000——与 1.00mL 重铬酸钾标准溶液相当的以克表示的铁的质量。

(5) 注意事项

① 必须注意控制溶矿时的温度、时间及盐酸用量，使其保持一致条件，才能测得准确结果。

② 如果不使用水浴加热，亦可将电热板调节到最低温度，只要溶液微沸即可。试验证明，采用这种方式溶矿和水浴上溶解所得结果一致。

③ 铜、钒等元素对测定有影响，滴定溶液中五氧化二钒大于 1mg 或铜大于 2mg 时，应预先分离。

四、五氧化二磷的测定

磷的测定方法有酸碱滴定法和光度法。光度法又可分为磷钼钒酸光度法和铋磷钼蓝光度法等。我国国家标准有：GB/T 6730.18—2006《铁矿石——磷含量的测定——钼蓝分光光度法》，GB/T 6730.19—1986《铁矿石化学分析方法——铋磷钼蓝光度法测定磷量》，GB/T 6730.20—1986《铁矿石化学分析方法——容量法测定磷量》。

国际标准有：ISO 2599—2003《铁矿石——磷含量的测定——滴定法》，ISO 4687-1—1992《铁矿石——磷含量的测定——第1部分：钼蓝分光光度法》。

(1) 酸碱滴定法原理 在硝酸介质中，磷与钼酸铵生成磷钼酸铵黄色沉淀，过滤后用氢氧化钠标准溶液溶解，以酚酞作指示剂，用硝酸标准溶液回滴过量的氢氧化钠。

在酸溶解试样时，钛、锆形成磷酸盐沉淀，使结果偏低，碱熔后用水浸取可分离除去。钒能延迟磷钼酸盐沉淀，并会使沉淀不完全。矾（Ⅴ）与钼酸铵生成矾钼酸盐沉淀，但矾（Ⅳ）的磷钼酸盐沉淀只有在热溶液中才能产生。为消除钒的影响，应将矾还原成矾（Ⅳ），并在室温下进行磷的沉淀。当沉淀温度不高于45℃时，少量的砷不产生沉淀，含砷量高时，可在酸处理试样之时加入氢溴酸，使砷呈溴化砷挥发除去。硅酸能生成硅钼酸铵沉淀而影响测定，可在盐酸或硝酸中脱水过滤除去。氟存在时能减慢沉淀速度，少量氟可在沉淀前加入硼酸形成配合物或蒸干除去。大量盐酸、硫酸及其盐类的存在能延迟沉淀和增加沉淀的溶解度，当量不高时，其作用不显著。

(2) 试剂 20g/L硝酸钾溶液：将20g硝酸钾溶于1L煮沸过经冷却的水中，摇匀。

钼酸铵溶液：将A液（70g钼酸铵溶于53mL氨水和267mL水中制成）慢慢地倾入B液（267mL硝酸与400mL水混匀而成）中，冷却，静置过夜，过滤。

氢氧化钠标准溶液 [$c(NaOH)=0.1mol/L$]：称取4g氢氧化钠（优级纯）溶于煮沸并冷却的水中，以水定容1L。

硝酸标准溶液 [$c(HNO_3)=0.1mol/L$]：量取7mL硝酸（优级纯）于1L容量瓶中，用煮沸并冷却的水定容。

10g/L酚酞溶液：溶解0.1g酚酞于90mL乙醇中，用水稀释至100mL，混匀。

氢氧化钠标准溶液的标定：称取0.5000g预先在105～110℃下烘干1h的邻苯二甲酸氢钾（$KHC_8H_4O_4$），加100mL新煮沸冷却后的水，加3～4滴酚酞溶液，用氢氧化钠标准溶液滴定至浅红色。

浓度计算：

$$c(NaOH)=m/0.2042V(mol/L)$$

式中 m——称取邻苯二甲酸氢钾的质量，g；

V——标定所消耗的氢氧化钠标准溶液体积，mL。

硝酸标准溶液的标定：取20.00mL氢氧化钠标准溶液，用新煮沸冷却后的水稀释成100mL，加3～4滴酚酞溶液，以硝酸标准溶液滴定至无色，计算硝酸标准溶液的浓度。

(3) 分析步骤

称取0.2000～0.5000g试样于150mL烧杯中，以少量水润湿，加入15～20mL盐酸，盖上表面皿，于电热板上加热至试样完全分解。蒸发至近干，加入5～10mL硝酸，蒸发至3～4mL，然后用少许水稀释，用中速滤纸过滤于500mL锥形瓶中。用热水洗涤烧杯3～4

次，洗涤沉淀 8～10 次，这时应保持滤液体积在 100mL 左右。

滤液用氨水中和至有氢氧化物沉淀出现，再用硝酸中和至氢氧化物沉淀刚好消失，加入 5mL 过量的硝酸，一边摇动锥形瓶一边缓缓加入 60～100mL 钼酸铵溶液，振荡 2～3min，沉淀放置 4h 以上，使磷钼酸铵沉淀完全。

用密滤纸加入纸浆过滤，先用 2%（体积分数）硝酸洗液洗涤锥形瓶和沉淀 2～3 次，再用 20g/L 硝酸钾洗液将锥形瓶和沉淀均洗至中性。将沉淀和滤纸一起移入原锥形瓶中，加入 30mL 煮沸并冷却的水，小心摇荡锥形瓶，使滤纸碎成浆状，准确加入氢氧化钠标准溶液，充分摇动，使黄色沉淀溶解，加入 5 滴 10g/L 酚酞溶液，再加入 5～10mL 过量氢氧化钠标准溶液，稍停片刻，用 0.1mol/L HNO_3 标准溶液回滴，至溶液无色为终点。

与试样分析同时进行空白试验。

（4）结果计算　按式（2-6）计算五氧化二磷含量，以质量分数表示：

$$w(\mathrm{P})=\frac{(c_1V_1-c_2V_2)/c_1\times 0.001291}{m}\times 100\% \tag{2-6}$$

$$w(\mathrm{P_2O_5})=w(\mathrm{P})\times 2.292$$

式中　c_1——标定后氢氧化钠标准溶液的浓度，mol/L；

c_2——标定后硝酸标准溶液的浓度，mol/L；

V_1——加入氢氧化钠标准溶液的体积，mL；

V_2——消耗硝酸标准溶液的体积，mL；

m——称取试样量，g；

0.001291——1mL 氢氧化钠标准溶液［$c(\mathrm{NaOH})=1.000\mathrm{mol/L}$］相当的以克表示的磷的量，g。

（5）注意事项

① 酸不溶试样可用过氧化钠、氢氧化钠熔融，浸取，过滤，滤液以硝酸酸化蒸至近干，脱水，过滤除硅，在滤液中沉淀磷，以下操作同分析步骤。

② 用 20g/L 硝酸钾洗沉淀至中性必须检查，用试管接取 20 滴滤液，加 1～2 滴酚酞指示剂，滴入 1 滴氢氧化钠标准溶液应呈现红色。

③ 试样中含磷量较低时，溶液应加热至 40～50℃，再加钼酸铵溶液并振荡数分钟。

④ 如试样中有钒（Ⅴ）存在，可加入少量盐酸羟胺或硫酸亚铁将钒（Ⅴ）还原为钒（Ⅳ）。

五、硫的测定

铁矿石中硫的检测方法主要有硫酸钡重量法及红外吸收法。红外吸收法能够同时检测碳、硫含量。我国国家标准有：GB/T 6730.16—1986《铁矿石化学分析方法——硫酸钡重量法测定硫量》，GB/T 6730.17—1986《铁矿石化学分析方法——燃烧碘量法测定硫量》。国际标准有：ISO 4690—1986《铁矿石——硫含量的测定——燃烧法》，ISO 4689—1986《铁矿石——硫含量的测定——硅酸钡重量法》，ISO 4689-2—2004《铁矿石——硫含量的测定——第 2 部分：燃烧/滴定法》，ISO 4689-3—2004《铁矿石——硫含量的测定——第 3 部分：燃烧/红外法》。

六、二氧化硅的测定

二氧化硅的测定主要有重量法和比色法。重量法有动物胶凝聚法、高氯酸硫酸脱水法、盐酸蒸干脱水法等，比色法主要是硅钼蓝光度法。我国国家标准有：GB/T 6730.9—2006《铁矿石——硅含量的测定——硫酸亚铁铵还原-硅钼蓝分光光度法》，GB/T 6730.10—1986《铁矿石化学分析方法——重量法测定硅量》。国际标准有：ISO 2598-1—1992《铁矿石——硅含量测定——第 1 部分：重量分析法》，ISO 2598-2—1992《铁矿石——硅含量测定——第 2 部分：还原钼酸硅分光光度法》。在模块硅酸盐岩石分析介绍了二氧化硅的测定的详细步骤，这里让学生查阅资料，自行设计实验。

七、多元素同时测定

目前，在铁矿石的多元素同时测定中，X 射线荧光光谱技术和 ICP 发射光谱技术应用得比较广泛。多元素同时快速检测方法的应用大大缩短了检测周期。

1. X 荧光光谱法

X 荧光光谱法是波长色散 X 荧光光谱法的简称，利用 X 荧光光谱仪，可以准确方便地测定铁矿石中的十几种元素。我国国家标准有：SN/T 0832——1999《进出口铁矿石中铁、硅、钙、锰、铝、钛、镁和磷的测定——波长色散 X 射线荧光光谱法》。国际标准有：ISO 9516—1992《铁矿石硅、钙、锰、铝、钛、镁、磷、硫和钾的测定——波长色散 X 射线荧光光谱法》，ISO 9516-1—2003《铁矿石——用 X 射线荧光光谱法测定各种元素——第 1 部分：综合规程》，该标准可测元素为铁、硅、锰、磷、硫、钛、铝、钙、镁、铜、铬、钒、钾、锡、钴、镍、锌、砷、铅、钡。

按试样制备方式有熔片法和压片法。以熔片法为例，介绍 X 荧光光谱技术的应用。

(1) 方法原理　将粉末试样熔制成玻璃片，用原级 X 射线照射，从试样中产生待分析元素的荧光光谱，经衍射晶体分光后测量其强度，根据用标准样品制作的工作曲线求出试样中分析组分的含量。

(2) 仪器与试剂

① 仪器　波长色散 X 射线荧光光谱仪（符合计量规范要求）。

② 试剂　四硼酸锂（$Li_2B_4O_7$，光谱纯，550℃烘烧 4h）。所用试剂均为分析纯以上，水为二次去离子水。

(3) 测定步骤

① 核对试验　随同试料分析与试料同类型的未参加曲线回归校正的标准物质。

② 试料片的制备

a. 烧失量的计算　用盐酸（1+1）和水洗净坩埚，烘干，于 1050～1100℃灼烧至恒重，冷却备用。在坩埚中称取 1～2g 试料，准确至 0.0001g，放入 1050～1100℃的马弗炉中灼烧至恒重。按下式计算烧失量：

$$LOI=(m_1-m_2)\times100/m$$

式中　LOI——试料的烧失量，%；

m_1——试料和坩埚灼烧前的质量，g；

m_2——试料和坩埚灼烧后的质量，g；

m——试料质量，g。

b. 试料片的制备　用盐酸（1+1）和水洗净铂坩埚，烘干，准确称取（0.8000±0.0001)g 105℃烘干的灼烧后的试料，（8.000±0.0001）g 四硼酸锂于铂坩埚中，搅拌均匀，放入马弗炉中，于1050～1100℃保持10min，中间取出摇匀挂壁几次，停止摇动约1min后，将熔液倒入已预灼烧的模具中，取出冷却成型。如果不好脱模，可加入溴化锂、碘化铵作脱模剂。如果样品未经过灼烧，则应加入硝酸钾或硝酸铵，并在熔融前在700℃下灼烧10min预氧化。

c. 试料片的检查和保存　移动试料片时，只能用手轻拿其边缘，其测试面不要碰触其他物体以免污染。试料片做好后要目视检查，有结晶、气泡、不熔物等缺陷的要废弃重做。试料片要放入干燥器中保存。

d. 标准化试料片的制备　选择含量合适的标样按上述程序制备试料片，如果没有合适的标准物质，可以用基准物质或高纯试剂添加或人工合成。

e. 漂移监控样品片的制备　选用各待测元素含量适中的样品，按相同制备条件制成一试料片，用来校正仪器漂移。

（4）光谱分析

① 建立方法　按说明书的要求建立分析方法，输入标准化试料片的含量（经烧失量校正后）、试料片的制备方法、选择分析线及其分析时间、优化方式等属性；扫描一试料片，逐一确定各元素分析线及空白线的位置、分光晶体、准直器、计数器、X射线发生器的电压、电流值以及脉冲高度等条件。

② 制备标准曲线　按建立的方法逐一测定标准化试料片，获得的计数强度扣除空白和经重叠峰校正后与浓度值回归计算，采用α系数法校正，由试验确定曲线回归分析偏差的最小化模式及曲线方次。

③ 漂移监控样品片的测定　在测定标准化试料片的同时，测定漂移监控样品片以取得初始化数据。

④ 核对试验试料片的测定　测定核对试验试料片，如果该结果不能和标准值相符，则必须重新制备核对试验试料片或标准化试料片。

⑤ 未知样试料片的测定　核对试验试料片测完并符合后测定未知样试料片，仪器将自动计算出结果。

（5）结果计算　仪器计算出的结果是灼烧后样品中的含量，按式(2-7）计算样品中的结果：

$$w_i = w_{i_0}(1-\mathrm{LOI})\times 100\% \tag{2-7}$$

式中　w_i——干基下的元素或相应化合物的浓度，%；

w_{i_0}——灼烧后试料中元素或相应化合物的浓度，%；

LOI——烧失量，%。

（6）压片法　压片法的测量过程和熔片法一致，其不同之处在于试料制备方式上。试料经一定压力后成为密实的、具有一定强度的片用于测量，必要时要加衬材如铝盒、塑料环等或黏结剂如硼酸、固体有机酸等。成片后应尽快测量，以免再次吸潮。测量时一般应设置为非真空状态，以免由于水分的散失造成片破裂。标准化试料应选择和待测试料的结构一致、粒度分布基本一致并形成一定浓度梯度的已知含量的一系列铁矿石样品。由于压片法具有难以消除的晶体和粒度效应，因此，选择合适的标准化试料是压片法准确测量的关键之处。

压片法也具有熔片法所不具备的优点。其一就是样品不经过稀释或稀释程度很小，这样就提高了测量下限和灵敏度；其二是样品不经高温处理，没有损失，可以测量在灼烧时可能损失的元素如硫，全硫含量用熔片法很难准确测量。

压制而成的片由于强度和表面磨损等原因，很难长期保存。因此，标准化试料和漂移校正用试料必须充分均匀化。压片法比较适合于矿山采用，因为容易制备结构一致、粒度分布基本一致并形成一定浓度梯度的已知含量的一系列铁矿石样品。

上机测量程序和熔片法一致，但不需烧失量校正。

2. ICP 发射光谱法

ICP 发射光谱法是电感耦合等离子体原子发射光谱法的简写。ISO 11535—1998《铁矿石——各种元素的测定——感应耦合等离子体原子发射光谱法》中采用碱熔法，测定铁矿石中铝、钙、磷、镁、锰、硅、钛元素含量。

(1) 方法原理　试样用碳酸钠和（或）四硼酸钠助熔剂熔融，用盐酸溶解冷却后的熔块，使之分解。稀释到规定容积，在 ICP 光谱仪上测量，从用标准溶液绘制的校准曲线上读出最终结果。

(2) 仪器要求　ICP 光谱仪：可以使用任何传统 ICP 光谱分析仪，只要在测定之前，按制造商的说明进行过初始设定，并符合进行的性能试验。然后选用合适的仪器条件和参数进行样品测试。

(3) 测定步骤

① 试验样的分解。试样粒度小于 100μm，化合水或易氧化物含量高的试样要求粒度小于 160μm。每次操作都应随带同类型矿石认证标样和一个空白样，应使用与试样相同量的纯氧化铁。

将 0.8g 碳酸钠放入铂金坩埚中，准确称取 0.5g 试样于坩埚中，并使用铂金或不锈钢棒充分混匀。加入 0.4g 四硼酸钠使用金属棒再次混匀，预熔混合物使之变均匀。预熔后，将坩埚放入 1020℃的马弗炉中 15min。然后移开坩埚，轻轻转动坩埚以使熔融物凝固。冷却，将 PTFE-涂层搅拌棒放入坩埚中，并将坩埚置于 250mL 低壁烧杯中。向坩埚中直接加入 40mL 盐酸，加 30mL 水至烧杯，在磁搅拌器-电热板上边加热边搅拌，直至熔融物完全溶解。冷却溶液并立即移入 200mL 单刻度容量瓶中，用水稀释至刻度并混匀。

吸入校正溶液后，立即开始进行试验溶液的操作，然后是认证标样（CRM）。继续交替地吸入试验溶液和 CRMS，每次测定之间吸入水。该程序至少应重复进行两次。

② 绘制从校正溶液得出的强度值对其浓度的工作曲线图。

③ 读出试验溶液的强度值，并从校正曲线图中分别得出其浓度值。

【任务训练四】重铬酸钾容量法测定铁矿石中全铁的含量

参照本模块前述内容，由学生自行设计实验方法，并进行测定。

【任务训练五】原子发射光谱法测定铁矿石中铝、钙、镁、锰、钛元素的含量

训练提示

① 准确填写《样品检测委托书》，明确检测任务。

② 依据检测标准，制订详细的检测实施计划，其中包括仪器、药品准备单、具体操作步骤等。

③ 按照要求准备仪器、药品，仪器要洗涤干净，摆放整齐，同时注意操作安全；配制溶液时要规范操作，节约使用药品，药品不能到处扔，多余的药品应该回收，实验台面保持清洁。

④ 依据具体操作步骤认真进行操作，仔细观察实验现象，准确判断滴定终点，及时、规范地记录数据，实事求是。

⑤ 计算结果，处理检测数据，对检测结果进行分析，出具检测报告。

实验中应自觉遵守实验规则，保持实验室整洁、安静、仪器安置有序，注意节约使用试剂和蒸馏水，要及时记录实验数据，严肃认真地完成实验。

考核评价

过程考核	任务训练　重铬酸钾容量法测定铁矿石中全铁的含量				
	序号	考核项目	考核内容及要求(评分要素)		
			A	B	C
专业能力	1	项目计划决策	计划合理,准备充分,实践过程中有完整规范的数据记录	计划合理,准备较充分,实践过程中有数据记录	计划较合理,准备少量,实践过程中有较少或无数据记录
	2	项目实施检查	在规定时间内完成项目,操作规范正确,数据正确	在规定时间内完成项目,操作基本规范正确,数据偏离不大	在规定时间内未完成项目,操作不规范,数据不正确
	3	项目讨论总结	能完整叙述项目完成情况,能准确分析结果,实践中出现的各种现象,正确回答思考题	能较完整叙述项目完成情况,能较准确分析结果,实践中出现的各种现象,基本能够正确回答思考题	能叙述项目完成情况,能分析结果,实践中出现的各种现象,能回答部分思考题
职业素质	1	考勤	不缺勤、不迟到、不早退、中途不离场	不缺勤、不迟到、不早退、中途离场不超过1次	不缺勤、不迟到、不早退、中途离场不超过2次
	2	5S执行情况	仪器清洗干净并规范放置,实验环境整洁	仪器清洗干净并放回原处,实验环境基本整洁	仪器清洗不够干净未放回原处,实验环境不够整洁
	3	团队配合力	配合得很好,服从组长管理	配合得较好,基本服从组长管理	不服从管理
合计	100%				

1. 研究性习题

① 请课后查阅资料，谈谈世界大型铁矿区分布情况及中国拥有铁矿石资源的上市公司。

② $K_2Cr_2O_7$ 法测定铁矿石中的铁时，滴定前为什么要加入 H_3PO_4？加入 H_3PO_4 后为何要立即滴定？

③ 铁的测定中，用 $SnCl_2$ 还原 Fe^{3+} 为什么要在热溶液中进行？而在加 $HgCl_2$ 除去过量的 $SnCl_2$ 时反而要等溶液冷却后再加？

2. 理论习题

① 铁矿石试样的分解中，常用的溶（熔）剂有哪些？各有何特点？

② 欲测矿石试样中铁的含量，称取试样 1.000g，碱熔后分离出 SiO_2，滤液定容为 250.00mL 用移液管移取 25.00mL 样品溶液，在 pH＝2.5 的热溶液中，用磺基水杨酸作指示剂，用 0.01108mol/L 的 EDTA 滴定液滴定样品中的 Fe^{3+}，消耗 7.45mL EDTA 溶液。试计算样品中 Fe 的质量分数和 Fe_2O_3 的质量分数。

③ 称取铁矿石试样 0.3143g 溶于酸并将 Fe^{3+} 还原为 Fe^{2+}。用 $c(1/6K_2Cr_2O_7)$＝0.1200mol/L 的 $K_2Cr_2O_7$ 标准滴定溶液滴定，消耗 $K_2Cr_2O_7$ 溶液 21.30mL。计算试样中 Fe_2O_3 的质量分数。已知 $M(Fe_2O_3)$＝159.7g/mol。

模块三 铜矿石分析

知识目标

1. 了解铜的性质，理解铜矿石的分类、组成及表示方法。

2. 了解铁矿石的主要分析项目，全分析、结果的表示、计算和分析意义。

3. 掌握铜矿石试样的准备和制备方法。

4. 掌握铜矿石中铜含量的测定原理、试剂的作用、测定步骤、结果计算、操作要点和应用。

能力目标

1. 能正确进行铜矿石试样的准备和制备操作，正确选择不同试样的分解处理方法及有关试剂和器皿。

2. 能够正确管理铜矿石样品及副样，能够正确处理样品及副样保存时间。

3. 能运用碘量法测定铜矿石试样中铜的含量。

4. 能运用火焰原子吸收分光光度法测定多金属矿石中铜的含量。

任务一 认识铜和铜矿石

一、铜的性质

铜的化学符号是 Cu（拉丁语 Cuprum），它的原子序数是 29，是一种过渡金属。铜是呈紫红色光泽的金属，密度 8.92g/cm^3。熔点 1083.4±0.2℃，沸点 2567℃。铜族元素有+1、+2、+3 三种氧化值，它们的+1 氧化值的离子均无色，而高氧化值的离子，由于其次外层有成单 d 电子，都有颜色，如 Cu^{2+} 为蓝色，Au^{3+} 为红黄色等。

铜只有在加热条件下，才能和氧生成黑色的 CuO：

$$2Cu+O_2 \xrightarrow{\triangle} 2CuO$$

但铜与含有 CO_2 的潮湿空气接触，表面易生成一层“铜绿”，主要成分为 $Cu(OH)_2 \cdot CuCO_3$。

二、铜的重要化合物

Cu(Ⅰ)，Cu(Ⅱ) 的化合物较稳定，应用较广。其中 Cu(Ⅰ) 化合物常称为亚铜化合物，如氧化亚铜 Cu_2O、硫化亚铜 Cu_2S 等。

1. Cu(Ⅰ) 化合物

氧化亚铜（Cu_2O）Cu_2O 为暗红色固体，有毒，为自然界中赤铜矿的主要成分。实验室内可由 CuO 热分解得到：

$$\underset{(黑)}{4CuO} \xrightarrow{1000℃} \underset{(红)}{2Cu_2O}+O_2\uparrow$$

Cu_2O 为难溶于水的碱性氧化物，能溶于稀硫酸，但立即发生歧化分解：

$$Cu_2O+H_2SO_4 \longrightarrow CuSO_4+Cu+H_2O$$

Cu_2O 与盐酸可生成难溶的氯化物沉淀：

$$Cu_2O+2HCl \longrightarrow 2CuCl\downarrow+H_2O$$

此外，Cu_2O 还能溶于氨水，形成无色配离子 $[Cu(NH_3)_4]^+$，但 $[Cu(NH_3)_4]^+$ 遇到空气则被氧化成深蓝色的 $[Cu(NH_3)_4]^{2+}$。

氯化亚铜（CuCl）在热的浓盐酸溶液中，用铜粉还原氯化铜，首先生成 $[CuCl_2]^-$；用水稀释即可得到难溶于水的白色 CuCl 沉淀。

总反应为：　$Cu^{2+}+Cu+2Cl^- \longrightarrow 2CuCl_2\downarrow$

CuCl 不溶于硫酸、稀硝酸，但可溶于氨水、浓盐酸及碱金属的氯化物溶液中，形成配离子 $[Cu(NH_3)_4]^+$，$[CuCl_2]^-$，$[CuCl_3]^{2-}$ 和 $[CuCl_2]^{3-}$。CuCl 的盐酸溶液能吸收 CO，形成氯化羰基亚铜 $CuClCO \cdot H_2O$，此反应在气体分析中可用于测定混合气体中 CO 的含量。CuCl 在有机合成中可作为催化剂和还原剂；在石油工业中作为脱硫剂和脱色剂；还可作为肥皂、脂肪和油类的絮凝剂，也可作为杀虫剂和防腐剂。

2. Cu(Ⅱ) 化合物

(1) 氧化铜和氢氧化铜

① 氧化铜（CuO）　CuO 可由碳酸铜（或硝酸铜）加热分解或在氧气中加热铜粉而制得：

$$CuCO_3 \xrightarrow{\triangle} CuO+CO_2\uparrow$$

$$2Cu+O_2 \xrightarrow{\triangle} 2CuO$$

CuO 难溶于水而溶于酸：

$$CuO+2H^+ \longrightarrow Cu^{2+}+H_2O$$

CuO 对热稳定，加热到 1000℃分解为 CuO 和 O_2。CuO 具有氧化性，在高温下可作氧化剂，有机分析中常使有机物的气体从热的 CuO 上通过，将气体氧化为 CO_2 和 H_2O。CuO 可用作玻璃、陶瓷的着色剂，也可用于制造染料、催化剂及其他铜的化合物。

向可溶性Cu(Ⅱ)盐的冷溶液中加入强碱，可析出浅蓝色的氢氧化铜沉淀。$Cu(OH)_2$受热易脱水变为CuO：

$$Cu^{2+}+2OH^- \longrightarrow \underset{(浅蓝)}{Cu(OH)_2}$$

$$\underset{(浅蓝)}{Cu(OH)_2}+2OH^- \longrightarrow \underset{(黑)}{[Cu(OH)_4]^{2-}}$$

② 氢氧化铜[$Cu(OH)_2$]　$Cu(OH)_2$显两性（但以弱碱性为主），易溶于酸；也能溶于浓的强碱溶液中，生成亮蓝色的四羟基合铜（Ⅱ）配阴离子：

$$Cu(OH)_2+2H^+ \longrightarrow Cu^+ +2H_2O$$

$$2OH^- +Cu(OH)_2 \longrightarrow [Cu(OH)_4]^{2+}$$

$Cu(OH)_2$也易溶于氨水，生成深蓝色的[$Cu(NH_3)_4]^+$。

(2) Cu(Ⅱ)盐

① 氯化铜（$CuCl_2$）　Cu(Ⅱ)的卤化物中，只有氯化铜较重要。无水氯化铜为黄棕色固体，可由单质直接化合而成，它是共价化合物，其结构是由$CuCl_4$平面组成的长链。

$CuCl_2$不但易溶于水，而且易溶于一些有机溶剂（如乙醇、丙酮）中。在$CuCl_2$很浓的水溶液中，可形成黄色的$[CuCl_4]^{2-}$。

而$CuCl_2$的稀溶液为浅蓝色，原因是水分子取代了$[CuCl_4]^{2-}$中的Cl^-，形成$[Cu(H_2O)_4]^{2-}$：

$$\underset{(黄)}{[CuCl_4]^{2-}}+4H_2O \longrightarrow \underset{(浅蓝)}{[Cu(H_2O)_4]^{2+}}+4Cl^-$$

$CuCl_2$的浓溶液通常为黄绿色或绿色，这是由于溶液中同时含有$[CuCl_4]^{2-}$和$[Cu(H_2O)_4]^{2-}$。氯化铜用于制造玻璃、陶瓷用颜料、消毒剂、媒染剂和催化剂。

② 硫酸铜（$CuSO_4$）　无水硫酸铜为白色粉末，但从水溶液中结晶时，得到的是蓝色的五水合硫酸铜晶体，俗称胆矾，其结构式为$[Cu(H_2O)_4]SO_4 \cdot H_2O$。

无水$CuSO_4$易溶于水，吸湿性强，吸水后即显出特征的蓝色，可利用这一性质检验有机液体中的微量水分；也可用作干燥剂，从有机液体中除去水分。$CuSO_4$溶液由于Cu^{2+}水解而显酸性。

$CuSO_4$为制取其他铜盐的重要原料，在电解或电镀中用作电解液或电镀液。纺织工业中用作媒染剂。$CuSO_4$由于具有杀菌能力，用于蓄水池、游泳池中可防止藻类生长。硫酸铜和石灰乳混合而成的“波尔多”液可用于消灭植物病虫害。

铜及其合金由于电导率和热导率好，抗腐蚀能力强，易加工，抗拉强度和抗疲劳强度好而被广泛应用，在金属材料消费中仅次于钢铁和铝，成为国计民生和国防工程乃至高新技术领域中不可缺少的基础材料和战略物资。在电气工业、机械工业、化学工业、国防工业等部门具有广泛的用途。铜精矿是低品位的含铜原矿石经过选矿工艺处理达到一定质量指标的精矿，可直接供冶炼厂炼铜。

三、铜矿石分类

铜在自然界分布甚广，已经发现的含铜矿物有170多种。铜在地壳中的丰度为100g/t。铜以独立矿物、类质同象和吸附状态三种形式存在于自然界中，但主要以独立矿物形式存在，类质同象和吸附状态存在的铜，工业价值不高。在独立矿物中，铜常以硫化物、氧化物、碳酸盐、自然铜等形式赋存。其主要的工业矿物有：

黄铜矿（$CuFeS_2$）　含铜 34.57%（常与黄铁矿伴生）

斑铜矿（Cu_5FeS_4）　含铜 63.3%

辉铜矿（Cu_2S）　含铜 79.83%

铜蓝（CuS）　含铜 64.44%

黝铜矿（$4Cu_2S \cdot Sb_2S_3$）　含铜 52.1%

孔雀石 [$Cu_2(OH)_2CO_3$]　含铜 57.4%（常与蓝铜矿、褐铁矿等共生）

蓝铜矿 [$2CuCO_3 \cdot Cu(OH)_2$]　含铜 55.3%

黑铜矿（CuO）　含铜 79.85%

赤铜矿（Cu_2O）　含铜 88.8%

自然铜（Cu）　含铜 100%

主要铜矿石的分类、主要成分、图片及产地见表 3-1。

表 3-1　主要铜矿石的分类、主要成分、图片及产地

铜矿石	种类	主要成分	图　片	产　地
自然铜	自然铜	Cu(Fe、Ag、Au)		中国：湖北、云南、甘肃、长江中下游等地铜矿床氧化带中。 世界：美国密歇根州的苏必利尔湖南岸（1857 年这里发现重达 420t 的自然铜块）、俄罗斯的图林斯克和意大利的蒙特卡蒂尼等地
硫化矿	黄铜矿	$CuFeS_2$（Ag、Au、Tl、Se、Te）		中国：长江中下游地区、川滇地区、山西南部地区、甘肃的河西走廊、西藏高原等。其中以江西德兴、西藏玉龙等铜矿最著名。 世界：西班牙的里奥廷托，美国的亚利桑那州、犹他州、蒙大拿州，墨西哥的卡纳内阿，智利的丘基卡马塔
	斑铜矿	Cu_5FeS_4（Pt、Pd）		中国：云南东川等铜矿床。 世界：美国蒙大拿州的比尤特，墨西哥卡纳内阿和智利丘基卡马塔等
	辉铜矿	Cu_2S		中国：云南东川铜矿。 世界：美国布里斯托、康涅狄格州、比尤特、犹他州、田纳西州等地、英国康瓦耳、纳米比亚楚梅布、意大利托斯卡纳和西班牙的力拓矿区、美国的内华达州的 Ely 矿区、Arizone 州的 Morenci 和 Clifton 矿区及蒙大拿州的比尤特矿区等地。

续表

铜矿石	种类	主要成分	图片	产地
氧化矿	蓝铜矿	$Cu_3(OH)_2(CO_3)_2$		中国：广东阳春、湖北大冶和赣西北。 世界：赞比亚、澳大利亚、纳米比亚、俄罗斯、扎伊尔、美国等地区
	赤铜矿	Cu_2O		中国：云南东川铜矿和江西、甘肃等地铜矿区 世界：法国、智利、玻利维亚、南澳大利亚、美国等地有世界主要矿区
	孔雀石	$Cu_2(OH)_2CO_3$		中国：广东阳春、湖北大冶和赣西北。 世界：赞比亚、澳大利亚、纳米比亚、俄罗斯、扎伊尔、美国等地区

任务二 铜矿石分析试样的制备

一、化学分析样品制备

见模块二，此处略。

二、铜矿石样品的溶（熔）解

一般铜矿试样可用王水分解。如：准确称取磨细的铜矿石样品1g左右（0.0001），放入锥形瓶中，加入20mL王水（HCl∶HNO_3=3∶1，体积比），于电热板上在通风橱内加热溶解30min。把溶液过滤、洗涤转移入100mL容量瓶中，定容，标为待测溶液。直接取样测定个别元素或制备系统分析溶液时，也可以用氢氧化钠（钾），过氧化钠（或氧化钠）和氢氧化钠熔融。

对于含硫较高的铜矿试样，应先加入盐酸使大部分硫、磷等元素逸出。有时在加硝酸分解硫化矿之前，预先加入数滴溴水或氯酸钾溶液，使试样中的硫化物氧化成硫酸盐，避免由于硝酸的作用而析出的单质硫包裹试样。由实验得知，用氯酸钾-硝酸分解含硫试样时，必须用湿烧杯，则有单质硫析出。如有少量单质硫析出，可加硫酸蒸发冒烟除去。在实际应用中，先将试样在500～550℃灼烧，再加酸或碱分解，以避免大量硫析出。

含氧化铁、氧化锰的铜矿试样应先加盐酸，待铁、锰的氧化物完全溶解后，滴加少量硝酸，蒸至近干，即可使试样分解完全。若硝酸加入过早，则试样将很难溶解。

对于含硅高的含铜氧化矿物如硅孔雀石、赤铜矿等，加入适量氟化物（NaF、NH_4F）或氢氟酸，可促使试样分解完全。一般在加盐酸后滴加少量氢氟酸加热分解，数分钟后再加硝酸蒸至近干，可使硅含量高的试样分解完全。对酸不溶残渣也可用碳酸钠处理。由于金属矿床中往往伴生有重金属元素，所以应注意试样不能直接在铂坩埚中熔融。

对于含钨的试样，全分析时，应先酸溶、过滤，残渣用氨水洗涤，溶解钨酸，再用碳酸钠熔融，浸取，两次溶液合并，再进行二氧化硅的测定。

含锡、锑、砷、锗的试样，应先用溴水-氢溴酸或硫酸-氢氟酸处理，并蒸发至冒三氧化硫白烟，在残渣中作二氧化硅的测定。

常规试样分解方法步骤烦琐，耗时长。因此有必要提出一个先进的、通用的、快速的试验溶解方法。目前，微波消解法可以作为矿石消解的一个新手段。微波消解具有明显的优点：能大大缩短样品制备时间，提高分析速度；可以消除或减少样品消解过程中易挥发成分的损失及样品被沾污的可能性；利用密闭容器微波消解所用试剂少，空白值显著降低，提高了分析痕量元素的准确度；由于微波穿透力强，加热均匀，有利于样品分解，对难溶样品的分解更具优越性；微波消解制备的溶液很适合于原子吸收和等离子光谱的测定。

任务三　铜矿石中主要成分含量的测定方法

铜矿石的全分析项目，应根据矿石的特征和光谱分析的结果确定，首先应包括那些有工业价值或可供综合利用的各种有色金属及稀有分散元素。在铜矿石中，可能共生的有色金属有铅、锌、砷、钴、镍、锡、钼、钨、镉、汞等。分散元素有镓、铊、铟、硒、碲、铼等。铜矿石中岩石组分的分析一般要求测定：硅、铁、铝、钙、镁、锰、钛、钡、钾、钠、硫、磷、氟、二氧化碳、吸附水、化合物等项目。对于有色金属和分散元素，一般都是单独取样测定的。对于铜、铅、锌的测定，生产上常用极谱法。

铜矿石分析方法包括滴定法、比色法、原子吸收法、等离子体发射光谱法、X射线荧光光谱法等。一般在作铜矿石全分析之前，应对试样进行光谱半定量检查，然后根据具体情况确定分析项目和方法。对于例行的或常见类型的样品，其所含成分已经基本掌握，则这种工作可以不做。一般来说，如果待测组分的含量在常量范围内，宜采用重量法或滴定法；如在微量范围内，宜采用分光光度法或其他仪器分析法。此外，还应根据其他共存组分的情况来选择。

由于现代分析技术的发展，目前不少测定都可由仪器分析完成，但化学方法作为经典的分析方法，在化学分析中仍然占有非常重要的地位。本模块介绍铜矿石常见元素的化学分析。

一、铜的含量

铜是铜矿石中的主量元素，常采用碘氟法测定铜矿石中铜的含量。样品通过酸溶解后，用乙酸铵调节酸度，氟化氢铵掩蔽铁，在 pH 3.0～4.0 的微酸性溶液中，铜（Ⅱ）与碘化钾作用生成碘化亚铜与碘，再以淀粉作指示剂，用硫代硫酸钠标准溶液滴定析出的碘。我国国家标准有：GB/T 14353.15—2010《铜矿石——第一部分——铜量测定》等。

1. 碘氟法

(1) 方法原理　样品通过酸溶解后，在 pH 值为 3～4 的微酸性溶液中，加入氟化氢铵隐蔽铁，用碘化钾与试液中的 Cu^{+} 反应，生成难溶于稀酸的 CuI，析出相应的 I_2。以淀粉为指示剂，用硫代硫酸钠标准溶液滴定，其反应式为：

$$2Cu^{+} + 4I^{-} \longrightarrow 2CuI + I_2$$

$$I_2 + 2S_2O_3^{2-} \longrightarrow 2I^{-} + S_4O_6^{2-}$$

$S_2O_3^{2-}$ 与 I_2 的反应最适宜的酸度范围是 pH 值等于 3.5～4。

在碱性溶液中，$S_2O_3^{2-}$ 与 I_2 会发生如下副反应

$$S_2O_3^{2-} + 4I_2 + 10OH^{-} \longrightarrow 2SO_4^{2-} + 8I^{-} + 5H_2O$$

而且 I_2 还会发生歧化反应。

在酸性溶液中，$S_2O_3^{2-}$ 会分解，其反应式为

$$S_2O_3^{2-} + 2H^{+} \longrightarrow SO_2 + S + H_2O$$

I_2 易被空气氧化

$$4I^{-} + 4H^{+} + O_2 \longrightarrow 2I_2 + 2H_2O$$

而且，在酸性溶液中干扰也会增加。

I^{-} 与 Cu^{2+} 的反应是可逆的，为使 I^{-} 与 Cu^{2+} 反应完全，I^{-} 必须过量。实际分析中一般加入 2g 左右的 KI 即可使 Cu^{2+} 与 I^{-} 定量地反应。过量的 I^{-} 存在，还可使 I_2 形成 I_3^{-}，减少 I_2 的挥发。

CuI 沉淀表面会吸附少量的 I_2 导致结果偏低，可在接近滴点终点前加入硫氰酸盐使 CuI 转化为溶解度更小的 CuSCN，消除 CuI 对 I_2 的吸附。硫氰酸盐不宜加入得过早，否则会产生下述反应，是结果偏低。

$$6Cu^{2+} + 7SCN^{-} + 4H_2O \longrightarrow 6CuSCN\downarrow + SO_4^{2-} + CN^{-} + 8H^{+}$$

氟化物对 Fe^{3+} 的隐蔽作用与溶液的 pH 值有较大的关系。当 pH 值为 2～3 时，1g 氟化氢铵可隐蔽 200mgFe^{3+}；pH 值在 3.5～4 时，1g 氟化氢铵可隐蔽 300mgFe^{3+}。

当试样中存在大量锰时，用 $NH_3 \cdot H_2O$ 调节 pH 值易使溶液局部 pH 值太大，使 Mn^{2+} 被空气氧化为二氧化锰，生成的二氧化锰能氧化 I^{-}，使结果偏高。若采用乙酸铵调节 pH 值，不会发生上述现象，可避免锰的影响。

NO_2^{-} 对测试有干扰，可在分解试样时，加热至硫酸冒烟将其驱除或用尿素使之分解。5 价钒在测试条件下能氧化碘离子，严重干扰测定。对含钒的试样，本法不适用。

本法适用于 $w(Cu)=0.1\%$以上铜的测定。

(2) 试剂 乙酸-乙酸铵溶液（pH 值为 5）：称取 90g 乙酸铵置于 400mL 水和 100mL 冰乙酸中，待溶解后，用水稀释至 300mL。

0.5%淀粉溶液：称取 0.5g 可溶性淀粉置于 200mL 烧杯中，用少量水调节至糊状，在不断搅拌下加到 100mL 沸水中，煮沸，冷却备用。

硫代硫酸钠标准溶液（约 0.05mL）：称取 12.41g $Na_2S_2O_3 \cdot 5H_2O$，溶于 1000mL 新煮沸后放冷的水中，摇匀。用铜标准溶液进行标定，方法如下。

a. 配制 $Na_2S_2O_3$ 不是基准物质，不能用直接称量的方法配制标准溶液，配好的 $Na_2S_2O_3$ 溶液不稳定，容易分解，这是由于细菌的作用：

$$Na_2S_2O_3 \longrightarrow Na_2SO_3+S$$

溶解在水中的 CO_2 作用：$S_2O_3^{2-}+CO_2+H_2O \longrightarrow HSO_3^-+HCO_3^-+S$

空气中的氧化作用：$S_2O_3^{2-}+\frac{1}{2}O_2 \longrightarrow SO_4^{2-}+S$

此外，水中微量的 Cu^{2+}、Fe^{3+} 也能促进 $Na_2S_2O_3$ 溶液的分解。

因此，要用新煮沸（除去 CO_2 和杀死细菌）并冷却的蒸馏水配制 $Na_2S_2O_3$，加入少量 Na_2CO_3 使溶液呈碱性，抑制细菌生长，用时进行标定。

b. 标定

$$Cr_2O_7^{2-}+6I^-+14H^+ \longrightarrow 2Cr^{3+}+3I_2+7H_2O$$

$$IO_3^-+5I^-+6H^+ \longrightarrow 3I_2+3H_2O$$

析出的 I_2 用 $Na_2S_2O_3$ 溶液滴定：$I_2+2S_2O_3^{2-} \longrightarrow 2I^-+S_4O_6^{2-}$

c. 标定反应条件 酸度愈大，反应速率越快，但酸度太大，I_2 易被空气中的 O_2 氧化，所以酸度以 0.2～0.4mol/L 为宜；$K_2Cr_2O_7$ 充分反应，放于暗处 5min；所用 KI 不应含有 KIO_3 或 I_2。

(3) 分析步骤 称取 0.1000～0.5000g 试样于 250mL 烧杯中，加入少量水润湿；加 10～15mL 盐酸，低温加热 3～5min（若试样中硅含量较高，需加入 0.5g 氟化氢铵）取下稍冷；加 5mL 硝酸继续溶解，待全部溶解后，取下加 1∶1 硫酸 5mL，继续加热至冒白烟（若试样中碳含量较高，需加入 5mL 高氯酸，加热至无黑色残渣）；冷却后，用水冲洗杯壁，保持体积在 30mL 以内，加热溶解盐类，取下冷至室温。滴加乙酸-乙酸铵溶液（若铁含量较小，需补加 1mL 10%三氯化铁溶液）至红色不再加深并过量 3～5mL，然后加氟化氢铵饱和溶液滴定至红色消失并过量 1mL 摇匀；加入 2～3g 碘化钾，摇匀，迅速用硫代硫酸钠标准溶液滴定至淡黄色；加入 20mL 0.5%淀粉溶液（若铅、铋含量较高，需提前加淀粉溶液），继续滴加至浅蓝色，加 1mL 40%硫氰酸钾溶液，剧烈摇振至蓝色加深，再滴定至蓝色恰好消失为终点。

(4) 结果计算 铜量以质量分数 $w(Cu)$ 计，数值以百分数（%）表示，按式(3-1)计算：

$$w(Cu)=\frac{(V_1-V_0)T}{m}\times100\% \tag{3-1}$$

式中 T——硫代硫酸钠标准溶液对铜的滴定度，g/mL；

V_1——滴定试料溶液消耗硫代硫酸钠标准溶液的体积，mL；

V_0——滴定空白溶液消耗硫代硫酸钠标准溶液的体积，mL；

m——称取试样的质量，g。

（5）注意事项

① 用重铬酸钾标定 $Na_2S_2O_3$ 浓度时要加 KI，且在暗处放置 5min。由于 KI 的作用有两点：其一是与 $K_2Cr_2O_7$ 作用定量生成 I_2，以标定 $Na_2S_2O_3$；其二是与 I_2 配位形成 I_3^- 络离子，以防止 I_2 的挥发。

② $K_2Cr_2O_7$ 与 KI 作用时，在暗处放置 5min 是因为避免光照防止 I^- 被空气氧化以及便于 $K_2Cr_2O_7$ 与 KI 作用完全。因此，应将溶液贮存于碘瓶或锥形瓶中（盖好表面皿），在暗处放置一定时间，待反应完全后，再进行滴定。

③ 碘量法测定铜时，pH 值必须维持在 3.5～4 之间。碘量法测定铜时，采用的是间接碘量法，其必须在中性或弱酸性溶液中进行。因为：a. 在碱性溶液中 I_2 与 $S_2O_3^{2-}$ 将发生下列反应：$S_2O_3^{2-}+4I_2+10OH^- \longrightarrow 2SO_4^{2-}+8I^-+5H_2O$，而且 I_2 在碱性溶液中会发生歧化反应生成 HOI 和 IO_3^-，Cu^{2+} 也可能有水解副反应。b. 在强酸性溶液中 $Na_2S_2O_3$ 溶液会发生分解：$S_2O_3^{2-}+2H^+ \longrightarrow SO_2+S\downarrow+H_2O$。

④ 铜合金或铜矿石中常含有 Fe、As、Sb 等金属，样品溶解后，溶液中的 Fe^{3+}、As（Ⅴ）、Sb（Ⅴ）等均能将 I^- 氧化为 I_2，干扰 Cu^{2+} 的测定。As（Ⅴ）、Sb（Ⅴ）的氧化能力随酸度下降而下降，当 pH＞3.5 时，其不能氧化 I。Fe^{3+} 的干扰可用 F^- 掩蔽。

2. 火焰原子吸收分光光度法测定多金属矿石中铜的含量

本规程适用于多金属矿石中铜含量的测定。测定范围：0.001%～5%铜量。

（1）方法原理　试料经盐酸、硝酸、硫酸分解，在 5%盐酸介质中，使用空气-乙炔火焰，于原子吸收分光光度计上，波长 324.7nm 处，测量铜的吸光度。

（2）仪器与试剂

① 仪器　原子吸收分光光度计（带有塞曼效应或连续光谱灯背景校正器）；铜单元素空心阴极灯。

在仪器工作的最佳条件下，凡达到下列指标的原子吸收分光光度计，均可使用。

② 试剂　盐酸（ρ=1.19g/mL）；硝酸（ρ=1.40g/mL）；

盐酸（1+1）；盐酸［$\varphi(HCl)=5\%$］。

铜标准贮存溶液：称取 0.5000g 金属铜（99.99%），置入 250mL 烧杯中，盖上表面皿，沿杯壁加入 10mL 硝酸（1+1），微热，待全部溶解后，加入 10mL 硫酸（1+1），蒸至冒三氧化硫白烟，取下冷却。加水溶解铜盐，用水清洗表面皿上的残留物，冷却后移入 500mL 容量瓶中，用水稀释至刻度，摇匀。此溶液 1mL 含 1.0mg 铜。

铜标准溶液：移取 25mL 铜标准贮存溶液，置于 250mL 容量瓶中，用盐酸（5%）稀释至刻度，摇匀。此溶液 1mL 含 100μg 铜。移取 50mL 铜标准溶液，置于 250mL 容量瓶中，用盐酸（5%）稀释至刻度，摇匀。此溶液 1mL 含 20μg 铜。

用最高浓度的标准溶液测量 10 次吸光度，其标准偏差应不超过平均吸光度的 1%；用最低浓度的标准溶液（不是零标准溶液）测量 10 次吸光度，其标准偏差不超过最高浓度标准溶液的平均吸光度的 0.5%。

工作曲线线性：将工作曲线按浓度分成五段，最高段的吸光度差值与最低段的吸光度差值之比，应不小于0.85。

(3) 分析步骤

① 试样 含铜量0.001%～5%，称取0.5～0.1g。空白试验：随同试料做空白试验。

② 测定 将试样置于100mL烧杯中，加入15mL盐酸（ρ=1.19g/mL），盖上表面皿，置于电热板上加热，以除去大部分硫化氢，加入5mL硝酸（ρ=1.40g/mL），继续加热至试料分解完全（如有黑色残渣应加入数滴氢氟酸或少量氟化铵助溶），用少量水洗去表面皿，蒸发至干。趁热加入5mL盐酸（1+1）溶解残渣，用水冲洗杯壁，继续加热至溶液清澈，冷却，移入50mL容量瓶中，用水稀释至刻度，摇匀（A液）；根据试样的含铜量，分取溶液（A液），置入50mL容量瓶中，用5%盐酸稀释至刻度，摇匀（B液）。按仪器工作条件，分别测量（A液）或（B液）中铜的吸光度。同时进行标准系列的测定。

工作曲线的绘制：移取0、1.00mL、2.00mL、3.00mL、4.00mL、5.00mL、6.00mL铜标准溶液（含100μg/mL铜）或0、0.50mL、1.00mL、2.00mL、3.00mL、4.00mL、5.00mL铜标准溶液（20μg/mL）（视试料中铜量而定），分别置于一组50mL容量瓶中，加入5mL盐酸（1+1），用水稀释至刻度，摇匀。按仪器工作条件测量吸光度。以铜为横坐标，吸光度为纵坐标，绘制工作曲线。

(4) 结果计算 按式(3-2)计算铜的质量分数：

$$w(\mathrm{Cu})=\frac{(m_1-m_0)V\times10^{-6}}{mV_1}\times100\% \tag{3-2}$$

式中 m_1——从工作曲线上查得的铜量，μg；

m_0——从工作曲线上查得的空白试验铜量，μg；

V_1——分取试液体积，mL；

V——试液总体积，mL；

m——称取试样的质量，g。

二、铜矿石中的砷锑铋

(1) 方法原理 样品经王水溶矿分解，在氨水存在的条件下，以Fe^{3+}作为共沉淀剂沉淀砷、锑、铋以分离铜，盐酸溶解沉淀，用氢化物发生-原子荧光光谱法（HG-AFS）测定铜矿石中的砷、锑、铋。

(2) 仪器与试剂

① 仪器 XGY-1011A单道原子荧光光度计，其工作条件见表3-2。

表3-2 仪器工作参数

元素	负高压 U/V	灯电流 i/mA	载气流量 v/(mL/min)	积分时间 t/s	炉温 θ/℃
As	250	30+30	800	7	200
Sb	250	50+50	800	7	200
Bi	240	50+50	800	7	200

As、Sb、Bi高性能空心阴极灯。

② 试剂 As标准贮备溶液：1mg/L（6mol/L HCl介质）。

Sb 标准贮备溶液：1mg/L（6mol/L HCl 介质）。

Bi 标准贮备溶液：1mg/L（1.6mol/L HNO_3 介质）。

实验所用 As、Sb、Bi 标准溶液是由上述标准贮备溶液逐级稀释配制成含 As 1μg/mL、Sb 0.1μg/mL、Bi 0.1μg/mL 的混合标准溶液（2.4mol/L HCl 介质）。

铁溶液：称取 1.43g Fe_2O_3（AR）于 50mL 烧杯中，加 15mL 浓 HCl 溶解后，定容至 100mL。此溶液 $c(Fe^{3+})=10mg/mL$。

7g/L 硼氢化钾溶液：KBH_4 溶液+2g/L KOH 溶液。

实验中所用其他试剂均为分析纯。

（3）分析步骤

① 标准曲线的绘制　于 50mL 烧杯中分别加入一系列 As、Sb、Bi 混合标准溶液 0、0.5mL、1.0mL、2.0mL、5.0mL，用去离子水稀释至约 10mL，加入 10mg 铁溶液，用$\varphi=50\%$（体积分数，下同）的氨水调至氢氧化铁沉淀出现，并过量 1mL，电炉上煮沸 1min，取下趁热用中速定性滤纸过滤，用 5%的氨水洗涤沉淀 5～6 次，用 10mL 6mol/L 的热 HCl 溶解沉淀于 25mL 比色管中，用去离子水定容，摇匀。于 XGY-1101A 单道原子荧光光度计上分别测定 As、Sb、Bi，绘制相应的标准曲线。

② 样品制备　取 0.20g（精确至 0.0001g）样品于置于 50mL 烧杯中，加少量水润湿，加入 20mL 新配制的 67%王水，盖上表面皿，于电热板上低温加热溶解样品至溶液体积小于 10mL 时取下，加入 10mL 50%的 HCl，用去离子水移入 50mL 比色管中，冷却，定容，摇匀。澄清后分取 10mL 溶液于 50mL 烧杯中，加入 10mg 铁溶液。以下操作同标准曲线。

（4）注意事项

① 铁盐的加入量　在含有 80ng/mL As 和 8ng/mL Sb、Bi 的 50mL 烧杯中，分别加入 1.0mg、2.5mg、5.0mg、7.5mg、10.0mg、15.0mg 铁溶液，按标准曲线操作，测得荧光强度（I_f）。实验中，在氨水存在下，Fe 作为共沉淀剂可将 As、Sb、Bi 富集沉淀，从而达到与 Cu、Ni、Co 等元素分离的目的；少量的 Fe^{3+} 存在即可使 Bi 沉淀完全，但 Fe^{3+} 量不够时 As、Sb 沉淀不完全。在选用 10mg Fe^{3+} 盐存在的条件下，共沉淀 As、Sb、Bi 可达到富集分离的目的。

② 干扰试验和铜的分离　原子荧光光谱测定 As、Sb、Bi 方法简单，灵敏度高，但易受一些金属离子的干扰，尤其是 Cu 对测定影响严重。当被测元素含量较高时，可以通过稀释来降低 Cu 的影响；但当被测元素含量低而 Cu 含量较高时，被测元素信号可被完全抑制。这可能是由于溶液中的 Cu^{2+} 被 KBH_4 还原为单质铜，夹带被测元素形成共沉淀，同时这些细小分散的铜沉淀可能对被测元素与 KBH_4 生成的氢化物具有捕集和分解作用，从而影响被测元素的测定。因此，要准确测定铜矿石中的 As、Sb、Bi，必须分离 Cu，以消除其干扰。

【任务训练六】铜矿石中铜含量的测定

训练提示

① 准确填写《样品检测委托书》，明确检测任务。

② 依据检测标准，制订详细的检测实施计划，其中包括仪器、药品准备单、具体操作步骤等。

③ 按照要求准备仪器、药品，仪器要洗涤干净，摆放整齐，同时注意操作安全；配制溶液时要规范操作，节约使用药品，药品不能到处扔，多余的药品应该回收，实验台面保持清洁。

④ 依据具体操作步骤认真进行操作，仔细观察实验现象，准确判断滴定终点，及时、规范地记录数据，实事求是。

⑤ 计算结果，处理检测数据，对检测结果进行分析，出具检测报告。

实验中应自觉遵守实验规则，保持实验室整洁、安静，仪器安置有序，注意节约使用试剂和蒸馏水，要及时记录实验数据，严肃认真地完成实验。

过程考核	任务训练 铜矿石铜含量的测定				
	序号	考核项目	考核内容及要求(评分要素)		
			A	B	C
专业能力	1	项目计划决策	计划合理，准备充分，实践过程中有完整规范的数据记录	计划合理，准备较充分，实践过程中有数据记录	计划较合理，准备少量，实践过程中有较少或无数据记录
	2	项目实施检查	在规定时间内完成项目，操作规范正确，数据正确	在规定时间内完成项目，操作基本规范正确，数据偏离不大	在规定时间内未完成项目，操作不规范，数据不正确
	3	项目讨论总结	能完整叙述项目完成情况，能准确分析结果，实践中出现的各种现象，正确回答思考题	能较完整地叙述项目完成情况，能较准确分析结果，实践中出现的各种现象，基本能够正确地回答思考题	能叙述项目完成情况，能分析结果，实践中出现的各种现象，能回答部分思考题
职业素质	1	考勤	不缺勤、不迟到、不早退、中途不离场	不缺勤、不迟到、不早退、中途离场不超过1次	不缺勤、不迟到、不早退、中途离场不超过2次
	2	5S执行情况	仪器清洗干净并规范放置，实验环境整洁	仪器清洗干净并放回原处，实验环境基本整洁	仪器清洗不够干净未放回原处，实验环境不够整洁
	3	团队配合力	配合得很好，服从组长管理	配合较好，基本服从组长管理	不服从管理
合计	100%				

拓展习题

1. 研究性习题

① 请课后查阅资料，铜矿石品位高低对测试结果有什么影响？如何测定矿石中铜的赋存形式？

② 以小组为单位，讨论世界各地铜矿分布、种类、含量及在工业生产中的应用。

③ 结合任务一、任务二，谈论铜矿石全分析通常测定的项目有哪些？

2. 理论习题

① 铜矿石试样的分解中，酸溶法、熔融法中常用的溶（熔）剂有哪些？各有何特点？

② 氯化铜结晶为绿色，其在浓 HCl 溶液中为黄色，在稀的水溶液中又为蓝色，这是为什么？

③ 称取铜试样 0.4217g，用碘量法滴定。矿样经处理后，加入 H_2SO_4 和 KI 析出 I_2，然后用 $Na_2S_2O_3$ 标准溶液滴定，消耗 35.16mL，而 41.22mL $Na_2S_2O_3 \approx 0.2121g\ K_2Cr_2O_7$，求铜矿中 CuO 的质量分数。

④ 将 1.008g 铜-铝合金样品溶解后，加入过量碘离子，然后用 0.1052mol/L $Na_2S_2O_3$ 溶液滴定生成的碘，共消耗 29.84mL $Na_2S_2O_3$ 溶液，试求合金中铜的质量分数。

模块四 锰矿石分析

知识目标

1. 了解锰的性质，理解锰矿石的分类及组成。

2. 了解锰矿石的主要分析项目，结果的表示和计算。

3. 掌握锰矿石试样的准备和制备方法。

4. 掌握锰矿石中锰含量的测定原理、试剂的作用、测定步骤、结果计算、操作要点和应用。

能力目标

1. 能正确进行锰矿石试样的准备和制备操作，正确选择不同试样的分解处理方法及有关试剂和器皿。

2. 能够正确管理锰矿石样品及副样，能够正确处理样品及副样保存时间。

3. 能运用高氯酸氧化-硫酸亚铁铵滴定法或硝酸铵氧化滴定法测定锰矿石试样中全锰的含量。

4. 能运用微波消解-等离子体发射光谱法测定锰矿石中硅、铝、铁、磷的含量。

任务一 认识锰和锰矿石

一、锰的性质

锰是周期表ⅦB族第一种元素，在地壳中的含量为0.1%，丰度为第14位，它主要以氧化物的形式存在，如软锰矿 $MnO_2 \cdot xH_2O$。近年来发现在深海海底发现了大量的锰矿——锰结核，它是含锰25%、铁20%，还含有钴、钼、钛、铜等稀缺金属的矿石。

锰是灰色似铁的金属，表面容易生锈而变暗黑。纯锰用途不大，却是制造合金——锰钢的重要材料。人们大量用锰钢制造钢磨、滚珠轴承、推土机与掘土机的铲斗等经常受磨的构件，以及铁轨、桥梁等。在军事上，用高锰钢制造钢盔、坦克钢甲、穿甲弹的弹头等。

在动植物体中，锰的含量一般不超过十万分之几。但红蚂蚁体内含锰竟达万分之五，有些细菌含锰甚至达百分之几。人体中含锰为百万分之四，大部分分布在心脏、肝脏和肾脏。锰主要影响人体的生长、血液的形成与内分泌功能。

锰属于活泼金属，在空气中表面容易生成氧化物膜，可以保护内部金属不受侵蚀。粉末状的锰能彻底被氧化，有时甚至能起火，并生成 Mn_3O_4（类似于 Fe_3O_4）。

锰能分解冷水：

$$Mn + 2H_2O \longrightarrow Mn(OH)_2\downarrow + H_2\uparrow$$

锰与卤素、S、C、N、Si 等非金属能直接化合生成 MnX_2、MnS、MnN_2 等。

锰溶于一般的无机酸，生成锰（Ⅱ）盐，与冷的浓 H_2SO_4 作用缓慢、在有机氧化剂存在下，金属锰可以与熔融碱作用生成 K_2MnO_4：

$$2Mn + 4KOH + 3O_2 \longrightarrow 2K_2MnO_4 + 2H_2O$$

锰原子的价层电子构型是 $3d^54s^2$，最高氧化值为+7，还有+6、+4、+3、+2 等，其中以+2、+4、+7 三种氧化值的化合物最为重要。

二、铬的重要化合物

1. 氧化物和氢氧化物

已知锰的六种氧化物：MnO、Mn_3O_4[Mn(Ⅱ)Mn(Ⅲ)$_2$O$_4$]、Mn_5O_8[Mn(Ⅱ)$_2$Mn(Ⅳ)$_3$O$_8$]、Mn_2O_3、MnO_2、Mn_2O_7，在这些氧化物中，除 Mn_2O_7 为液态外，其余均为固态。

（1）酸碱性　锰的重要氧化物、氢氧化物及其酸碱性见表 4-1。

表 4-1　锰的重要氧化物、氢氧化物及其酸碱性

氧化值	+2	+3	+4	+7
氧化物	MnO(绿)	Mn_2O_3(棕)	MnO_2(黑)	Mn_2O_7(绿)
氢氧化物	$Mn(OH)_2$(白)	MnO(OH) $Mn(OH)_3$(棕)	$MnO(OH)_2$ $MnO_2\cdot 2H_2O$ (棕黑)	$HMnO_4$(紫红)
酸碱性	碱性中强	弱碱性	两性	强酸性

由表 4-1 可知，随着锰的氧化值升高，对应氧化物及氢氧化物的酸性增强。

（2）溶解性　除 Mn_2O_7 外，锰的氧化物均难溶于水，与酸反应时只有 MnO 可生成相应的盐。

（3）氧化还原性

① $Mn(OH)_2$ 的还原性　在锰（Ⅲ）盐溶液中加入碱，可得到白色胶状 $Mn(OH)_2$ 沉淀：

$$Mn^{2+} + 2OH^- \longrightarrow Mn(OH)_2\downarrow(白)$$

在碱性介质中不稳定，易被空气氧化成 MnO(OH)，并进而氧化成 $MnO(OH)_2$：

$$4Mn(OH)_2 + O_2 \longrightarrow 4MnO(OH)\downarrow + 2H_2O\uparrow$$

$$4MnO(OH)+O_2+2H_2O \longrightarrow 4MnO(OH)_2$$

总反应式为： $2Mn(OH)_2+O_2 \longrightarrow 2MnO(OH)_2$

② MnO_2 的氧化性 MnO_2 是锰最稳定的氧化物，它是自然界中软锰矿的主要成分。MnO_2 在酸性溶液中有较强的氧化性，例如：

$$MnO_2+4HCl \xrightarrow{\triangle} MnCl_2+Cl_2\uparrow+2H_2O$$

MnO_2 还可以与浓硫酸反应放氧：

$$2MnO_2+2H_2SO_4 \xrightarrow{\triangle} 2MnSO_4+O_2\uparrow+2H_2O$$

MnO_2 是制备其他锰的化合物的原料，也大量用于作干电池中的去极化剂，以及玻璃工业中的脱色剂，电子工业中用以制锰锌铁氧体磁性材料，防毒面具中用作CO的吸收剂，火柴工业的助燃剂，油漆、油墨的干燥剂，MnO_2 还可作为某些有机反应的催化剂。

③ Mn_2O_7 的氧化性 将 $KMnO_4$ 粉末与浓硫酸进行反应，即可得到绿色油状液体 Mn_2O_7。Mn_2O_7 极不稳定，它在0℃时分解放氧：

$$2Mn_2O_7 \longrightarrow 4MnO_2+3O_2\uparrow$$

Mn_2O_7 有强氧化性，遇有机物（如酒精、醚等）立即燃烧。Mn_2O_7 溶于大量冷水生成紫红色的高锰酸 $HMnO_4$。$HMnO_4$ 不仅是一种强酸，而且还是一种强氧化剂。高锰酸不稳定，常温下浓度只能达到20%，超过这个浓度即分解为 MnO_2 和 O_2。

2. 锰（Ⅱ）盐

锰（Ⅱ）的强酸盐均溶于水，只有少数弱酸盐如 $MnCO_3$、MnS 等难溶于水。其中 $MnCO_3$ 可作白色颜料。

从水溶液中结晶出来的锰（Ⅱ）盐，均为带有结晶水的粉红色晶体。例如 $MnSO_4\cdot7H_2O$、$Mn(NO_3)_2\cdot6H_2O$ 和 $Mn(ClO_4)_2\cdot6H_2O$ 等。在这些水合锰（Ⅱ）盐中都含有粉红色的 $[Mn(H_2O)_6]^{2+}$，这些盐的水溶液中也均含有 $[Mn(H_2O)_6]^{2+}$，因而溶液呈现粉红色（浓度小时几乎无色）。

硫酸锰作为动、植物生长激素的成分，主要用于农业和畜牧业，还用作油漆、油墨的催干剂和一些有机合成反应的催化剂。此外，也用于造纸、陶瓷、印染、电解锰的生产中。我国近几年每年出口硫酸锰皆在万吨以上。

在酸性溶液中，Mn^{2+} $(3d^5)$ 比同周期的其他元素（Ⅱ）如 $V^{2+}(d^3)$，$Cr^{2+}(d^4)$，$Fe^{2+}(d^6)$ 等均稳定，只有强氧化剂如 $NaBiO_3$、PbO_2、$(NH_4)_2S_2O_8$ 等，才能将其氧化为高锰酸根。例如：

$$2Mn^{2+}+14H^{+}+5NaBiO_3 \longrightarrow \underset{\text{(紫红)}}{2MnO_4^-}+5Bi^{3+}+5Na^{+}+7H_2O$$

$$2Mn^{2+}+4H^{+}+5PbO_2 \longrightarrow 2MnO_4^-+5Pb^{2+}+2H_2O$$

由于 MnO^{4-} 的紫红色很深，在很稀的浓度下仍可观察到，因而可利用上述反应来鉴定溶液中的 MnO^{2+}。

3. 锰酸盐

氧化值为+6的锰的化合物，仅以深绿色的锰酸根形式存在于强碱性溶液中。例如 K_2MnO_4，是在空气或其他氧化剂（如 $KClO_3$、KNO_3 等）存在下，由 MnO_2 同碱金属氢氧化物或碳酸盐共熔而制得：

$$2MnO_2+4KOH+O_2 \xrightarrow{熔融} 2K_2MnO_4+2H_2O$$

$$3MnO_2+6KOH+KClO_3 \xrightarrow{熔融} 3K_2MnO_4+KCl+3H_2O$$

锰酸盐在酸性溶液中易发生歧化反应：

$$3MnO_4^{2-}+4H^+ \longrightarrow 2MnO_4^-+MnO_2+2H_2O$$

在中性或弱碱性溶液中也发生歧化反应，但趋势及速率小：

$$3MnO_4^{2-}+2H_2O \longrightarrow 2MnO_4^-+MnO_2+4OH^-$$

锰酸盐在酸性溶液中有强氧化性，但由于它的不稳定性，所以不用作氧化剂。

4. 高锰酸盐

高锰酸盐中最重要的是高锰酸钾（$KMnO_4$，俗名灰锰氧），为暗紫色晶体，有光泽，易溶于水，是常用的强氧化剂，对热不稳定，加热到200℃以上即分解放氧：

$$2KMnO_4 \xrightarrow{\triangle} K_2MnO_4+MnO_2+O_2\uparrow$$

实验室中制取少量氧可利用此反应。在酸性溶液中不稳定，缓慢分解，析出棕色二氧化锰：

$$4MnO_4^-+4H^+ \longrightarrow 4MnO_2+3O_2\uparrow+2H_2O$$

与有机物或易燃物混合，易发生燃烧或爆炸。它无论在酸性、中性或碱性溶液中都能发挥氧化作用，即使稀溶液也有强氧化性，这是其他氧化剂少有的特点。随着介质酸碱性不同，其还原产物有以下三种：

酸性条件下被还原成 Mn^{2+}，如：

$$2MnO_4^-+5SO_3^{2-}+6H^+ \longrightarrow 2Mn^{2+}+5SO_4^{2-}+3H_2O$$

如果过量，将进一步和它自身的还原产物发生如下反应：

$$2MnO_4^-+3Mn^{2+}+2H_2O \longrightarrow 5MnO_2+4H^+$$

在中性或弱碱性溶液中，被还原成 MnO_2，例如：

$$2MnO_4^-+3SO_3^{2-}+H_2O \longrightarrow 2MnO_2+3SO_4^{2-}+2OH^-$$

在强碱性溶液中，被还原成锰酸根：

$$2MnO_4^-+SO_3^{2-}+2OH^- \longrightarrow 2MnO_4^{2-}+SO_4^{2-}+H_2O$$

如果高锰酸根的量不足，还原剂过剩，则生成物中会继续氧化，其还原产物仍是 MnO_2：

$$MnO_4^{2-}+SO_3^{2-}+H_2O \longrightarrow MnO_2+SO_4^{2-}+2OH^-$$

高锰酸钾是化学上常用的试剂，主要作氧化剂。用于有机化合物（如抗坏血酸、苯甲酸等）的制备；用作特殊织物、蜡、油脂及树脂的漂白剂；在医药上也用作防腐剂、消毒剂、除臭剂及解毒剂。

锰是钢铁工业不可缺少的原料，在钢中加入少量的锰，就能增加硬度、延展性、韧性和抗磨能力。锰钢、锰铁以及锰与铜、镍、铝和钴等制成的各种合金和锰的化合物，在工业上用途极大。

三、锰矿石分类

锰矿石通常是无水和含水的氧化锰矿和碳酸锰矿。已知的锰矿物主要有：软锰矿

(MnO_2)、硬锰矿 ($MnO \cdot MnO_2 \cdot xH_2O$)、水锰矿 ($Mn_2O_3 \cdot H_2O$)、褐锰矿 ($Mn_2O_3$)、黑锰矿 ($Mn_3O_4$) 和菱锰矿 ($MnCO_3$) 等。这些矿物中 MnO_2 的含量一般可在 25%~67% 左右，是锰的主要工业矿物。锰矿石常含有二氧化硅、磷、硫、铁、铝、钡、钙、镁、钾、锌和钠等杂质。

锰矿石从不同的目的出发，有各种不同的分类方法。

(一)按基本物质成分分类

按基本物质成分，可分为氧化锰矿石、碳酸锰矿石、硅酸锰矿石、硼酸锰矿石、硫化锰矿石等。这种分类方法主要用于明确基本加工方法，例如碳酸锰矿石，一般须先经焙烧排除碳酸气，而氧化锰矿石则无须如此；硅酸锰矿石须在加工方法中注意硅的脱除及利用等。

(二)按工业用途分类

1. 冶金用锰矿石

根据矿中锰、铁、磷的不同含量和冶炼的实际要求分为三类。

① 低磷低铁锰矿石，锰铁比>5，磷锰比<0.003，可直接用于冶炼电炉或高炉锰质合金。

② 中磷中铁锰矿石，锰铁比 3~5，磷锰比 0.003~0.005，可用于冶炼高碳锰铁或配矿冶炼锰质合金。

③ 高磷高铁锰矿石，锰铁比<3，磷锰比>0.05，不能直接用于冶炼锰铁合金，往往采用两步冶炼，第一步炼制成低磷低铁富锰渣，第二步再冶炼铁质合金。

2. 化工用锰矿石

这种分类方法主要用来区分用途。

(三)按锰、铁的含量分类

(1) 锰矿石，锰铁比>1，通常为 30~15 (亦有达 6~7)。

(2) 铁锰矿石，锰铁比在 1 以下。

(3) 含锰铁矿石，以铁为主，含锰仅 5%~10%。

这种分类方法主要用来区分锰、铁关系，以便确定矿石冶炼可得什么样的产品。铁和锰两种金属在不需要进行选矿的工业矿石中的总含量的变化通常介于 40%~50%之间，可是对具挥发物 (H_2O、CO_2 等) 的矿石来说，其含量可达到 60%，很少超过。

任务二 锰矿石分析试样的制备

一、化学分析样品制备

见模块二，此处略。

二、锰矿石样品的溶（熔）解

1. 盐酸、氢氟酸、磷酸溶解试样

称取0.2000g试样于250mL锥形瓶中，加10mL盐酸，滴加5滴氢氟酸，加5mL高氯酸，在低温电炉上加热溶解2min，取下稍冷却，加20mL磷酸，继续加热冒白烟至所生成的小气泡刚停止（注意观察液面刚平静）时，取下稍冷却（60～70℃），加80mL硫酸（5+95），摇动使试液稀释均匀后用流水冷却至室温。在大量磷酸存在下，用高氯酸于220℃左右时冒烟，将二价锰氧化为三价锰，并借此挥发除去硅的干扰。溶样预处理完成，只要加入适量指示剂，即可用硫酸亚铁铵标准溶液滴定。

2. HNO_3-$KClO_3$ 溶样后分离锰

称取0.5g试样，置于盛有3～4g混合熔剂的定量滤纸上混匀，放在石墨垫底的高铝坩埚中，于900℃左右的马弗炉中熔融20min，取出冷却，把熔块放入盛有20mL HCl（1+1）的300mL烧杯中，低温加热溶解。随后加入15mL浓HNO_3，2g $KClO_3$，盖上表面皿，加热至含水二氧化锰沉淀析出后，继续煮沸5min，以除去黄绿色气体（ClO_2）。取下，用水吹洗表面皿及杯壁，加入Na_2SO_4溶液10mL。用带橡皮头的玻璃棒擦拭粘在杯底的沉淀，用中速定量滤纸过滤到250mL容量瓶中，用热水洗涤烧杯3～4次，洗涤沉淀6～8次，沉淀弃去。将滤液置于300mL烧杯中，滴加浓$NH_3 \cdot H_2O$ 5～10滴，再加KOH溶液至沉淀刚析出，用HCl（1+1）溶解。加入六次甲基四胺溶液20mL，微沸，冷却后加入0.5～1g铜试剂搅匀。将溶液连同沉淀移入250mL容量瓶中，用水稀释至刻度，摇匀，干过滤于100mL的容量瓶中。取100mL干过滤后的溶液置于500mL锥形瓶中，加入三乙醇胺溶液10mL，摇匀，再加入30mL KOH溶液，溶样预处理完成，只要加入适量钙指示剂，即可用EDTA标准溶液滴定。

3. 氢氧化钠熔融分解

锰矿石可用氢氧化钠在镍坩埚中熔融分解，热水浸取，为了避免聚合硅酸的形成，在制备试样溶液时采用逆酸化法，即以热水浸取的碱性溶液迅速地倒入预先加入10mL盐酸和40mL水的稀盐酸溶液中，这样可以大大减少聚合硅酸的形成。

4. 微波消解溶样

常规试样分解方法步骤烦琐，耗时长。因此有必要提出一个先进的、通用的、快速的试验溶解方法。目前，微波消解可以作为铁矿石消解的一个新手段。微波消解具有明显的优点：能大大缩短样品制备时间，提高分析速度；由于微波穿透力强，加热均匀，有利于样品分解，对难溶样品的分解更具优越性。

称取0.1g样品，精确至0.0001g，于60mL消解罐中加入5mL浓HCl、0.2mL H_2O_2、0.8 mL HF，摇匀后盖紧消解罐，放入微波消解炉中，连接好压力传感管，关上消解炉门，设定压力为3挡（1.5MPa），启动微波加热10min。冷却后迅速加入15mL $\varphi=5\%$的H_3BO_3，再盖紧消解罐，放入消解炉中设定压力为1挡（0.5MPa），加热5min，冷却后取出，将溶液移入50mL聚四氟乙烯容量瓶中，用去离子水稀释至刻度，摇匀，按照仪器工作条件进行仪器分析方法的测定，如ICP-AES的测定。

任务三　锰矿石中主要成分含量的测定方法

锰矿石成分的分析测试，是锰矿石标样能否获得准确、可靠推荐值的重要组成部分，中南地勘局研究所的耿学道依据所采锰矿石标样实际组成成分，确定分析测试项目为：Mn、Fe、SiO_2、Al_2O_3、TiO_2，CaO、MgO、Na_2O、K_2O、BaO、S、P、Cu、Zn、Co、Ni，MnO_2、Mn（CO_3^{2-}）、Mn（SiO_3^{2-}）。同时开发了 MGSMn-01～06 锰矿石系列标准物质。

一、全锰含量的测定

测定常量锰的滴定法有过硫酸铵法、硝酸铵法、高氯酸法等，此外差示光度法亦有报道。过硫酸铵法即试样经硝酸-磷酸混合酸溶解后，在硝酸银存在下，用过硫酸铵将锰氧化成高锰酸，以 *N*-苯代邻氨基苯甲酸为指示剂，用硫酸亚铁铵标准溶液滴定。硝酸铵法即试样经酸溶解，在微冒磷酸烟的状态下，用硝酸铵将锰定量地氧化为三价，以 *N*-苯代邻氨基苯甲酸为指示剂，用硫酸亚铁铵标准溶液滴定锰。硝酸铵法因其测定速度相对较快而被锰矿开采和加工企业广泛采用。但目前广泛使用的方法不易被一般操作人员掌握，难以获得相应准确度，在一些锰矿开采企业的实验分析中其允许（相对）偏差甚至达 2.5%。

（一）高氯酸氧化硫酸亚铁铵滴定法

1. 方法原理

锰的氧化还原滴定法是基于锰是一种变价元素，利用一定量的氧化剂、还原剂促使锰发生价态变化，从而求得全锰量。本法以盐酸、氢氟酸、磷酸溶解试样后，在大量磷酸存在下，用高氯酸于 220℃左右时冒烟，将二价锰氧化为三价锰，并借此挥发除去硅的干扰。以 *N*-苯代邻氨基苯甲酸为指示剂，用硫酸亚铁铵标准溶液滴定三价锰为二价锰，借此测定全锰的含量。相对标准偏差小于 0.091%。

2. 试剂

盐酸［(1+9)、(1+50)］；硫酸（1+1）；高氯酸（1+1）；过氧化氢［30%（体积分数）、3%（体积分数）］；高锰酸钾溶液（40g/L）；重铬酸钾溶液（0.5g/L）；氢氧化钠溶液（20g/L）；盐酸（1.19g/mL）；氢氟酸（1.15g/mL）；磷酸（1.70g/mL）；高氯酸（1.67g/mL）；硫酸（5+95）。

N-苯代邻氨基苯甲酸（指示剂）：称取 0.2g *N*-苯代邻氨基苯甲酸，溶解于 100mL 0.5%的碳酸钠水溶液中。

硫酸亚铁铵标准溶液 {$c[(NH_4)_2Fe(SO_4)_2]=0.05mol/mL$}：称取 20g 硫酸亚铁铵溶解于 1000mL 硫酸（5+95）中，混匀备用。滴定度可用锰矿石标样，按同样的方法操作求得。或移取 0.05mol/mL 重铬酸钾标准溶液 20mL 于 250mL 锥形瓶中，加 40mL 硫磷混酸（内含 6mL 硫酸，3mL 磷酸），加 *N*-苯代邻氨基苯甲酸指示剂 3 滴，用硫酸亚铁铵标准溶液滴定至亮绿色为终点，计算出硫酸亚铁铵标准溶液的摩尔浓度。硫酸亚铁铵溶液，

$c[(NH_4)_2Fe(SO_4)_2 \cdot 6H_2O]=0.05mol/L$，称取 19.7g 硫酸亚铁铵溶解于硫酸（5＋95）中，稀释至 1000mL，混匀。

3. 分析步骤

称取 0.2000g 试样于 250mL 锥形瓶中，加 10mL 盐酸，滴加 5 滴氢氟酸，加 5mL 高氯酸，在低温电炉上加热溶解 2min，取下稍冷却，加 20mL 磷酸，继续加热冒白烟至所生成的小气泡刚停止（注意观察液面刚平静）时，取下稍冷却（60～70℃），加 80mL 硫酸（5＋95），摇动使试液稀释均匀后用流水冷却至室温，用硫酸亚铁铵标准溶液滴定至微红色时，加 *N*-苯代邻氨基苯甲酸指示剂 3 滴，再继续用硫酸亚铁铵标准溶液滴定至樱桃红色变亮绿色为终点。

4. 结果计算

按式(4-1) 计算全锰 w(TMn) 的质量分数：

（1）用滴定度计算 w(TMn) 的结果

$$w(\text{TMn})=\frac{TV}{m}\times 100\% \tag{4-1}$$

式中 T——硫酸亚铁铵标准溶液对 w(TMn) 的滴定度，g/mL；

V——滴定 w(TMn) 所消耗的硫酸亚铁铵标准溶液的体积，mL；

m——称取试样的质量，g。

（2）用理论值计算 w(TMn) 的结果

$$w(\text{TMn})=\frac{cV\times 54.94}{m\times 1000}\times 100\% \tag{4-2}$$

式中 c——硫酸亚铁铵标准溶液的浓度，mol/L；

V——滴定 w(TMn) 所消耗的硫酸亚铁铵标准溶液的体积，mL；

m——称取试样的质量，g；

54.94——Mn 的摩尔质量，g/mol。

5. 注意事项

① 因试样中含 SiO_2 和 MnO_2 较高，先以盐酸、氢氟酸溶解试样后，再加磷酸冒烟处理试样，可提高分析速度，盐酸可以将 MnO_2 中的四价锰还原到二价，使溶液中的锰保持统一的二价状态。

② 本方法的关键是磷酸冒烟处理，如果温度太高及冒烟时间太长，易形成焦磷酸盐，不溶解；反之加热温度太低，二价锰氧化不完全，同样使结果偏低。所观察氧化锰的温度要以冒烟至高氯酸生成小气泡停止，刚冒磷酸烟，液面刚平静为宜。

③ 若试样中含碳和有机物较多，可预先在 800℃ 高温马弗炉中灼烧 10min 除去，但必须根据灼烧减量数值对检验结果进行校正。试样中含碳和有机物较少时，先用盐酸、氢氟酸及高氯酸一起加入溶解试样，高氯酸冒烟可使碳和有机物氧化。少量的氢氟酸对锥形瓶腐蚀甚微，但可提高溶样速度。

④ 冒烟后加入稀硫酸的时间和温度要控制好，趁热加入锥形瓶内有大量水蒸气冲出，以此驱尽瓶内的高氯酸还原生成的氯气干扰。

⑤ 冒烟后加入 80mL 稀硫酸比水好，因稀硫酸易溶解瓶底部的三价锰磷酸沉淀物，试

液中有硫酸存在，可加快氧化还原反应。

⑥ 硫酸亚铁铵标准溶液的浓度易变化，所以每次测定锰时最好按同样操作对试样与标样一同滴定，求得标准溶液对Mn的滴定度（T），以提高w(TMn)结果的准确性。

⑦ 锰矿中二氧化硅含量较高，在用盐酸处理试样时滴加少量氢氟酸，可加速试样分解，按二氧化硅的含量加5～8滴氢氟酸足以达到目的，加高氯酸冒烟时驱除硅酸盐有利于操作的进行。由于大量磷酸存在，用高氯酸氧化时控制温度冒烟是关键。

（二）硝酸铵氧化滴定法

1. 方法原理

锰矿试样经盐酸、氢氟酸、磷酸溶解后滴加硝酸破坏其中的碳及有机物，在磷酸介质中，加入硝酸铵将锰氧化成三价，以稀硫酸溶解盐类，用硫酸亚铁铵标准滴定液滴定，测定锰的含量。

2. 试剂

硝酸铵；盐酸；硝酸；磷酸；氢氟酸。以上试剂均为分析纯。

0.2g/L N-苯代邻氨基苯甲酸指示剂：称取0.2g N-苯代邻氨基苯甲酸、0.2g碳酸溶于少量水中低温加热溶解后，稀释至100mL，混匀。

0.040mol/L硫酸亚铁铵标准滴定液：称取15.68g硫酸亚铁铵溶于1000mL硫酸溶液（5+95）中，摇匀。

0.04000mol/L重铬酸钾标准溶液：称取1.9615g基准重铬酸钾（预先经140～150℃烘干1h，置于干燥器中冷却至室温），置于250mL烧杯中，用水溶解后移入1000mL容量瓶中，用水定容，摇匀。

实验用水为蒸馏水。

硫酸亚铁铵标准滴定液的标定：移取25.00mL重铬酸钾标准溶液3份，分别置于250mL锥形瓶中，加入40mL硫酸溶液（1+4）、5mL磷酸，用硫酸亚铁铵标准滴定液滴定至橙黄色消失，滴加2滴N-苯代邻氨基苯甲酸指示剂，继续滴定至亮绿色即为终点，3份溶液所消耗硫酸亚铁铵标准滴定液的极差值不超过0.05mL，取其平均值。

空白的滴定：移取10.00mL重铬酸钾标准溶液于250mL锥形瓶中，加入40mL硫酸溶液（1+4），5mL磷酸，用硫酸亚铁铵标准滴定液滴定至橙黄色消失，滴加2滴N-苯代邻氨基苯甲酸指示剂溶液，继续滴定至亮绿色即为终点。滴定至终点后，再移取10.00mL重铬酸钾标准溶液于上述锥形瓶中，继续用硫酸亚铁铵标准滴定液滴定至终点，两次滴定体积之差即为滴定空白时所消耗硫酸亚铁铵标准滴定液的体积。

按式(4-3)计算硫酸亚铁铵标准滴定液相当于锰的质量浓度ρ（g/mL）：

$$\rho=\frac{c\times25.00\times54.94\times10^{-3}}{V_1-V_2} \tag{4-3}$$

式中　c——重铬酸钾标准溶液的浓度，mol/L；

25.00——重铬酸钾标准溶液的体积，mL；

54.94——锰的摩尔质量，g/mol；

V_1——滴定所消耗硫酸亚铁铵标准滴定液的体积，mL；

V_2——滴定空白时所消耗硫酸亚铁铵标准滴定液的体积，mL。

3. 分析步骤

按照国标规定进行取样及制样，试样应通过 0.080mm 筛孔。

分析试样置于称量瓶中于 105～110℃温度下烘干 2h，于干燥器中保存。

称取 0.2000g 干燥后的试样（当含有大量碳及有机物时，应将所称试样置于瓷坩埚中，于 700℃灼烧 10min）置于 250mL 锥形瓶中，用少量水湿润并小心摇动使试样散开，加入 10mL 盐酸溶液、10 滴氢氟酸溶液，低温加热溶解后，加入 20mL 磷酸，提高温度并加热至液面平静并缓缓滴加硝酸溶液使碳及有机物氧化后，继续加热至冒微烟，取下稍冷（约 10s），立即加入 2～3g 硝酸铵（加入硝酸铵时的温度应为 200～240℃）并充分摇动锥形瓶，使二价锰氧化完全，同时用吹耳球不断吹除黄烟直至驱尽黄色氧化氮气体。

稍冷，加入 60mL 硫酸溶液（5+95），充分摇动溶解盐类后，加入少许尿素，摇匀，冷却至室温。用硫酸亚铁铵标准滴定液滴定至浅红色，滴加 2 滴 N-苯代邻氨基苯甲酸指示剂，继续滴定至亮黄色即为终点。

随同试样做空白试验，所用试剂取自同一试剂瓶。

4. 结果计算

按式(4-4) 计算锰的质量分数：

$$w(\mathrm{Mn})=\frac{(V_3-V_4)\rho}{m}\times\frac{1}{1-A}\times 100\% \tag{4-4}$$

式中 $w(\mathrm{Mn})$——试样中锰的质量分数，%；

V_3——滴定所消耗硫酸亚铁铵标准滴定溶液的体积，mL；

V_4——滴定空白时所消耗硫酸亚铁铵标准滴定溶液的体积，mL；

m——称取试样的质量，g；

A——试样中的水的质量分数，%；

ρ——质量浓度，g/mL。

5. 注意事项

(1) 硫酸冒烟　按 GB/T 1506—2002 操作，试验证明，由于硫酸冒烟时间计时的起点和放置时间不易掌握，可造成分析结果有较大误差。试验证明，当加热至液面平静且磷酸烟刚起时，是硝酸铵氧化力最强之时，即可加入硝酸铵，加入硝酸铵的时间容易掌握。说明磷酸是三价锰很好的稳定剂，同时又为锰的氧化提供了适宜的温度条件。

(2) 氢氟酸的加入　矿样中一般二氧化硅的含量较高，有的高达 35%以上，加入氢氟酸可加快试样的溶解，并保证测定结果有良好的重现性。

(3) 氧化剂　在高温的浓磷酸介质中，很多的氧化剂如碘酸盐、硝酸、高氯酸及其盐、硝酸铵等都能将锰氧化至三价。当采用碘酸盐时，容易析出游离的碘，而且使溶液胶结，加水后不易溶解，影响分析的进行；采用硝酸时，只能使少量的锰定量地氧化；采用高氯酸时，必需严格控制氧化温度，氧化发烟时间不能过长，温度不可过高，以免生成焦磷酸锰，使测定结果偏低，并且要控制好放置至加水或稀硫酸（加入稀硫酸比加入水的效果好）的时间，一旦黄烟消失应立即加入，如果过早加入因有高氯酸分解的氯气和二氧化氯气体还原使结果偏低，过迟加入则盐类不溶解，使测定失败；当采用硝酸铵时，它可以使锰定量氧化，使用方便，没有其他弊端，本实验选用硝酸铵作为氧化剂。

(4) 氧化剂的用量　称取鞍钢503号（w(TMn)：27.61%）标准样品0.2000g，按本实验的测定方法测定，试验了硝酸铵的加入量对锰定量氧化的影响，由试验可知，2～3g硝酸铵能将锰定量地氧化至三价。

(5) 氧化温度　在200～250℃可定量地将锰氧化；260℃时反应激烈且温度过高或过低都会使结果偏低。为了便于操作，加热至约220℃，以液面平静出现磷酸微烟时取下为宜。

(6) 干扰及消除　在试验中，无论是用硝酸铵还是过氯酸作氧化剂，钒、铈都与锰一起被定量氧化和滴定，从而干扰测定，在结果中需予以扣除。可用系数扣除法或采用滴定回扣法消除干扰。系数值是每1%的钒相当于1.08%的锰，每1%的铈相当于0.39%的锰。

二、微波消解-等离子体发射光谱法测定锰矿石中的硅、铝、铁、磷

锰在自然界中分布很广，几乎所有的矿石及硅酸盐中都含有锰，已知的含锰矿物有150多种。锰矿石是钢铁工业和化学工业不可缺少的原料之一，其生产国和进口国在锰矿石的标准化方面都开展了大量的工作。用湿法测定锰矿、烧结锰中的Fe、Al_2O_3、SiO_2、P通常采用不同的试样分解方法，然后用分光光度法或容量法分别测定，方法烦琐费时，且只能进行单元素测定，在人力和时间有限的情况下要严格按照这些方法进行检验，难以满足进出口锰矿检验的要求。

等离子体发射光谱法（ICP-AES）是一种已发展成熟的仪器分析方法，具有应用范围广、能对多种元素进行同时测定、速度快且动态范围宽、基体影响轻微、灵敏度高等优点，是一种适合锰矿中多项指标分析的理想方法。用ICP-AES测定锰矿石中的杂质元素，采用传统的湿法来分解样品，该方法引入了不同种类的酸或盐类，操作复杂，并且无法进行挥发性元素的测定。

1. 方法原理

用高压密闭容器微波消解锰矿，ICP-AES法同时测定其中的硅、铝、铁、磷4种元素，以加入基体匹配的混合标准溶液作校准曲线进行测定。方法简便快速，无明显的化学干扰，准确度高。与现行的单元素分析方法相比，分析周期短，适用于锰矿的日常检验。

2. 仪器与试剂

(1) 仪器　Optima 2100DV等离子体发射光谱仪（美国Perkin Elmer公司）；MK-Ó型光纤压力自控密闭微波消解系统（上海新仪微波化学科技有限公司）；纯水发生器（德国Sartorius公司）。

仪器工作条件为：功率1.3kW，冷却气流量15mL/min，辅助气流量0.2mL/min，样品提升量1.5mL/min，采用轴向方式观测。待测元素的分析线分别为Si 251.611nm、Al 396.153nm、Fe 238.204nm和P 213.617nm。

(2) 试剂　Si、Al、Fe、P标准贮备液（1000mg/L）由国家钢铁材料测试中心提供；φ=37%（体积分数，下同）的HCl，φ=30%的H_2O_2，φ=35%的HF，H_3BO_3（基准试剂）。所用试剂均为优级纯，实验用水均为去离子水。

混合标准系列溶液的配制：使用各元素标准贮备液配制混合标准系列溶液。所有标准溶

液均用去离子水配制，含 Mn 0.8g/L、φ=10%的 HCl 介质。

3. 分析步骤

称取 0.1g 样品，精确至 0.0001g，于 60mL 消解罐中，加入 5mL 浓 HCl、0.2mL H_2O_2、0.8mL HF，摇匀后盖紧消解罐，放入微波消解炉中，连接好压力传感管，关上消解炉门，设定压力为 3 挡（1.5MPa），启动微波加热 10min。冷却后迅速加入 15mL φ=5%的 H_3BO_3，再盖紧消解罐，放入消解炉中设定压力为 1 挡（0.5MPa），加热 5min，冷却后取出，将溶液移入 50mL 聚四氟乙烯容量瓶中，用去离子水稀释至刻度，摇匀，按照仪器工作条件进行 ICP-AES 的测定。

4. 实验条件的选择

（1）样品溶解用酸的选择　1975 年 Abu-Samna 等首次用微波炉对某些生物样品进行消解后测定其金属元素的含量，此后，微波溶样技术获得飞速发展，并出现了许多成品仪器，在密闭高压罐中进行一些复杂矿样的分解，克服了传统的湿法分解样品耗时、易污染及无法进行挥发性元素测定的弱点。

微波溶解样品用的酸一般为 HCl、HNO_3、H_2O_2、HF、王水等，不同种类的酸进行矿样溶解，效果不同。结果表明，仅用 HNO_3、HCl 或 HNO_3+HF 溶样不能很好地将矿样完全溶解；不加 HF，因未将硅充分处理，会使其待测元素测定值偏低，同时硅的含量也无法准确测定；在溶解矿样中加入 H_2O_2，可增加矿石的溶解速度，提高元素的溶出率。综合以上情况，本实验采用 HCl+H_2O_2+HF 的混合酸溶液对锰矿溶样。

（2）微波溶样压力及时间的确定　实验中所使用的微波消解仪最高控制压力可达 4MPa。使用标准矿样，在不同的溶样压力和时间下进行优化试验，结果表明，无需进行多步多程序的消解步骤。对于大多数锰矿矿样，只需要选择在 1.5MPa 的压力下加热 10min，加入 H_3BO_3 掩蔽氟离子后加热 5min 就可以消解完全。

（3）干扰试验

① 溶样用酸对测定元素的干扰　溶样用酸的种类及用量均影响雾化效率，无机酸的引入将增加样品的黏度，降低溶液的提升速度。分别对溶解样品用酸对待测元素测定的影响进行了考察，结果显示，在溶样体系中体积分数为 8%～12%的 HCl、1%～2%的 HF、1%～2%的 H_3BO_3 均不影响测定。

② 基体干扰　用基体匹配法可有效消除基体干扰，在配制标准工作溶液时，要加入与待测样品中锰含量相匹配的锰，锰矿石样品中的锰含量因不同产地、不同矿种而存在一定范围，一般为 30%～50%。在此含量范围内考察了锰对待测元素的影响，实验表明，锰的影响呈比较恒定的状态，即锰基体含量在 30%～50%对待测元素的影响基本是一致的。本实验选择一个折中值，即在标准工作溶液中加入与基体匹配的含量为 40%的 Mn，相当于溶液中锰的质量浓度为 0.8g/L。

（4）方法的线性范围和检出限　采用空白溶液、4 个混合标准溶液作标准工作曲线，连续测定空白溶液 12 次，计算标准偏差，以 3 倍标准偏差计算方法的检出限。

（5）方法的精密度和准确度　按照上述样品前处理方法和仪器工作条件，对于同一锰矿样品连续进样 12 次，测定方法的重现性。标准样品和实际样品的测定结果与标准值、其他方法的测定值相符合，均应在国家标准允许范围之内。

（6）方法的回收率　在锰矿样品中加入不同浓度水平的被测元素 Al、Si、Fe 和 P，按实验方法进行溶样测定。

三、EDTA 滴定法测定锰矿石中的氧化钙和氧化镁

测定锰矿石中氧化钙和氧化镁的方法很多，可以用原子吸收分光光度计，铜试剂萃取分离锰-EDTA 滴定法进行连续测定，也可单独测定，用 EDTA 滴定法测定氧化钙含量，用 EDTA 滴定法测定氧化镁含量。结合工作实际，可以用 HNO_3、$KClO_3$ 分离锰-EDTA 滴定法连续测定锰矿石中的氧化钙和氧化镁含量。它是一种溶样完全，操作简便，分析结果令人满意的化学分析方法。

1. 方法原理

先用 HNO_3、$KClO_3$ 将大量锰分离，再用六次甲基四胺和铜试剂将滤液中残留的少量锰以及铁和铝等分离除去，最后用 EDTA 滴定法连续测定氧化钙和氧化镁。

2. 仪器与试剂

(1) 仪器　马弗炉。

(2) 试剂　碳酸钠和 H_3BO_3（2＋1，研细混匀）；$KClO_3$；铜试剂；硫酸钾：浓 HNO_3；浓 $NH_3 \cdot H_2O$；HCl（1＋1）；三乙醇胺溶液（1＋4）。

0.2g/mL 六次甲基四胺溶液：称取 100g 六次甲基四胺于 1000mL 烧杯中，加入 500mL 蒸馏水，搅拌溶解后贮存于 500mL 磨口瓶中。

0.2g/mL KOH 溶液：称取 100g KOH 于 1000mL 烧杯中，加入 500mL 蒸馏水，搅拌溶解，冷却后贮存于 500mL 磨口瓶中。

0.1g/mL Na_2SO_4 溶液：称取 30g Na_2SO_4 于 500mL 烧杯中，加入 300mL 蒸馏水，搅拌溶解后贮存于 500mL 磨口瓶中。

氨性缓冲溶液（pH＝10）：称取 67g NH_4Cl 溶于 200mL 蒸馏水中，加入 570mL 浓 $NH_3 \cdot H_2O$，用水稀释至 1000mL。

钙指示剂：称取 0.2000g 钙羧酸指示剂与 20g 硫酸钾混合磨细，贮存于磨口瓶中。

铬黑 T 指示剂：称取 0.9g 铬黑 T 溶于 150mL 无水乙醇中。

0.01mol/mL EDTA 标准溶液：称取 7.4g 乙二胺四乙酸二钠，置于 1000mL 烧杯中，加约 500mL 水，搅拌溶解后移入 2000mL 容量瓶中，用水稀释至刻度，摇匀。

钙标准溶液：称取 0.8920g 预先在 120℃ 烘干过的 Na_2CO_3（高纯试剂），置于 400mL 烧杯中，加约 100mL 水，盖上表面皿，从杯嘴滴加 HCl（1＋1）至碳酸钙溶解，加热煮沸以驱尽二氧化碳，冷却后移入 1000mL 容量瓶中，用水稀释至刻度，摇匀。此溶液含氧化钙 0.5mg/mL。

镁标准溶液：称取 0.5000g 预先在 800℃ 灼烧过的氧化镁（高纯试剂），置于 400mL 烧杯中，加约 100mL 水，盖上表面皿，滴加 HCl（1＋1）至氧化镁溶解，加热煮沸，取下，冷却后移入 1000mL 容量瓶中，用水稀释至刻度，摇匀。此溶液含氧化镁 0.5mg/mL。

EDTA 标准溶液的标定：

① 吸取 25.00mL 钙标准溶液，置于 500mL 锥形瓶中，加 80mL 水、30mLKOH 溶液、适量钙指示剂，用 EDTA 标准溶液滴定至溶液由红色到蓝绿色即为终点。EDTA 标准溶液对氧化钙的滴定度按式（4-5）计算：

$$T=\frac{0.0125}{V} \tag{4-5}$$

式中　T——EDTA 标准溶液对氧化钙的滴定度，g/mL；

0.0125——标定时所用氧化钙的质量，g；

V——滴定消耗 EDTA 标准溶液的体积，mL。

② 吸取 25.00mL 镁标准溶液置于 500mL 锥形瓶中，加 80mL 水、10mL 氨性缓冲溶液及少量铬黑 T 指示剂，用 EDTA 标准溶液滴定至溶液由紫红色变为纯蓝色即为终点。EDTA标准溶液对氧化镁的滴定度按式（4-6）计算：

$$T=\frac{0.0125}{V} \tag{4-6}$$

式中　T——EDTA 标准溶液对氧化镁的滴定度，g/mL；

0.0125——标定时所用氧化镁的质量，g；

V——滴定消耗 EDTA 标准溶液的体积，mL。

3. 分析步骤

称取 0.5g 试样，置于盛有 3～4g 混合熔剂的定量滤纸上混匀，放在石墨垫底的高铝坩埚中，于 900℃左右的马弗炉中熔融 20min，取出冷却，把熔块放入盛有 20mLHCl（1＋1）的 300mL 烧杯中，低温加热溶解。

随后加入 15mL 浓 HNO_3，2g $KClO_3$，盖上表面皿，加热至含水二氧化锰沉淀析出后，继续煮沸 5min，以除去黄绿色气体（ClO_2）。取下，用水吹洗表面皿及杯壁，加入 Na_2SO_4 溶液 10mL。用带橡皮头的玻璃棒擦拭粘在杯底的沉淀，用中速定量滤纸过滤到 250mL 容量瓶中，用热水洗涤烧杯 3～4 次，洗涤沉淀 6～8 次，沉淀弃去。

将滤液置于 300mL 烧杯中，滴加浓 $NH_3 \cdot H_2O$ 5～10 滴，再加 KOH 溶液至沉淀刚析出，用 HCl（1＋1）溶解。加入六次甲基四胺溶液 20mL，微沸，冷却后加入 0.5～1g 铜试剂搅匀。将溶液连同沉淀移入 250mL 容量瓶中，用水稀释至刻度，摇匀，干过滤于 100mL 容量瓶中。取 100mL 干过滤后的溶液置于 500mL 锥形瓶中，加入三乙醇胺溶液 10mL，摇匀，再加入 30mL KOH 溶液，适量钙指示剂。用 EDTA 标准溶液滴定至绿色荧光消失为终点，由消耗 EDTA 溶液的体积计算氧化钙的含量。

另取干过滤后的 100mL 溶液，置于 500mL 锥形瓶中，加入三乙醇胺溶液 10mL，氨性缓冲溶液（pH＝10）15mL，适量铬黑 T 指示剂。用 EDTA 标准溶液滴定至纯蓝色为终点。由所消耗的 EDTA 标准溶液的体积减去滴定钙的 EDTA 标准溶液的体积，计算氧化镁的含量。

试剂空白实验按分析步骤随同试样分析。

4. 结果计算

按式（4-7）计算氧化钙、氧化镁的质量分数：

$$w(\mathrm{CaO})\text{或}\,w(\mathrm{MgO})=\frac{(V-V_0)T}{m}\times 100\% \tag{4-7}$$

式中　V——滴定试样消耗 EDTA 标准溶液的体积，mL；

V_0——滴定空白消耗 EDTA 标准溶液的体积，mL；

T——EDTA 标准溶液对氧化钙或氧化镁的滴定度，g/mL；

m——分取溶液相当试剂量，g。

5. 实验条件的优化选择

(1) 试样溶解 试样用王水溶解时，要控制好电炉的温度，否则溶液蒸干时，试样还没有溶解完全，而用马弗炉进行高温熔样，则可以避免王水溶样的不足，让试样溶解完全。

(2) 酸度调节 在加入六次甲基四胺溶液之前，应调节溶液的 pH 值约为 2。这是为了让干扰元素以离子的形式存在，加入六次甲基四胺以后，才会和其反应生成氢氧化物沉淀，让干扰元素消除得更彻底。

(3) 干扰的消除 大量锰用 HNO_3-$KClO_3$ 分离，溶液中残留的少量锰以及 Fe、Al、Ti、Cu、Pb、Zn、Co 和 Ni 等干扰元素再用六次甲基四胺和铜试剂分离除去，钡用硫酸钠沉淀除去。

(4) 掩蔽剂 三乙醇胺又称三乙羟胺，作为配位滴定的掩蔽剂，可以掩蔽 Al^{3+}、Cr^{3+}、Sn^{4+}等离子。

(5) 准确度和精密度 选取一定量的样品进行 6 次测定，得到 6 次测定结果的平均值与标准值的对比以及计算出相对标准偏差。

【任务训练七】 硝酸铵氧化滴定法测定锰矿石中全锰的含量

训练提示

① 准确填写《样品检测委托书》，明确检测任务。

② 依据检测标准，制订详细的检测实施计划，其中包括仪器、药品准备单、具体操作步骤等。

③ 按照要求准备仪器、药品，仪器要洗涤干净，摆放整齐，同时注意操作安全；配制溶液时要规范操作，节约使用药品，药品不能到处扔，多余的药品应该回收，实验台面保持清洁。

④ 依据具体操作步骤认真进行操作，仔细观察实验现象，及时、规范地记录数据，实事求是。

⑤ 计算结果，处理检测数据，对检测结果进行分析，出具检测报告。

实验中应自觉遵守实验规则，保持实验室整洁、安静，仪器安置有序，注意节约使用试剂和蒸馏水，要及时记录实验数据，严肃认真地完成实验。

考核评价

过程考核	任务训练 硝酸铵氧化滴定法测定锰矿石中全锰的含量				
专业能力	序号	考核项目	考核内容及要求(评分要素)		
			A	B	C
	1	项目计划决策	计划合理，准备充分，实践过程中有完整规范的数据记录	计划合理，准备较充分，实践过程中有数据记录	计划较合理，准备少量，实践过程中有较少或无数据记录

续表

过程考核	任务训练　硝酸铵氧化滴定法测定锰矿石中全锰的含量				
	序号	考核项目	考核内容及要求(评分要素)		
			A	B	C
专业能力	2	项目实施检查	在规定时间内完成项目，操作规范正确，数据正确	在规定时间内完成项目，操作基本规范正确，数据偏离不大	在规定时间内未完成项目，操作不规范，数据不正确
	3	项目讨论总结	能完整叙述项目完成情况，能准确分析结果，实践中出现的各种现象，正确回答思考题	能较完整地叙述项目完成情况，能较准确地分析结果，实践中出现的各种现象，基本能够正确回答思考题	能叙述项目完成情况，能分析结果，实践中出现的各种现象，能回答部分思考题
职业素质	1	考勤	不缺勤、不迟到、不早退、中途不离场	不缺勤、不迟到、不早退、中途离场不超过1次	不缺勤、不迟到、不早退、中途离场不超过2次
	2	5S执行情况	仪器清洗干净并规范放置，实验环境整洁	仪器清洗干净并放回原处，实验环境基本整洁	仪器清洗不够干净，未放回原处，实验环境不够整洁
	3	团队配合力	配合很好，服从组长管理	配合较好，基本服从组长管理	不服从管理
合计	100%				

拓展习题

1. 研究性习题

① 请课后查阅资料，谈谈现代仪器分析技术在岩石矿物分析中的应用。

② 以小组为单位，讨论传统试样熔融法与微波消解溶样法各有什么特点，具体操作需要什么仪器设备及条件。

2. 理论习题

① 锰矿石试样的分解中，常用的熔融方法有哪些？各有何特点？

② 取不纯的锰矿 0.3060g，用 60mL 0.054mol/L 草酸溶液和稀硫酸处理，剩余的草酸需要用 10.62mL $KMnO_4$ 溶液除去，1mL $KMnO_4$ 溶液相当于 1.025mL 草酸溶液。试计算锰矿试样中含 MnO_2 的质量分数。

③ 称取软锰矿试样 0.4012g，溶解后在酸性介质中加入 0.4488g 基准 $Na_2C_2O_4$。待充分反应后，以 0.01012mol/L $KMnO_4$ 溶液返滴定过量的 $Na_2C_2O_4$ 至终点时，消耗 30.20mL。计算试样中 MnO_2 的质量分数。

模块五 铬矿石分析

知识目标

1. 了解铬的性质，理解铬矿石的分类及组成。
2. 了解铬矿石的主要分析项目，结果的表示和计算。
3. 掌握铬矿石试样的准备和制备方法。
4. 掌握铬矿石中主要成分含量的测定原理、试剂的作用、测定步骤、结果计算、操作要点和应用。

能力目标

1. 能正确进行铬矿石试样的准备和制备操作，正确选择不同试样的分解处理方法及有关试剂和器皿。
2. 能够正确管理铬矿石样品及副样，能够正确处理样品及副样的保存时间。
3. 能运用不同的方法测定铬矿石试样中三氧化二铬的含量。
4. 能运用电感耦合等离子体原子发射光谱法测定铬矿石中硅、铝、镁、铁的含量。

任务一 认识铬和铬矿石

一、铬的性质

铬在元素周期表中位于ⅥB族，它在地壳中的丰度是0.0083%，居第21位。它在自然界中的主要矿物是铬铁矿，其组成为$FeO \cdot Cr_2O_3$或$FeCr_2O_4$。

铬为白色金属，质硬而脆。密度7.20g/cm^3。熔点(1857±20)℃，沸点2672℃。铬可用于制不锈钢、汽车零件、工具、磁带和录像带等。铬镀在金属上可以防锈，也叫可多米，坚固美观。红、绿宝石的色彩也来自于铬。含铬在12%以上的钢称为不锈钢，是广泛使用的金属材料。

铬是体内的微量元素之一，金属铬对人体几乎不产生有害作用，但六价铬对人有慢性毒害作用。

铬与锰相似，也有钝化作用形成钝化膜。未钝化的铬可以与盐酸，硫酸等作用；有钝化膜的铬在冷 HNO_3、浓 H_2SO_4，甚至王水中皆不溶解。

铬的价层电子构型为 $3d^54s^1$，可形成+1、+2、+3、+4、+5、+6 等多种氧化值的化合物，其中以+3 和+6 最为常见和重要。

二、铬的重要化合物

1. 铬（Ⅲ）的化合物

（1）三氧化二铬及其水合物　高温下，通过金属铬与氧直接化合，重铬酸钾或三氧化铬的热分解，皆可生成绿色三氧化二铬（Cr_2O_3）固体：

$$4Cr+3O_2 \xrightarrow{\triangle} 2Cr_2O_3$$

$$(NH_4)_2Cr_2O_7 \xrightarrow{\triangle} Cr_2O_3+N_2\uparrow+4H_2O$$

$$4CrO_3 \xrightarrow{\triangle} 2Cr_2O_3+3O_2\uparrow$$

Cr_2O_3 是溶解或熔融皆难的两性氧化物，对光、大气、高温及腐蚀性气体（SO_2、H_2S 等）极稳定。高温灼烧的 Cr_2O_3 在酸、碱液中都呈惰性，但与酸性溶剂共熔，能转变成可溶性铬盐：

$$Cr_2O_3+3K_2S_2O_7 \xrightarrow{\text{共熔}} Cr_2(SO_4)_3+3K_2SO_4$$

Cr_2O_3 是制备其他铬化合物的原料；也常用作绿色颜料（俗称铬绿）而广泛应用于陶瓷、玻璃、涂料、印刷等工业；在某些有机合成反应中用作催化剂。

向铬（Ⅲ）盐中加入碱，可得灰绿色胶状水合氧化铬（$Cr_2O_3 \cdot xH_2O$）沉淀，水合氧化铬含水量是可变的，通常称为氢氧化铬，习惯上用 $Cr(OH)_3$ 表示。

氢氧化铬难溶于水，具有两性，表现出易溶于酸形成蓝紫色的 $[Cr(H_2O)_6]^{3+}$，也易溶于碱形成亮绿色的 $[Cr(OH)_4]^-$（或为 $[Cr(OH)_6]^{3-}$）：

$$Cr(OH)_3+3H^+ \longrightarrow Cr^{3+}+3H_2O$$

$$Cr(OH)_3+OH^- \longrightarrow [Cr(OH)_4]^-$$

（2）铬（Ⅲ）盐　常见的铬（Ⅲ）盐有六水合氯化铬 $CrCl_3 \cdot 6H_2O$（紫色或绿色），十八水合硫酸铬 $Cr_2(SO_4)_3 \cdot 18H_2O$（紫色）以及铬钾钒 $KCr(SO_4)_2 \cdot 12H_2O$（简称）（蓝紫色），它们皆易溶于水。

三氯化铬（$CrCl_3 \cdot 6H_2O$）$CrCl_3$ 的稀溶液呈紫色，其颜色随温度、离子浓度而变化，在冷的稀溶液中，由于 $[Cr(H_2O)_6]^{3+}$ 的存在而显紫色，但随着温度的升高和 Cl^- 浓度的加大，由于生成了 $[CrCl(H_2O)_5]^{2+}$（浅绿）或 $[CrCl_2(H_2O)_4]^+$（暗绿）而使溶液变为绿色，其中 Cl^- 和 H_2O 都是 Cr^{3+} 的配体。

2. 铬（Ⅵ）的化合物

铬（Ⅵ）的主要化合物有三氧化铬（CrO_3）、铬酸钾（K_2CrO_4）和重铬酸钾（$K_2Cr_2O_7$）。

（1）三氧化铬　三氧化铬俗名"铬酐"。向 $K_2Cr_2O_7$ 的饱和溶液中加入过量的浓硫酸，

即可析出暗红色的 CrO_3 晶体：

$$K_2Cr_2O_7 + H_2SO_4(浓) \longrightarrow 2CrO_3 + K_2SO_4 + H_2O$$

CrO_3 有毒，其熔点为 169℃，对热不稳定，加热超过熔点时则分解放出氧：

$$4CrO_3 \xrightarrow{\triangle} 2Cr_2O_3 + 3O_2\uparrow$$

在分解过程中，可形成中间产物二氧化铬（黑色）。有磁性，可用于制作高级录音带。

CrO_3 有强氧化性，与有机物（如酒精）可剧烈反应，甚至着火、爆炸。CrO_3 易潮解，溶于水主要生成铬酸（H_2CrO_4），溶于碱生成铬酸盐：

$$CrO_3 + H_2O \longrightarrow H_2CrO_4(黄色)$$

$$CrO_3 + 2NaOH \longrightarrow Na_2CrO_4\ (黄色) + H_2O$$

CrO_3 广泛用作有机反应的氧化剂和电镀的镀铬液成分，也用于制造高纯金属铬。

(2) 铬酸和重铬酸　由于铬（Ⅵ）的含氧酸无游离状态，因而常用其盐。

钾、钠的铬酸盐和重铬酸盐是铬的最重要的盐，K_2CrO_4 为黄色晶体，$K_2Cr_2O_7$ 为橙红色晶体（俗称红矾钾）。$K_2Cr_2O_7$ 在低温下溶解度极小，且不含结晶水，易通过重结晶法提纯；而且 $K_2Cr_2O_7$ 不易潮解，故常用作分析中的基准物。

当向铬酸盐溶液中加入酸时，溶液由黄色变为橙色，表明 CrO_4^{2-} 转变为 $Cr_2O_7^{2-}$，反之，当向重铬酸盐溶液中加入碱时，溶液由橙色变为黄色，表明 $Cr_2O_7^{2-}$ 转变为 CrO_4^{2-}，因此在铬酸盐或重铬酸盐溶液中均存在着如下平衡：

$$\underset{(黄)}{2CrO_4^{2-}} + 2H^+ \rightleftharpoons 2HCrO_4^- \rightleftharpoons \underset{(橙)}{Cr_2O_7^{2-}} + H_2O$$

加入酸时，平衡向右移动，溶液中以 $Cr_2O_7^{2-}$ 为主；而加入碱时，平衡向左移动，溶液中以 CrO_4^{2-} 为主。

重铬酸盐除 $Ag_2Cr_2O_7$ 外，常温下一般较易溶于水。铬酸盐的溶解度一般比重铬酸盐小。碱金属的铬酸盐易溶于水，碱土金属铬酸盐的溶解度从 Mg 到 Ba 依次递减。重金属铬酸盐如 $PbCr_2O_7$、$Ag_2Cr_2O_7$ 等皆难溶于水。因此向可溶性铬酸盐溶液中加入 Ba^{2+}、Pb^{2+}、Ag^+ 等，会生成沉淀：

$$Ba^{2+} + CrO_4^{2-} \longrightarrow BaCrO_4\downarrow(柠檬黄)$$

$$Pb^{2+} + CrO_4^{2-} \longrightarrow PbCrO_4\downarrow\ (铬黄)$$

$$2Ag^+ + CrO_4^{2-} \longrightarrow Ag_2CrO_4\downarrow\ (砖红)$$

上列反应可用于鉴定 CrO_4^{2-}。柠檬黄、铬黄作为颜料可用于制作油漆、油墨、水彩、还可用于色纸、橡胶、塑料制品的着色。当向可溶性重铬酸盐溶液中加入 Ba^{2+}、Pb^{2+}、Ag^+ 时，沉淀出的却是相应的铬酸盐：

$$Cr_2O_7^{2-} + H_2O + 2Ba^{2+} \longrightarrow 2BaCrO_4\downarrow + 2H^+$$

$$Cr_2O_7^{2-} + H_2O + 2Pb^{2+} \longrightarrow 2PbCrO_4\downarrow + 2H^+$$

$$Cr_2O_7^{2-} + H_2O + 4Ag^+ \longrightarrow 2Ag_2CrO_4\downarrow + 2H^+$$

由电势图可知，重铬酸盐在酸性溶液中有强氧化性，可以氧化 H_2S、H_2SO_3、HCl、HI、$FeSO_4$ 等许多物质，本身被还原为 Cr^{3+}：

$$Cr_2O_7^{2-} + 8H^+ + 3SO_3^{2-} \longrightarrow 2Cr^{3+} + 3SO_4^{2-} + 4H_2O$$

$$Cr_2O_7^{2-} + 14H^+ + 6Cl^- \longrightarrow 2Cr^{3+} + 3Cl_2\uparrow + 7H_2O$$

为此，实验室常用铬酸洗液（饱和溶液和浓硫酸的混合物）洗涤化学玻璃器皿，以除去器壁上沾附的还原性污物。洗液经多次使用后，若有暗红色变为绿色，表明铬（Ⅵ）已转变为铬（Ⅲ），洗液已失效。

在分析化学中，常利用下列反应测定试液中铬的含量：

$$Cr_2O_7^{2-}+14H^++6Fe^{2+}\longrightarrow 2Cr^{3+}+6Fe^{3+}+7H_2O$$

三、铬矿石分类

按照在地壳中的含量，铬属于分布较广的元素之一。它比在它以前发现的钴、镍、钼、钨都多。这可能是由于铬的天然化合物很稳定，不易溶于水，还原比较困难。

亚铬酸盐在地壳中的自然储量超过 18 亿吨，可开采储量超过 8.1 亿吨。2004 年，世界亚铬酸盐开采量为 1750 万吨，其中，南非开采 763 万吨，哈萨克斯坦 327 万吨，印度 295 万吨，津巴布韦 67 万吨，芬兰 58 万吨。中国铬矿资源比较贫乏，按可满足需求的程度看，属短缺资源。总保有储量矿石 1078 万吨，其中富矿占 53.6%。铬矿产地有 56 处，分布于西藏、新疆、内蒙古、甘肃等 13 个省（区），以西藏最为主要，保有储量约占全国的一半。中国铬矿床是典型的与超基性岩有关的岩浆型矿床，绝大多数属蛇绿岩型，矿床赋存于蛇绿岩带中。西藏罗布莎铬矿和新疆萨尔托海铬矿等皆属此类。从成矿时代来看，中国铬矿形成时代以中生代、新生代为主。

在冶金工业上，铬铁矿主要用来生产铬铁合金和金属铬。铬铁合金作为钢的添加料生产多种高强度、抗腐蚀、耐磨、耐高温、耐氧化的特种钢，如不锈钢、耐酸钢、耐热钢、滚珠轴承钢、弹簧钢、工具钢等。金属铬主要用于与钴、镍、钨等元素冶炼特种合金。这些特种钢和特种合金是航空、宇航、汽车、造船，以及国防工业生产枪炮、导弹、火箭、舰艇等不可缺少的材料。在耐火材料上，铬铁矿用来制造铬砖、铬镁砖和其他特殊耐火材料。

铬铁矿在化学工业上主要用来生产重铬酸钠，进而制取其他铬化合物，用于颜料、纺织、电镀、制革等工业，还可制作催化剂等。

铬铁矿是中国的短缺矿种，储量少，产量低，每年消费量的 80% 以上依靠进口。铬具有亲氧性和亲铁性，以亲氧性较强，只有在还原和硫的逸度较高的情况下才显示亲硫性。在内生作用条件下铬一般呈三价。六次酸位的 Cr^{3+} 和 Al^{3+}、Fe^{3+} 的离子半径相接近，故它们之间可以呈广泛的类质同象。此外，可与铬类质同象代替的元素还有 Mn、Mg、Ni、Co、Zn 等，所以在镁铁硅酸盐矿物和副矿物中有铬的广泛分布。在表生带强烈氧化条件下（碱性介质），Cr^{3+} 氧化成 Cr^{6+} 形式的铬酸根离子，使不活动的铬离子变成易溶的铬阴离子发生迁移。遇极化性很强的离子（如 Cu、Pb 等），则形成难溶的铬酸性矿物。

在自然界中目前已发现的含铬矿物约有 50 余种，分别属于氧化物类、铬酸盐类和硅酸盐类。此外还有少数氢氧化物、碘酸盐、氮化物和硫化物。其中氮化铬和硫化铬矿物只见于陨石中。具有工业价值的铬矿物都属于铬尖晶石类矿物，它们的化学通式为 $(Mg、Fe^{2+})(Cr、Al、Fe^{3+})_2O_4$ 或 $(Mg、Fe^{2+})O(Cr、Al、Fe^{3+})_2O_3$，其 Cr_2O_3 含量为18%～62%。

有工业价值的铬矿物，其 Cr_2O_3 含量一般都在 30%以上，其中常见的有以下几种。

1. 铬铁矿

化学成分为 $(Mg、Fe)Cr_2O_4$，介于亚铁铬铁矿（$FeCr_2O_4$，含 FeO 32.09%、Cr_2O_3 67.91%）与镁铬铁矿（$MgCr_2O_4$，含 MgO 20.96%、Cr_2O_3 79.04%）之间，通常有人将

亚铁铬铁矿和镁铬铁矿也都称为铬铁矿。铬铁矿为等轴晶系，晶体呈细小的八面体，通常呈粒状和致密块状集合体，颜色黑色，条痕褐色，半金属光泽，硬度5.5，密度4.2～4.8g/cm^3，具弱磁性。铬铁矿是岩浆成因矿物，产于超基性岩中，当含矿岩石遭受风化破坏后，铬铁矿常转入砂矿中。铬铁矿是炼铬的最主要的矿物原料，富含铁的劣质矿石可作高级耐火材料。

2. 富铬类晶石

又称铬铁尖晶石或铝铬铁矿。化学成分为$Fe(Cr, Al)_2O_4$，含Cr_2O_3 32%～38%。其形态、物理性质、成因、产状及用途与铬铁矿相同。

3. 硬铬尖晶石

化学成分为$(Mg、Fe)(Cr、Al)_2O_4$，含Cr_2O_3 32%～50%。其形态、物理性质、成因、产状及用途也与铬铁矿相同。

任务二　铬矿石分析试样的制备

一、化学分析样品制备

见绪论及模块二，此处略。

二、铬矿石样品的溶（熔）解

见绪论及附录6，此处略。在具体实验中分别讲述。

任务三　铬矿石中主要成分含量的测定方法

铬矿石是重要的大宗资源性矿产品，在冶金工业、化学工业和耐火材料工业等领域有着广泛的用途。铬矿石化学成分比较复杂，没有统一的规格标准，因此检验项目主要由贸易双方协商确定。通常检验项目包括三氧化二铬、铁、二氧化硅、三氧化二铝、氧化镁、氧化钙、磷、硫等。

铬矿石中各元素测定主要有高氯酸脱水重量法测定二氧化硅，EDTA滴定法测定三氧化二铝、氧化镁和氧化钙，重铬酸钾滴定法测定全铁，磷钼蓝分光光度法测定磷等，也有采用X射线荧光光谱法测定铬矿石中的成分，包括三氧化二铬、二氧化硅、三氧化二铝、氧化镁、氧化钙、磷等。

一、返滴定法测定铬矿石中三氧化二铝的含量

1. 方法原理

在5%硫酸介质中用过硫酸铵将铬矿石中的铬(Ⅲ)氧化为铬(Ⅵ)，在氨性溶液中，铝以氢氧化物沉淀的形式与铬分离，用EDTA容量法测定三氧化二铝的含量。

铬矿石中分析三氧化二铝含量时，通常采用EDTA容量法。铝能和EDTA形成中等强度配合物，在pH=5.5～6.0时加入过量EDTA使铁、铜、锌、铬、钛等离子与EDTA完全配位，用氯化锌标准溶液滴定过量的EDTA，再用氟化钠置换Al-EDTA配合物，以二甲酚橙为指示剂，用氯化锌标准溶液滴定释放出的EDTA，由黄色变为红色，即为终点。

当用锌盐滴定EDTA时，由于溶液中存在铬(Ⅲ）的绿色，使得终点不清晰，无突跃，因而不能准确分析三氧化二铝的含量。我们用过硫酸铵将铬(Ⅲ）氧化为铬(Ⅵ)，然后加入氨水，使铝以氢氧化物沉淀的形式与铬分离，消除大量铬对分析三氧化二铝的影响。

2. 仪器与试剂

(1) 仪器　高温炉（14kW）一台。

(2) 试剂　EDTA（0.05mol/mL)；碳酸钠（AR)；氢氧化钠（AR)；硫酸（AR)；盐酸（AR)；二甲酚橙（5g/L)；氨水（AR)；过硫酸铵（AR)；硝酸银（10g/L)；氟化钠（AR)。

乙酸-乙酸钠缓冲溶液：溶解200g结晶乙酸钠于500mL水中，加入10mL冰乙酸，用水稀释至1L。

氯化锌标准溶液：称取金属锌（99.9%）1.2821g于150mL烧杯中，加入盐酸（1+1）15mL，加热溶解并蒸发至2～3mL，移入1L容量瓶中，用氨水（1+1）中和至甲基橙指示剂变黄，然后再以盐酸（1+1）滴定至指示剂变红，并过量5滴，用水稀释至刻度，摇匀。此溶液每毫升相当于三氧化二铝1mg。

3. 分析步骤

称取0.2000～0.5000g试样于预先铺有一层无水碳酸钠的银坩埚中，加入4～6倍试样量的氢氧化钠，于700～800℃的高温炉中熔融（樱红2～3min)，稍冷，用温水浸出。并用温水洗净坩埚，冷却后洗入200mL容量瓶中，用水稀释至刻度，摇匀后干过滤于小烧杯中。根据铝的含量吸取50mL滤液于300mL烧杯中，加入20mL硫酸（1+1)，然后加水保持溶液体积为150mL，加2.0g过硫酸铵、1mL硝酸银（10g/L)，煮沸，以氨水中和至氢氧化铝沉淀出现，并有微氨味，加热煮沸，取下。用快速滤纸过滤，用含有几滴氨水的热溶液洗涤沉淀4～5次，用热盐酸（1+1）溶解滤纸上的沉淀于原烧杯中，并用热水洗净滤纸，冷却，加1滴二甲酚橙指示剂，用盐酸（1+1）和氨水（1+1）调至溶液pH值为5.5～6.0，分别加入乙酸-乙酸钠缓冲溶液20mL和过量EDTA（0.05mol/mL)，煮沸3～5min，冷却，用氯化锌标准溶液滴定过量的EDTA，然后加入氟化钠1g，煮沸3～5min，冷却，用氯化锌标准溶液滴定至溶液由黄色变为红色，即为终点。准确记录下氯化锌标准溶液的体积。

4. 结果计算

按式（5-1）计算三氧化二铝的含量：

$$w(Al_2O_3)=\frac{TV}{m}\times 100\% \tag{5-1}$$

式中　T——氯化锌标准溶液对三氧化二铝的滴定度，g/mL；

V——滴定所消耗氯化锌标准滴定溶液的体积，mL；

m——称取试样的质量，g。

5. 注意事项

(1) 酸度的选择　当用氢氧化钠熔解试样后，应将溶液用硫酸（1+1）调节到一定的酸度后再氧化铬（Ⅲ），选择将铬（Ⅲ）氧化为铬（Ⅵ）的酸度为5%～7%。

(2) 硫酸（1+1）加入量　在碱熔后不直接酸化，而是定容后直接干过滤，分取滤液后加入硫酸（1+1）调节酸度，使得铁在沉淀中而未进入滤液中，以免影响下一步的分析。

二、酸溶测定铬矿石中三氧化二铬的含量

铬矿属难溶矿样，其分解主要是用碱熔法。铬矿三氧化二铬含量的测定，标准YB/T 191.2—2001中其样品处理主要采用的是过氧化钠熔融，也有采用硫酸-磷酸、硫酸-磷酸-过硫酸铵溶样。过氧化钠熔融测定结果较好但是费时、对坩埚腐蚀较大，试剂消耗量大且过氧化钠易潮解失效；用硫酸-磷酸或者用硫酸-磷酸-过硫酸铵溶样，条件不易把握而使样品往往不易溶干净，造成结果测定不准确，用高氯酸作为反应促进剂可以使铬矿溶解彻底。

1. 方法原理

以硫酸-磷酸-高氯酸混酸分解试样，高氯酸的强氧化性可以促进铬矿石的分解，加快铬矿石的溶解。试液在5%～6%的硫酸酸度及银盐的存在下，用过硫酸铵氧化，以苯基邻氨基苯甲酸为指示剂，用硫酸亚铁铵标准溶液滴定。

2. 试剂

高氯酸；硫酸；磷酸；硫酸亚铁铵。以上试剂均为分析纯。

0.5%硝酸银溶液：称取5g硝酸银用少量水溶解，稀释至1L。

2%高锰酸钾溶液：称取2g高锰酸钾用少量水溶解，稀释至100mL。

25%过硫酸铵溶液：称取250g过硫酸铵溶于500mL水中，稀释至1L。

2.5%氯化钠溶液：称取25g氯化钠用少量水溶解，稀释至1L。

0.2%苯基邻氨基苯甲酸溶液：称取苯基邻氨基苯甲酸0.2g；在0.2%碳酸钠溶液100mL中加热溶解。

重铬酸钾标准溶液：精确称取预先在130℃烘干的重铬酸钾（基准）4.9028g，溶于少量水中移入1000mL容量瓶内，用水稀释至刻度，摇匀。

硫酸亚铁铵标准溶液：称取硫酸亚铁铵40g溶于硫酸（1∶1）溶液100mL中，用水稀释至1000mL（如溶液浑浊则过滤），贮存于棕色磨口玻璃瓶中备用。使用前进行标定。

标定：准确量取重铬酸钾标准溶液40mL，置于600mL烧杯中加入硫酸（1∶1）溶液30mL，磷酸（1∶1）溶液10mL，用水稀释至约300mL，用硫酸亚铁铵标准溶液滴定至黄色减褪但尚未完全消失时，加苯基邻氨基苯甲酸溶液4滴，继续滴定由紫红色变为亮绿色为终点。按式（5-2）计算：

$$T_{Cr_2O_3}=\frac{c_1V_1\times10^{-3}\times\frac{1}{6}M(Cr_2O_3)}{V_2} \tag{5-2}$$

式中　$T_{Cr_2O_3}$——1mL硫酸亚铁铵标准溶液相当于三氧化二铬的质量，g/mL；

c_1——重铬酸钾标准溶液的浓度，mol/L；

V_1——重铬酸钾标准溶液的体积，mL；

$M(Cr_2O_3)$——三氧化二铬的摩尔质量，g/mol；

V_2——滴定所消耗硫酸亚铁铵标准溶液的体积，mL。

3. 分析步骤

称取 0.2000g 试样置于 500mL 锥形瓶中，加少量水将试样摇散，加硫酸 10mL，磷酸 7mL，加适量高氯酸，在 350℃左右溶解，待溶液液面平静后再加热 10～20min，中间要分 2～3 次取下，稍冷。加水至约 300mL，依次加入 0.5%硝酸银溶液 10mL，2%高锰酸钾溶液 1～2 滴，25%过硫酸铵适量，搅匀，煮沸至小气泡不再发生。保持沸腾 5min，然后加入 2.5%氯化钠溶液 10mL，继续煮沸至紫红色完全消失，溶液呈稳定的橙黄色，冷却，用硫酸亚铁铵标准溶液滴定至黄色减褪，但尚未完全消失时，加入苯基邻氨基苯甲酸溶液 4 滴，继续滴定至紫红色变为亮绿色为终点。

4. 结果计算

按式（5-3）计算三氧化二铬的含量：

$$w(Cr_2O_3)=\frac{VT_{Cr_2O_3}}{m}\times 100\% \tag{5-3}$$

式中 $T_{Cr_2O_3}$——氯化锌标准溶液对三氧化二铝的滴定度，g/L；

V——滴定所消耗氯化锌标准滴定溶液的体积，mL；

m——称取试样的质量，g。

5. 注意事项

（1）高氯酸的加入量　高氯酸的体积对结果并无显著影响，在实验中，选择加入 2mL 高氯酸。如加入 2mL 高氯酸样品不能完全溶解，则可以少量分批次再加入少量高氯酸，直到样品溶解完毕为止。

（2）过硫酸铵的加入量　过硫酸铵加入的体积应根据铬含量的高低而确定，确定的方法为在加入 2%高锰酸钾溶液 1～2 滴、25%过硫酸铵后，加热，应出现紫红色，若没有，可适量多加，过多的过硫酸铵对实验结果没有影响，实验中加入 25mL 过硫酸铵，已能够得到较好的结果。

三、等离子体原子发射光谱法测定铬矿石中硅、铝、镁、铁的含量

1. 方法原理

采用过氧化钠和氢氧化钠高温熔融铬矿石样品，以盐酸溶解熔块，合并溶液后用电感耦合等离子体原子发射光谱法测定样品中硅、铝、镁和铁的含量。选择 212.4nm，308.2nm，285.2nm，238.2nm 分别作为硅、铝、镁、铁的分析谱线。

2. 仪器与试剂

（1）仪器　IRIS Intrepid Ⅱ XSP 型全谱直读等离子体原子发射光谱仪；CID 固体检测器。

仪器工作条件：高频发生器功率 1250W，工作频率 27.12MHz，冷却气流量 14L/min，辅助气流量 0.5L/min，观测高度 15mm，雾化器压力 173.7kPa，蠕动泵转速 120r/min。积分时间：低波（短波）20s，高波（长波）10s。硅、铝、镁、铁的分析谱线分别为 212.4nm、308.2nm、285.2nm、238.2nm。

（2）试剂　铬矿标准样品；盐酸（GR）；过氧化钠（AR）；氢氧化钠（AR）。

3. 分析步骤

称取铬矿试样 0.1000g 于镍坩埚中，加过氧化钠 1.5g、氢氧化钠 0.5g 混匀，置于高温炉中，从低温开始升至 750℃，熔融 10min，使样品熔解完全，取出冷却。将镍坩埚放入烧杯中，用沸水浸出熔融物，并洗净镍坩埚，滴加盐酸溶解熔融物后，加盐酸（1＋1）溶液 50mL，将烧杯置于电热板上加热煮沸 10min，赶尽过氧化氢，同时使待测溶液酸化并完全溶解，用水定容至 250mL 容量瓶中，按仪器工作条件进行测定。

4. 注意事项

（1）样品前处理方法的选择　铬矿石难溶，单独使用强酸一般无法将其完全溶解，通常采用碱熔法。试验用镍坩埚、过氧化钠和氢氧化钠碱熔融样品，热水提取后，用盐酸直接酸化，采用 ICP-AES 测定溶液中硅、铁、铝、镁的含量。为保证待测溶液中酸度适中，采用先缓慢滴加盐酸，待盐类溶解后，再补加盐酸（1＋1）溶液 50mL 控制待测液的酸度。

（2）标准溶液贮存时间对测定结果的影响　对铬矿进行测定时，要求每天都要重新熔融标准样品配制标准曲线。由于铬矿标准样品比较昂贵，且有害元素铬含量较高，试验考察了标准溶液贮存时间对测定结果的影响。将已熔融配制好的铬矿标准溶液放入干净的聚乙烯瓶中，贮存于冰箱里，每天测定一次，绘制标准曲线。同时每天重新熔制 2 个已知含量的铬矿样品，与已保存的铬矿标准溶液一起测定，计算样品中待测元素氧化物含量。

（3）测定前摇动对测定结果的影响　由于铬矿标准溶液中待测元素含量相对较高，从冰箱取出后在测定前一定要摇动溶液多次，然后再测定；如果不摇动直接测定，各元素标准曲线线性较差，可能是因为吸附、有悬浮或结晶析出所致。

（4）贮存容器的选择　选取同一铬矿标准溶液，分别置于塑料瓶和玻璃瓶中保存，半个月后测定溶液的发射光谱强度，两瓶溶液中硅和铝的发射光谱强度明显不同。在玻璃瓶中，待测元素的发射光谱强度不稳定，重现性不好，尤其是硅和铝的稳定性更差。因此，建议标准溶液应贮存在塑料瓶中。

（5）称样量对测定结果稳定性的影响　碱熔融法虽好，但易造成待测液中总固体溶解量（TDS）过高，引起基体效应干扰、谱线干扰和背景干扰，还会造成雾化系统及 ICP 炬管的堵塞。为确保称样量具有代表性和满足测定下限的要求，同时考虑待测液中 TDS 小于 1%。

（6）线性范围　由于采用铬矿标准样品配制标准曲线，保证了标准溶液与待测溶液中基体及共存元素干扰的一致性，因此，不需要单独进行基体校正。

【任务训练八】铬矿石中三氧化二铬含量的测定

训练提示

① 准确填写《样品检测委托书》，明确检测任务。

② 依据检测标准，制订详细的检测实施计划，其中包括仪器、药品准备单、具体操作步骤等。

③ 按照要求准备仪器、药品，仪器要洗涤干净，摆放整齐，同时注意操作安全；配制溶液时要规范操作，节约使用药品，药品不能到处扔，多余的药品应该回收，实验台面保持清洁。

④ 依据具体操作步骤认真进行操作，仔细观察实验现象，及时、规范地记录数据，实事求是。

⑤ 计算结果，处理检测数据，对检测结果进行分析，出具检测报告。

实验中应自觉遵守实验规则，保持实验室整洁、安静、仪器安置有序，注意节约使用试剂和蒸馏水，要及时记录实验数据，严肃认真地完成实验。

考核评价

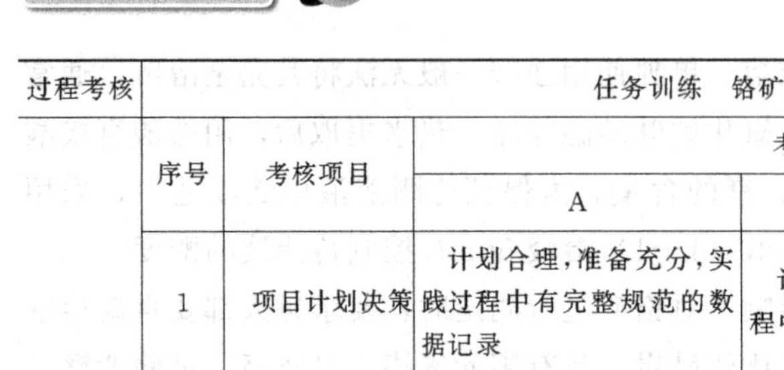

过程考核	任务训练　铬矿石中铬含量的测定				
	序号	考核项目	考核内容及要求(评分要素)		
			A	B	C
专业能力	1	项目计划决策	计划合理，准备充分，实践过程中有完整规范的数据记录	计划合理，准备较充分，实践过程中有数据记录	计划较合理，准备少量，实践过程中有较少或无数据记录
	2	项目实施检查	在规定时间内完成项目，操作规范正确，数据正确	在规定时间内完成项目，操作基本规范正确，数据偏离不大	在规定时间内未完成项目，操作不规范，数据不正确
	3	项目讨论总结	能完整叙述项目完成情况，能准确分析结果，实践中出现的各种现象，正确回答思考题	能较完整地叙述项目完成情况，能较准确地分析结果，实践中出现的各种现象，基本能够正确回答思考题	能叙述项目完成情况，能分析结果，实践中出现的各种现象，能回答部分思考题
职业素质	1	考勤	不缺勤、不迟到、不早退、中途不离场	不缺勤、不迟到、不早退、中途离场不超过1次	不缺勤、不迟到、不早退、中途离场不超过2次
	2	5S执行情况	仪器清洗干净并规范放置，实验环境整洁	仪器清洗干净并放回原处，实验环境基本整洁	仪器清洗不够干净未放回原处，实验环境不够整洁
	3	团队配合力	配合得很好，服从组长管理	配合得较好，基本服从组长管理	不服从管理
合计	100%				

拓展习题

1. 研究性习题

① 请课后查阅资料，为什么铬与酸反应不形成 Cr^{2+} 而形成 Cr^{3+}；要想使 Cr^{3+} 还原为 Cr^{2+} 而不是 Cr，需选择什么样的还原剂？

② 以小组为单位，自行设计实验，实现以下图示中的相互转化：

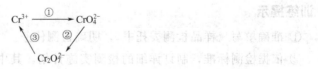

要求：

a. 明确各转化实验的实验步骤；

b. 明确各步转化的样品，以备检查；

c. 明确现象，解释并写出反应方程式。

2. 理论习题

① 铬矿石试样的分解中，常用的溶（熔）方法有哪些？各有何特点？

② 根据 $2CrO_4^{2-}+2H^+ \rightleftharpoons Cr_2O_7^{2-}+H_2O$，$K^{\ominus}=10^{14}$。试求在 $1mol/dm^3$ 铬酸钾溶液中，pH 值是多少时：

a. 铬酸根离子和重铬酸根离子浓度相等；

b. 铬酸根离子的浓度占 99%；

c. 重铬酸根离子的浓度占 99%。

③ 称取 10.00g 含铬和锰的试样，经适当处理后，铬和锰被氧化为 $Cr_2O_4^{2-}$ 和 MnO_4^- 的溶液，共 250.0mL。精确量取上述溶液 10.00mL，加入 $BaCl_2$ 溶液并调节酸度使铬全部沉淀下来，得到 0.0549g $BaCrO_4$。另取一份上述溶液 10.00mL，在酸性介质中用 Fe^{2+} 溶液（0.075mol/mL）滴定，用去 15.95mL。计算试样铬和锰的质量分数。

模块六 铅锌矿石分析

知识目标

1. 了解铅、锌的性质，了解铅锌矿石的分类、组成及表示方法。
2. 了解铅锌矿石的主要分析项目，结果的表示、计算和分析意义。
3. 掌握铅锌矿石试样的制备方法。
4. 掌握铅锌矿石中主要成分含量的测定原理、试剂的作用、测定步骤、结果计算、操作要点和应用。

能力目标

1. 能正确进行铅锌矿石试样的准备和制备操作，正确选择不同试样的分解处理方法及有关试剂和器皿。
2. 能够正确管理铅锌矿石样品及副样，能够正确处理样品及副样保存时间。
3. 能运用不同的方法测定铅锌矿石试样中主要成分的含量。

任务一 认识铅、锌和铅锌矿石

一、铅的性质和用途

铅是人类从铅锌矿石中提炼出来的较早的金属之一。它是最软的重金属，也是密度较大的金属之一，呈灰白色。熔点低（327.4℃）、密度大（11.68g/cm^3）、展性好、延性差。对电和热的传导性能不好。高温下易挥发。

铅在空气中表面能生成氧化铅膜，在潮湿和含有二氧化碳的空气中，表面生成碱式碳酸铅膜，这两种化合物，均能阻止铅的继续氧化。铅是两性金属，既能生成铅酸盐，又能与盐酸、硫酸作用生成 $PbCl_2$ 和 $PbSO_4$ 的表面膜。因其膜几乎不再溶解，而能起到阻止继续被腐蚀的钝化作用。铅还具有吸收放射线的性能。

(1) 铅与水、酸的反应　铅的情况比较复杂，它在有空气存在的条件下，能与水缓慢反应而生成 $Pb(OH)_2$。

$$2Pb+O_2+2H_2O \longrightarrow 2Pb(OH)_2$$

因为铅和铅的化合物都是有毒的，所以铅管不能用于输送饮水。但是，铅若与硬水接触，则因水中含硫酸根、碳酸氢根和碳酸根等离子，表面将生成一层难溶的保护膜（主要是硫酸铅和碱式碳酸铅），可阻止水继续与铅反应。

$$Pb+2HCl \longrightarrow PbCl_2+H_2$$

$$Pb+4HCl(浓) \longrightarrow H_2[PbCl_4]+H_2$$

$$Pb+H_2SO_4(稀) \longrightarrow PbSO_4+H_2$$

$$Pb+3H_2SO_4(浓) \longrightarrow Pb(HSO_4)_2+SO_2+2H_2O$$

$$3Pb+8HNO_3(稀) \longrightarrow 3Pb(NO_3)_2+2NO+4H_2O$$

由上可知，铅并不是不与酸反应，而是由于产物难溶，使它不能继续与酸反应。因为铅有此特性，所以化工厂或实验室常用它作耐酸反应器的衬里和制贮存或输送酸液的管道设备。

铅在有氧存在的条件下可溶于醋酸，生成易溶的醋酸铅。这也就是用醋酸从含铅矿石中浸取铅的原理。

$$2Pb+O_2 \longrightarrow 2PbO$$

$$PbO+2CH_3COOH \longrightarrow Pb(CH_3COO)_2+H_2O$$

(2) 铅的氧化物　铅除了有 PbO 和 PbO_2 以外，还有常见的混合氧化物 Pb_3O_4。

一氧化铅 PbO 俗称“密陀僧”。它是用空气氧化熔融的铅而制得的。它有两种变体：红色四方晶体和黄色正交晶体。在常温下，红色的比较稳定，将黄色 PbO 在水中煮沸即得红色变体。PbO 易溶于醋酸和硝酸得到 Pb(Ⅱ)盐，比较难溶于碱，说明它偏碱性。PbO 用于制铅蓄电池、铅玻璃和铅的化合物。

用熔融的氯酸钾或硝酸盐氧化 PbO，或者电解二价铅溶液，或者用 NaClO 氧化亚铅酸盐，可以得到二氧化铅 PbO_2。

$$Pb(OH)_3^-+ClO^- \longrightarrow PbO_2+Cl^-+OH^-+H_2O$$

PbO_2 是两性的，不过其酸性大于碱性。

$$PbO_2+2NaOH+2H_2O \longrightarrow Na_2Pb(OH)_6$$

因为 Pb(Ⅳ)为强氧化剂，例如：

$$2Mn(NO_3)_2+5PbO_2+6HNO_3 \longrightarrow 2MnO_4+5Pb(NO_3)_2+2H_2O$$

$$PbO_2+4HCl \longrightarrow PbCl_2+Cl_2+2H_2O$$

$$2PbO_2+2H_2SO_4 \longrightarrow 2PbSO_4+O_2+2H_2O$$

PbO_2 本身加热也分解放出氧气，它与可燃物（如磷或硫）在磨时即发出火花，所以可以用以制火柴。

PbO_2 实际上也是非整数比化合物，在它的晶体中氧原子与铅原子的数量比为 1.88，而不是 2，因为有些应为氧原子占据的位置成为空穴，所以它能导电，用在铅蓄电池中起电极的作用。

将铅在氧气中加热、或者在 673～773K 间小心地将 PbO 加热，都可以得到红色的四氧化三铅 Pb_3O_4 粉末。这种化合物俗称“铅丹”或“红丹”。在它的晶体中既有 Pb(Ⅳ)又有

Pb(Ⅱ)，化学式可以写为 $2PbO \cdot PbO_2$。但根据其结构它应属于铅酸盐，所以化学式是 $Pb_2[PbO_4]$。

Pb_3O_4 与 HNO_3 反应而得到 PbO_2：

$$Pb_3O_4 + 4HNO_3 \longrightarrow PbO_2 + 2Pb(NO_3)_2 + 2H_2O$$

这个反应比说明了在 Pb_3O_4 的晶体中有 2/3 的 Pb(Ⅱ)和 1/3 的 Pb(Ⅳ)。

铅丹用于制铅玻璃和钢材上用的油漆。因为它有氧化性，涂在钢材上有利于钢铁表面的钝化，其防锈蚀效果好，所以被大量地用于油漆船舶和桥梁钢架。

将 PbO_2 加热，它会逐步转变为铅的低氧化态氧化物：

$$PbO_2 \xrightarrow{563 \sim 593K} Pb_2O_3 \xrightarrow{633 \sim 693K} Pb_3O_4 \xrightarrow{803 \sim 823K} PbO$$

(3) 铅的氢氧化物　$Pb(OH)_2$ 也具有两性：

$$Pb(OH)_2 + 2HCl \longrightarrow PbCl_2 + 2H_2O$$

$$Pb(OH)_2 + NaOH \longrightarrow Na[Pb(OH)_3]$$

若将 $Pb(OH)_2$ 在 373K 下脱水，得到红色 PbO；如果加热温度低则得到黄色的 PbO。

(4) 铅的卤化物　在用盐酸酸化过的 $PbCl_2$ 溶液中通入氯气，得到黄色液体 $PbCl_4$，这种化合物极不稳定，容易分解为 $PbCl_2$ 和 Cl_2。

$PbBr_4$ 和 PbI_4 不容易制得，就是制成了，也会迅速分解。

$PbCl_2$ 难溶于冷水，易溶于热水，也能溶解于盐酸中。

$$PbCl_2 + 2HCl \longrightarrow H_2[PbCl_4]$$

PbI_2 为黄色丝状有亮光的沉淀，易溶于沸水，或因生成配盐而溶解于 KI 的溶液中。

$$PbI_2 + 2KI \longrightarrow K_2[PbI_4]$$

(5) 铅的一些含氧酸盐　铅的许多化合物难溶于水、有颜色和有毒。人体若每天摄入 1mg 铅，长期如此则有中毒危险。油漆和油灰中含有铅的化合物，它们是铅中毒的一个来源。铅进入人体以后，累积在骨骼中，与钙一同被带入血液中，Pb^{2+} 与蛋白质中半胱氨酸的巯基反应，生成难溶盐物。所以含铅化合物的涂料不宜用于儿童玩具和婴儿用品。航空和汽车使用的燃料汽油加入了四乙基铅和二溴代乙烷，可减少汽油燃烧时的振动现象。为防止产生 $PbBr_4$ 随废气排出造成对大气的污染，以及减少铅对空气的污染，人们正在努力研制四乙基铅的代用品。

世界铅消费主要集中在铅酸蓄电池、化工、铅板及铅管、焊料和铅弹领域，其中铅酸蓄电池是铅消费最主要的领域，2009 年美国、日本和中国铅酸蓄电池耗铅量所占比例分别达到了 86%、86%和 81.4%。基于环保的要求，其他领域中铅的消费量都比较低。

(6) 铅的冶炼　铅主要以氧化物或硫化物矿（如方铅矿 PbS）的形式存在于自然界中。冶炼主要过程是先将矿石焙烧，使硫、砷成为挥发性氧化物得以除去，有效成分硫化物转变为氧化物，再用碳还原。

$$2PbS + 3O_2 \longrightarrow 2PbO + 2SO_2$$

$$PbO + C \longrightarrow Pb + CO$$

$$PbO + CO \longrightarrow Pb + CO_2$$

PbS 矿也可以用 Fe 还原：

$$PbS + Fe \longrightarrow Pb + FeS$$

将粗铅电解可得到纯金属。

二、锌的性质和用途

锌被从铅锌矿石中提炼出来得较晚，是古代 7 种有色金属（铜、锡、铅、金、银、汞、锌）中的最后一种。锌金属的硬度 2.0，熔点 419.5℃，沸点 911℃，加热至 100～150℃时，具有良好的压性。锌能与多种有色金属制成合金或含锌合金，其中最主要的是锌与铜、锡、铅等组成的黄铜等，还可与铝、镁、铜等组成压铸合金。

锌的化学性质活泼，在常温下的空气中，表面生成一层薄而致密的碱式碳酸锌膜，可阻止进一步氧化。当温度达到 225℃后，锌氧化激烈。燃烧时，发出蓝绿色火焰。我国湖南铅锌矿产资源丰富，而且富矿多，大部分矿产地可开发利用，在全国产量的占有重要地位。

1. 氧化锌和氢氧化锌

(1) 氧化锌（ZnO） 为白色粉末，不溶于水，是两性氧化物，既溶于酸又溶于碱：

$$ZnO + 2HCl \longrightarrow ZnCl_2 + H_2O$$

$$ZnO + 2NaOH \longrightarrow Na_2ZnO_2 + H_2O$$

商品氧化锌又称锌氧粉或锌白，是优良的白色颜料。它遇 H_2S 不变黑，这一点优于铅白。它是橡胶制品的增强剂。ZnO 无毒，具有收敛性和一定的杀菌能力，故大量用作医用橡皮软膏。ZnO 又是制备各种锌化合物的基本原料。

制备 ZnO 的方法很多，例如：

① 金属锌氧化法。金属锌经加热熔融（熔点 419℃）后，吹入空气：

$$2Zn + O_2 \longrightarrow 2ZnO$$

反应放出大量的热，使生成的 ZnO 升华。该反应一旦发生，则外界无须再提供能量。

② 碱式碳酸锌热分解法。由锌盐与 $(NH_4)_2CO_3$ 或 Na_2CO_3 等可溶性的碳酸盐合成碱式碳酸锌，然后加热分解它，即得 ZnO：

$$ZnCO_3 \cdot 2Zn(OH)_2 \cdot 2H_2O \xrightarrow{\triangle} 3ZnO + CO_2\uparrow + 4H_2O\uparrow$$

(2) 氢氧化锌［$Zn(OH)_2$］ 为白色粉末，不溶于水。具有明显的两性，溶于酸和过量的碱中：

$$Zn(OH)_2 + 2H^+ \longrightarrow Zn^{2+} + 2H_2O\uparrow$$

$$Zn(OH)_2 + 2OH^- \longrightarrow [Zn(OH)_4]^{2-}$$

$Zn(OH)_2$ 在 877℃时可转变为氧化锌。

2. 锌盐

(1) 氯化锌（$ZnCl_2$） 无水氯化锌为白色固体，可由锌与氯气反应，或在 700℃下用干燥的氯化氢通过金属锌而制得。

$ZnCl_2$ 吸水性很强，极易溶于水，其水溶液由于 Zn^{2+} 的水解而显酸性。因而水合氯化锌晶体在加热时不会完全脱水，而是形成碱式盐。

为了得到无水 $ZnCl_2$，可将含水 $ZnCl_2$ 和 $SOCl_2$（氯化亚砜）一起加热：

$$ZnCl_2 \cdot xH_2O + SOCl_2 \longrightarrow ZnCl_2 + 2xHCl\uparrow + xSO_2\uparrow$$

因为 $SOCl_2$ 极易和 H_2O 反应，并生成 HCl：

$ZnCl_2$ 的浓溶液中，由于形成配合酸{$H[ZnCl_2(OH)]$}而使溶液具有显著的酸性，它能溶解金属氧化物：

$$ZnCl_2 + H_2O \longrightarrow H[ZnCl_2(OH)]$$

$$Fe_2O_3 + 6H[ZnCl_2(OH)] \longrightarrow 2Fe[ZnCl_2(OH)]_3 + 3H_2O$$

因此在用锡焊接金属之前，常用 $ZnCl_2$ 浓溶液清除金属表面的氧化物。

$ZnCl_2$ 主要用作有机合成工业脱水剂、缩合剂及催化剂，以及染料工业的媒染剂，也用作净化剂和活性炭活化剂。此外，$ZnCl_2$ 还用于干电池、电镀、医药、木材防腐和农药等方面。

（2）硫酸锌（$ZnSO_4 \cdot 7H_2O$） 是常见的锌盐，俗称皓钒。大量用于制备锌钡白（商品名“立德粉”），它由 $ZnSO_4$ 和 BaS 经复分解而得。实际上锌钡白是 ZnS 和 $BaSO_4$ 的混合物：

$$Zn^{2+} + SO_4^{2-} + Ba^{2+} + S^{2-} \longrightarrow ZnS \cdot BaSO_4 \downarrow$$

这种白色颜料遮盖力强，而且无毒，所以大量用于油漆工业。$ZnSO_4$ 还广泛用作木材防腐剂和媒染剂。

锌是重要的有色金属原材料，目前，锌在有色金属的消费中仅次于铜和铝，锌金属具有良好的压延性、耐磨性和抗腐性，能与多种金属制成物理与化学性能更加优良的合金。原生锌企业生产的主要产品有：金属锌、锌基合金、氧化锌，这些产品用途非常广泛。

三、铅锌矿

铅锌矿，是富含金属元素铅和锌的矿产，铅锌用途广泛，用于电气工业、机械工业、军事工业、冶金工业、化学工业、轻工业和医药业等领域。此外，铅金属在核工业、石油工业等部门也有较多的用途。

1. 我国铅锌矿产分布广泛

我国的铅锌矿主要集中在云南、内蒙古、甘肃、广东、湖南和广西。铅锌合计储量大于800万吨的省区依次为云南2662.91万吨、内蒙古1609.87万吨、甘肃1122.49万吨、广东1077.32万吨、湖南888.59万吨、广西878.80万吨，合计为8239.98万吨，占全国铅合计储量12956.92万吨的64%。从三大经济地区分布来看，主要集中于中西部地区，其中铅资源储量占73.8%，锌资源储量占74.8%。

2. 铅锌矿的分类

尽管现在已发现有250多种铅锌矿物，但可供目前工业利用的仅有17种。其中，铅工业矿物有11种，锌工业矿物有6种，以方铅矿、闪锌矿最为重要。还有菱锌矿、白铅矿等。

（1）按矿石氧化程度分类　可分为硫化矿石（铅或锌氧化率＜10%）；氧化矿石（铅或锌氧化率＞30%）；混合矿石（铅或锌氧化率10%～30%）。

（2）按矿石中主要有用组分分类　可分为铅矿石、锌矿石、铅锌矿石、铅锌铜矿石、铅锌硫矿石、铅锌铜硫矿石、铅锡矿石、铅锑矿石、锌铜矿石等。

（3）按矿石结构构造分类　可分为浸染状矿石、致密块状矿石、角砾状矿石、条带状矿石、细脉浸染状矿石等。

任务二　铅锌矿石分析试样的制备

一、化学分析样品制备

见绪论及模块二，此处略。

二、铅锌矿石样品的溶（熔）解

见绪论及附录6，此处略。具体实验中分别讲述。

任务三　铅锌矿石中主要成分含量的测定方法

铅锌矿石分析方法包括重量法、滴定法、比色法、原子吸收法、等离子体发射光谱法、X射线荧光光谱法等。一般在做铅锌矿石全分析之前，应对试样进行光谱半定量检查，然后根据具体情况确定分析项目和方法。对于例行的或常见类型的样品，其所含成分已经基本掌握，则这种工作可以不做。一般来说，如果待测组分的含量在常量范围内，宜采用重量法或滴定法；如在微量范围内，宜采用分光光度法或其他仪器分析法。此外，还应根据其他共存组分的情况来选择。

由于现代分析技术的发展，目前不少测定都可由仪器分析完成，但化学方法作为经典的分析方法，在化学分析中仍然占有非常重要的地位。本模块主要介绍铅锌矿石常见元素的化学分析。

一、EDTA容量法测定铅精矿中铅的含量

铅精矿一般是由铅矿石经破碎、球磨、泡沫浮选等工艺生产得到的，是生产金属铅、铅合金、铅化合物等的主要原料。金属铅的利用主要集中在铅酸蓄电池、化工、铅板及铅管、焊料和铅弹领域，也是生产铅锑合金、铅锡合金、铅锌合金及铅化合物的主要原料。这些合金材料被广泛应用于电气工业、机械工业、冶金工业、化学工业、轻工业和医药业等领域。

铅精矿的铅含量范围为大于等于45%，依据国家标准根据铅精矿中铅含量的不同，可将其分为一级品、二级品、三级品和四级品四个等级。

1. 方法原理

试样经盐酸、硝酸分解后，与硫酸作用生成硫酸铅沉淀。硫酸铅沉淀通过过滤与其他元素分离，再经醋酸-醋酸钠缓冲溶液溶解形成铅盐溶液。加入一定量的EDTA溶液与待测溶液中的铅离子形成配离子，用已知浓度的铅标准溶液滴定过量的EDTA，通过消耗铅标准溶液的量来确定样品中铅元素的含量。

2. 试剂

盐酸（ρ_{20}=1.16～1.19g/mL）；硝酸（ρ_{20}=1.42g/mL）；硫酸（ρ_{20}=1.84g/mL）；冰

醋酸；无水醋酸钠；抗坏血酸；无水乙醇；二甲酚橙；乙二胺四乙酸二钠（EDTA-Na_2）；金属铅（≥99.99%）；丙酮；醋酸铅。以上试剂均为分析纯，所用水均为蒸馏水。

溶液配制：硫酸溶液：1∶1和2%。硝酸溶液：1∶1和1∶9。

醋酸-醋酸钠缓冲溶液：150g无水醋酸钠置于水中，加入醋酸50mL，用水稀释至100mL，溶液pH值为5～6。

EDTA溶液：称取乙二胺四乙酸二钠18.612g，加水，微热溶解，移入1000mL容量瓶中，用水稀释至刻度，其物质的量浓度约为0.05mol/L。（EDTA的标定参照前面模块，此处略）

二甲酚橙指示剂：溶解0.5g二甲酚橙于100mL水中。

铅标准溶液：使用前，应除去铅金属表面的氧化物，可将金属铅置于硝酸（1+9）中浸泡1min，用水洗净后，用丙酮洗涤，在烘箱中于50℃下烘干。准确称取含铅99.99%以上的金属铅10.360g，放入250mL烧杯中，加入硝酸（1∶1）40mL，低温加热，待溶解完全后，煮沸，驱除氮氧化物，冷却，加入醋酸-醋酸钠缓冲溶液10mL，混匀后移入100mL容量瓶中，再用醋酸-醋酸钠缓冲溶液稀释至刻度，该标准溶液浓度为0.05mol/L。

3. 分析步骤

（1）分析试样的分解　准确称取0.2009试样于250mL烧杯中，加入10mL盐酸置于电热板上，微热溶解8min，再加入7mL浓硝酸，微热至试样完全分解并将溶液体积蒸发至4mL，取下烧杯稍冷，加入10mL浓硫酸，低温加热蒸发至冒白烟时再高温蒸发至冒浓白烟，控制溶液体积在4mL左右，取下冷却至室温。以蒸馏水冲洗杯壁，加入50mL蒸馏水，煮沸8min，冷却至室温，加入无水乙醇5mL，静置沉淀2h，用慢速定量滤纸过滤，用5%硫酸溶液洗涤烧杯3次，洗涤沉淀8次，再用2%无水乙醇溶液洗涤烧杯和沉淀各3次，将得到的硫酸钡沉淀连同滤纸转移到原烧杯中，加醋酸-醋酸钠缓冲溶液60mL，加热微沸，并伴随搅动使硫酸铅沉淀完全溶解。取下烧杯用蒸馏水冲洗杯壁，并加水稀释至120mL。

（2）滴定　加少量抗坏血酸，搅拌使之完全溶解，再加2滴二甲酚橙指示剂，摇匀，加入40mL EDTA标准溶液，摇匀。用铅标准溶液进行滴定，至溶液刚好由亮黄色变为粉红色即为滴定终点。记录消耗铅标准溶液的体积，进行计算，求得样品中铅的质量，进而计算出样品中铅的质量分数。

4. 结果计算

参照前面的模块。

5. 注意事项

铋大于0.05%对铅的测定产生正干扰，少量Fe(Ⅲ)对铅产生正干扰，可用抗坏血酸还原以消除干扰。钡元素在硫酸铅沉淀溶解的过程中与铅元素分离，因此，此法可排除钡元素的干扰，适用于含有钡元素的样品的检测。

二、EDTA容量法测定锌精矿中的锌含量

在选矿生产过程中，及时掌握锌精矿中锌的含量，对于生产工艺流程控制很重要，便于及时调整选矿药剂配比和工艺参数。而锌精矿中锌的测定，不管是国家标准还是企业标准，一般采用先将共存元素沉淀分离，然后用EDTA容量法测定锌隔的合量，再借助极谱仪或原子吸收测得其中镉的含量，再将锌隔合量中的镉量扣除而得到锌的含量。而这样分析锌精

矿中锌的含量不仅分析速度慢、操作烦琐，还要借助仪器分析，分析报告往往滞后，满足不了生产流程的需要。基于以上原因，在实验的基础上提出了测定锌精矿中锌的含量时，在掩蔽铜、铁、铝后，在滴定前加入碘化钾，充分配位掩蔽镉实现锌精矿中锌含量的快速测定。

1. 方法原理

试样用酸分解，在掩蔽铜、铁、铝后，在滴定前加入碘化钾，充分配位掩蔽镉离子，用 EDTA 标准溶液滴定，通过消耗 DETA 标准溶液的量来确定样品中锌元素的含量。

2. 试剂

二甲酚橙溶液（0.5g/L）；过硫酸铵溶液（200g/L，当日配制）；乙二胺四乙酸二钠标准溶液（c=0.016mol/L）；乙酸-乙酸钠缓冲溶液（pH=5.5）。

铁贮存液（100g/L）：称取 100g 硫酸铁溶解于 1000mL 硫酸（1+9）中。

乙酰丙酮-磺基水杨酸混合液：称取 100g 磺基水杨酸溶于水中，加入 15mL 乙酰丙酮，以水稀释至 500mL，混匀。

3. 分析步骤

称取试料 0.2000g±0.0001g 置于 250mL 烧杯中，加少许水润湿，加 15mL 盐酸，加盖表面皿低温溶解驱赶硫化氢 3～5min，加入 5 滴氢氟酸、5mL 硝酸继续加热 2min，加入 1mL 高氯酸，加热冒烟至干，取下稍冷，加入 5mL 盐酸溶解盐类，加入 1mL 铁贮存液，稍冷后用少许水吹洗烧杯及表面皿使溶液量达到 30mL 左右，加入氯化铵 3～5g，加热使氯化铵溶解，加入 5mL 过硫酸铵溶液，用氨水中和至沉淀完全再过量 10mL，加热微沸 2～3min，取下冷却至室温，移入预先盛有 10mL 氨水的 100mL 容量瓶中，混匀。将滤液干过滤于 100mL 烧杯中，移取 25.0mL 滤液于已洗净的原烧杯中，置于低温电热板上小心加热驱赶大量的氨及彻底破坏过硫酸铵，冷却后，加入 0.1g 抗坏血酸、0.1g 无水亚硫酸钠、0.1g 硫脲（视铜量而定）、5mL 乙酰丙酮-磺基水杨酸混合液充分配位干扰元素，然后加 2 滴二甲酚橙指示剂用盐酸（1+1）以及氨水（1+1）调节溶液至橙黄色，再加入固体碘化钾 5g，摇动使碘化钾溶解，充分与镉形成配合物，加入 15mL 乙酸-乙酸钠缓冲溶液，用 EDTA标准溶液滴定至溶液由紫红色变为亮黄色即为终点。

4. 结果计算

参照前面的模块。

5. 注意事项

（1）共存离子的干扰　试样在氨性溶液中经沉淀预先分离铅、铁、锰、铝、铋等干扰元素后，试液中仍残存少量的铁、铝及大量的铜、镉、钴、镍，在滴定前铁用抗坏血酸和无水亚硫酸钠还原，铝用磺基水杨酸-乙酰丙酮混合液掩蔽，铜用硫脲掩蔽，在实验条件下共存离子的允许量为 Cu（5mg），Co（1mg），Ni（0.3mg），此时大量的镉因无法掩蔽从而会影响锌的测定。

（2）镉的影响及消除　在 EDTA 容量法滴定锌时掩蔽镉最适合的掩蔽剂是碘化钾。

（3）碘化钾的用量　滴定前加入碘化钾的量不足时镉未配位完全，锌的回收率不理想，因此，本实验碘化钾的用量不得少于 5g。

三、铅锌矿中锌的酸浸出

在铅锌矿中，铅锌等主要以硫化物的形式存在，经球磨后的矿粉，以废硫酸直接浸出锌，铅仍留在固体中，可使两者分离。ZnS、PbS溶于酸中的离子方程式为：

$$ZnS+2H^+ \rightleftharpoons Zn^{2+}+H_2S \qquad K^\ominus=0.17$$

$$PbS+2H^+ \rightleftharpoons Pb^{2+}+H_2S \qquad K^\ominus=8.5\times10^{-7}$$

理论计算可知：PbS溶于酸时所需的最小H^+浓度为0.6mol/L，ZnS溶于酸时所需的最小H^+浓度为2.3×10^{-3}mol/L。在浸出过程中，ZnS转化为$ZnSO_4$，用EDTA滴定法测定浸出液中锌的含量与样品含锌量相比，得到Zn的浸出率。

1. 方法原理

试样以盐酸分解，硝酸加热至近干，用盐酸溶解其盐类。以硫酸钾-乙二胺分离铅、铁等元素，用过氧化氢消除锰的影响，以硫脲掩蔽铜，氟化氢铵掩蔽铝；在乙酸-乙酸钠缓冲溶液中，以二甲酚橙为指示剂，用EDTA标准滴定溶液测定锌的含量。

2. 仪器与试剂

（1）仪器　定时报警磁力加热搅拌器。

（2）试剂　铅锌矿（Zn<15%，Pb<20%粉碎至60目）；浓硫酸；盐酸（ρ为$1.19g/cm^3$）；硝酸（ρ为$1.42g/cm^3$）；硫酸钾溶液（5%）；乙二胺溶液（10%）；过氧化氢溶液（30%）；硫脲（AR）；氟化氢铵（AR）；二甲酚橙指示剂（0.1%水溶液）；EDTA标准溶液（0.01mol/L）。

乙酸-乙酸钠缓冲溶液：称取20g $NaAc\cdot3H_2O$溶于50mL水中，加冰乙酸9mL，用水稀释至1L，摇匀。

3. 分析步骤

称取试样0.59于250mL烧杯中，加少许水润湿后，加入浓盐酸10mL，加热分解片刻。然后加入浓硝酸1mL，继续加热至近干，冷却，加入浓盐酸1mL，放置片刻，使盐类充分溶解。加入硫酸钾溶液（50%）30mL加热煮沸，冷却，用带橡皮头的玻璃棒将溶液及残渣用少量水洗入100mL容量瓶中，然后加入乙二胺溶液（10%）25mL，过氧化氢（30%）2～3滴，用水稀释至刻度摇匀，过滤。吸取滤液50mL置于250mL烧杯中，加浓盐酸2.5mL（此时溶液为酸性），加入适量硫脲及少许氟化氢铵。加乙酸-乙酸钠缓冲溶液20～30mL，摇匀，滴加二甲酚橙指示剂（0.1%水溶液）适量，用EDTA标准溶液滴定。

4. 结果计算

按式（6-1）计算锌的含量，以质量分数表示：

$$w(Zn)=\frac{T_{Zn}V}{\frac{0.5}{100}\times50}\times100\% \qquad (6\text{-}1)$$

式中　T_{Zn}——EDTA对锌的滴定度，g/mL；

V——滴定试液所消耗EDTA标准溶液的体积，mL；

$\frac{0.5}{100}\times50$——分取试液量。

5. 注意事项

酸浸出时，酸的浓度为2.5mol/L，固液比为1∶7时（即10g矿粉加入70mL硫酸），铅锌矿中锌的浸出率最高，约为84%。

四、EDTA滴定分析法测定锌矿中锌的含量

目前锌矿中锌含量的测定方法常见的有：EDTA滴定分析、双硫腙光度分析及原子吸

收测定等方法。锌的原子吸收测定法虽然分析时间短，效率高，准度高，但自身技术含量也较高，且在普通分析实验室中由于技术条件和设备条件所限而难以应用，且原子吸收和光度分析主要用于微量分析中，EDTA滴定分析法为锌含量测定中最为普遍使用的方法。

1. 方法原理

试样经 HNO_3 和 $KClO_3$ 溶解，将锌转化为锌氨配离子与其他干扰离子分离后，在pH＝5～6的乙酸-乙酸钠缓冲溶液中，以二甲酚橙作指示剂，以EDTA标准溶液滴定锌，其反应为：

$$H_2Y^{2-}+Zn^{2+}\longrightarrow ZnY^{2-}+2H^+$$

试样中的锰、锌、铝、铅等干扰离子可在矿样分解后，加硫胺、氟化钾、氨水等沉淀分离，铜可在滴定前加入硫代硫酸钠消除干扰。

2. 试剂

HF（AR，用时配成20%溶液）；EDTA（AR，用时配成0.01mol/L的标准液），硫酸铵（AR，用时配成30%溶液）；甲基橙（AR，配成0.1%溶液）；乙醇（AR），氯酸钾（AR），氨水（AR）；硫代硫酸钠（AR，用时配成10%溶液）；硝酸（AR）；H_2SO_4（AR），二甲酚橙（AR，配成0.1%溶液）；磷酸（AR）；盐酸（AR）。

3. 分析步骤

称取0.3g左右过180目筛的锌精矿于250mL烧杯中，加入5mL的浓 HNO_3，低温加热5～6min，稍冷后，加 $KClO_3$ 1～2g，继续加热一段时间后，使矿样完全分解，后加水至体积约10mL，再加入30%硫酸铵10mL，加热煮沸，用氨水中和并过量15mL，加入20% HF溶液10mL，加热煮沸约1min，取下补加氨水5mL，乙醇10mL，冷却后，移入250mL容量瓶中，用水稀释至刻度，摇匀、过滤后取清液50～100mL于250mL锥形瓶中，加热煮沸除去大部分氨，取下冷却，加甲基橙1滴，用1∶1盐酸中和至甲基橙变红色，然后再加氨水使其变黄，加入乙酸-乙酸钠缓冲液10mL，10% $Na_2S_2O_3$ 溶液2～3mL，摇匀，加入二甲酚橙指示剂2～3滴，用EDTA标准液滴定，使溶液由酒红色变为亮黄色即为终点。

4. 结果计算

按式（6-2）计算试样中锌含量：

$$w(Zn)=\frac{c(EDTA)V(EDTA)\times 65.38}{1000m}\times 100\% \tag{6-2}$$

式中　$c(EDTA)$——EDTA标准滴定溶液的浓度，mol/L；

$V(EDTA)$——滴定试液所需EDTA标准溶液的体积，mL；

65.38——Zn的摩尔质量，g/mol；

m——称取试样的质量，g。

5. 注意事项

（1）硝酸的用量　因为浓硝酸在加热条件下易分解，当 HNO_3 用量不足时，不足以将锌矿中的ZnS氧化分解，使测定值偏低，当 HNO_3 用量足以满足锌矿分解和氧化ZnS的要求时，即能保持测定值的准确性。在该实验条件下，以加入5mL的浓 HNO_3 为宜。

（2）温度对分析结果的影响　随着反应温度升高，溶矿所需时间越短。另外由于反应温度升高，HNO_3 分解速度加快，会影响矿物溶解，使测定结果反而减小。该试验中，锌矿的分解反应温度为70～75℃较为合适。

(3) 氨水用量对测定结果的影响　由于锌矿分析中要将锌变成 $[Zn(NH_3)_4]^{2+}$ 络离子状态与干扰元素分离后，再用EDTA标准液滴定，氨水的用量会影响到干扰离子能否分离完全且还会影响滴定反应。实验中，随着氨水用量的增大，测定值也增大，在氨水用量不足时溶液中有 $Zn(OH)_2$ 沉淀而使测定值偏低，当氨水足量后 Zn^{2+} 以 $[Zn(NH_3)_4]^{2+}$ 配离子形式存在，可与干扰离子充分分离。但若 NH_3 过量太多，则会使测定结果稍有偏高，这可能是由于 NH_3 的平衡浓度过大会影响 $[Zn(NH_3)_4]^{2+}$ 与EDTA的滴定反应。实验条件下，氨水用量以10～15mL为宜。

(4) 使用不同酸对滴定结果的影响　用 HNO_3 溶矿时间最短，测定含量大，H_3PO_4、HCl、H_2SO_4 与 $KClO_3$ 作用会产生激烈反应，不易控制，其中 H_3PO_4 最为激烈，H_2SO_4 次之，这样造成了测定结果偏低，故溶矿时宜采用 HNO_3。

五、铅锌矿中铅、锌快速连续测定

由于铅锌矿中铅、锌含量都较高，测锌时必须将铅分离除去，否则会使滴定终点不稳定，且测得锌的结果明显偏高。目前，铅、锌单独测定的分析方法流程都很长，手续繁杂，劳动强度大，成本高。该实验拟订出一个一次分解试样，连续测定铅锌的分析方法。

1. 方法原理

采用盐酸、硝酸、硫酸分解试样，铅形成硫酸铅沉淀而与锌分离。以慢速滤纸过滤，滤液用EDTA配位滴定分析法测定锌量；沉淀以 HNO_3(1+1) 溶解后，在 pH=5.5～6.0 的乙酸-乙酸钠缓冲溶液中，以二甲酚橙为指示剂，用EDTA标准溶液滴定铅量。

2. 试剂

盐酸（ρ=1.19g/mL）；硝酸（ρ=1.42g/mL）；硫酸（1+1）；硫酸（2+98）；二甲酚橙指示剂（5g/L）；氨水（1+1）；硝酸（1+1）；硝酸（1+3）；酒石酸饱和溶液；无水乙酸钠；氯化铵；过硫酸铵；氨水（ρ=0.9g/mL）；氟化铵；硫脲饱和溶液；碘化钾。以上试剂均为分析纯，水为蒸馏水。

乙酸-乙酸钠缓冲溶液（pH=5.5)：将150g无水乙酸钠溶于水中，加入50mL乙酸，用水稀释至1000mL，混匀；乙二胺四乙酸二钠（$EDTA-Na_2$）溶液（0.01mol/L），配制参照前面实验。

铅的标定：按规程准确称取0.2000g金属铅（≥99.99%）3份于3300mL烧杯中，加入20mL稀硝酸（1+3），盖上表面皿，加热溶解完全。用水吹洗表面皿及杯壁，低温煮沸驱除氮的氧化物，冷却。以氨水（1+1）调节溶液pH=5.5～6（以精密pH试纸检查），加30mL乙酸-乙酸钠缓冲溶液（pH=5.5），用水稀释体积至约150mL，加入2～3滴二甲酚橙指示剂（5g/L），用0.025mol/L的EDTA标准溶液滴定至溶液由红色变为亮黄色即为终点。

锌标准溶液：称取1.0000g金属锌（99.99%），置于300mL烧杯中，加入30mL盐酸（1+1），置于电热板上微热溶解，冷却，移入1000mL容量瓶中，以水稀释至刻度，混匀。此溶液1mL含1mg锌。

锌的标定：准确移取锌标准溶液50.00mL于300mL烧杯中，加入2～3滴二甲酚橙指示剂（5g/L），用氨水（1+1）中和至紫红色刚刚出现，加入20mL乙酸-乙酸钠缓冲溶液

（pH＝5.5），搅匀后，用EDTA标准滴定溶液（0.025mol/L）滴定至溶液由紫红色变为亮黄色即为终点。

3. 分析步骤

（1）分析试样的制备　称取0.2000g试样于300mL烧杯中，以少量水润湿矿样，加15mL盐酸，低温加热分解10～15min，取下稍冷，加10mL硝酸，继续加热分解至溶液剩2～3mL，取下，用水吹洗表面皿及杯壁，加入15mL硫酸（1＋1），加热蒸发至冒硫酸浓厚白烟3min，取下，冷却。用硫酸（2＋98）吹洗表面皿及杯壁至体积约50mL，加热煮沸10～15min，取下，流水冷却，静置1h。用慢速定量滤纸过滤，以硫酸（2＋98）洗净烧杯并洗涤沉淀8～10次，再用水洗涤烧杯及沉淀各2次。

（2）铅的测定　将滤纸连同沉淀移入原烧杯中，加20mL硝酸（1＋1），低温煮沸1～2min，取下，冷却，用少量水吹洗表面皿及烧杯内壁，以氨水（1＋1）调节溶液pH＝1.2～1.5（用精密pH试纸检查）。加0.1～0.2g抗坏血酸，搅匀，滴入1～2滴酒石酸饱和溶液，搅匀，加2～3滴二甲酚橙指示剂，此时如溶液呈红色表示有铋存在，用EDTA溶液滴定至溶液由红色变为亮黄色，不计读数。加4g无水乙酸钠，搅匀，调整溶液pH＝5.5～6（用精密pH试纸检查），煮沸，补加少许二甲酚橙指示剂，趁热用EDTA标准溶液滴定至溶液由红色变为亮黄色即为终点。计算铅的含量。

（3）锌的测定　在滤液中加入3g氯化铵、约0.1g过硫酸铵、30mL氨水，煮沸以彻底破坏过剩的过硫酸铵，并浓缩至体积约50mL，取下补加5～10mL氨水，冷却，移入100mL容量瓶中，以水定容，摇匀，干过滤，移取25mL滤液于原烧杯中，加入少许氟化铵，加入0.1～0.2g抗坏血酸，以硫酸（1＋1）中和至溶液由紫红色变为黄色，再以氨水（1＋1）调至紫红色刚刚出现，加入5mL硫脲饱和溶液，搅匀，加20mL乙酸-乙酸钠缓冲溶液，搅匀后，加3～4g碘化钾，用EDTA标准溶液滴定至溶液由紫红色变为亮黄色即为终点。计算锌的含量。

4. 注意事项

（1）滴定中干扰物质的影响及消除

① 测铅时干扰物质的影响及消除。

a. 铁：当试料含有大量铁时，在硫酸冒白烟的过程中，分析出黄色硫酸铁沉淀与硫酸铅共存，用乙酸钠溶解后，铁被带入乙酸铅溶液。用EDTA滴定时，铁（Ⅲ）会使指示剂僵化。试验中，硫酸铁在硫酸（5＋95）中经10～15min煮沸，可完全进入溶液，过滤后将硫酸铅洗至无铁（Ⅲ）离子反应（以50％硫氰酸钾检验），残留的铁在EDTA滴定前加入少量抗坏血酸，即可消除其干扰。

b. 锑、铋：锑、铋均易水解，生成沉淀夹杂在硫酸铅中，对EDTA测定铅有干扰。当锑量不超过50mg时，可在酒石酸存在下沉淀硫酸铅，以消除其干扰，少量铋也可加酒石酸掩蔽之。但酒石酸存在，对硫酸铅沉淀完全有一定影响，尤其是铅量较低时影响更甚，因此应控制加入量。实验选择在EDTA滴定前，先使锑同酒石酸形成配合物，以消除其影响，铋的干扰则是调节溶液pH＝1.2～1.5，使EDTA与铋形成配合物借以消除。

② 测锌时干扰物质的影响及消除。铁、铝、铜等元素存在，使指示剂产生封闭、僵化，因而干扰测定。铁、铝可用氢氧化铵沉淀分离，残留的少量铁、铝则在滴定前加适量氟化铵和抗坏血酸掩蔽。铜的干扰则是在滴定前加5mL硫脲饱和溶液借以消除。

a. 铅：试样中含少量铅时，可在硝酸介质中加入硫酸铵使铅成为硫酸铅沉淀，同铁、铝的氢氧化物同时过滤除去，但当试料中含铅量超过 100mg 时，铅沉淀往往不完全，当调整 pH 值时析出沉淀，用 EDTA 溶液滴定时又会溶解，因而使终点不稳定，测得锌的结果偏高。实验选择将铅完全转变为硫酸铅沉淀，用过滤硫酸铅之后的滤液测定锌，则完全消除了铅的干扰。

b. 锰：在氨性溶液中，当有铵盐存在时，锰不易沉淀完全，溶液中的锰会逐渐被空气中的氧氧化，生成棕色的难溶解的亚锰酸 H_2MnO_3，影响滴定。为了分离锰，实验选择在分解试料后加入氧化剂过硫酸铵，使之氧化成二氧化锰与铁、铝的氢氧化物一起除去。

c. 镉：EDTA 配位滴定锌常常测的是锌、镉合量，计算锌的结果时还需用原子吸收法测出镉的含量，然后用差减法扣除。本试验选择在滴定前加碘化钾以掩蔽镉，则可直接测出锌的含量。

（2）测定时酸度的选择

① 测铅时酸度的选择　硫酸铅沉淀最适宜的酸度为 15%～60%（以质量计）。当酸度小于 15%或大于 60%时，硫酸铅的溶解度都会增大。实验选择沉淀酸度为 25%左右。

② 测锌时酸度的选择　为了得到准确的结果，选择最佳的 pH 值非常重要，pH 值低于 5.8，终点拖长，pH 值大于 6.0，产生封闭现象，因此应严格控制滴定时 pH 值为 5.8～6.0。

（3）氯化铵-氢氧化铵介质

为了防止氢氧化铁、氢氧化铝沉淀吸附锌，试液中必须有一定量的铵盐和过量的氢氧化铵存在。试验证明，在 100mL 试液中，加入 1.5g 氯化铵及 25mL 氢氧化铵、75mg 铁和 25mg 铝，沉淀时对锌的吸附可以忽略不计。同时，铁、铝氢氧化物沉淀前后均须加热煮沸，以减少对锌的吸附，但必须很好地掌握加热程度，以防止沉淀胶化及氨挥发过多而使锌受损失。考虑到试液加热煮沸时间及氨的挥发损失等几方面的因素，选择在 100mL 试液中，加入 3g 氯化铵，先加 30mL 氨水煮沸后补加 5～10mL。

六、铅锌矿中银、铜、铅、锌的同时测定

铅锌矿是富含金、银、铜、铅、锌等元素的多金属矿种，其主要成分在电器工业、机械工业、冶金、化工、医药等领域有着广泛的应用，快速准确测定这些主要元素的含量，具有非常重要的意义。传统的分析方法是利用原子吸收光谱法分别测定各元素的含量，由于该方法测定线性范围窄，不能进行多元素同时测定，工作人员劳动强度大，用于分析大批量地质样品尤其是需要多元素同时测定时难以满足要求。电感耦合等离子体发射光谱法（ICP-AES）具有精密度好、准确度高、检出限低、基体效应小、线性动态范围宽、分析速度快、可多元素同时测定等诸多优点，已被广泛应用于不同领域各种类型样品的分析。

1. 方法原理

采用盐酸-硝酸-硫酸混合酸分解样品，全谱直读电感耦合等离子体发射光谱法同时测定铅锌矿石中的银、铜、铅和锌。采用内标法，通过加入钴内标测量分析谱线的相对强度，抵消了由于实验条件的波动引起的影响。

2. 仪器与试剂

（1）仪器　ICAP 6300 Radial 全谱直读等离子体发射光谱仪。

工作条件为：RF 功率 1150W，辅助气（Ar）流速 1.0L/min，雾化器压力 0.20MPa，蠕动泵转速 30r/min，长波曝光时间 15s，短波曝光时间 5s，积分时间 1～20s，自动积分。

高纯氩气（质量分数大于 99.99%）。

（2）试剂　铜、铅、锌、银标准溶液（ρ_B＝1.0000mg/mL，国家标准物质研究中心研制）。HCl、HNO_3、H_2SO_4 均为分析纯，离子交换水（电阻率≥18MΩ·cm）。

由铜、铅、锌、银单元素标准贮备溶液逐级稀释，组合配制为系列混合标准溶液，介质为 5%（体积分数）的 HCl，同时做空白试验。

3. 测定步骤

准确称取 0.5000g 样品于 100mL 玻璃烧杯中，加少量水润湿摇匀，先加入 15mL HCl，置于升温至 150℃的电热板上加热 0.5h，然后向其中依次加入 5mL HNO_3、2mL 50%的 H_2SO_4，升温至 180℃加热蒸干，继续加热升温至 H_2SO_4 白烟冒尽，取下，放置冷却片刻后加入 20mL 50%的 HCl，盖上表面皿，在电热板上加热煮开约 1min，取下冷却至室温后，直接用去离子水转移至 100mL 容量瓶中，定容，摇匀，放置过夜，次日取上层清液 5.0mL 于 25mL 比色管中，补加 1mL HCl，用去离子水定容至刻度，摇匀，直接上 ICP-AES 测试。

4. 注意事项

（1）样品的取样量和稀释倍数　由于日常分析中本单位实验室待测的样品大多是 Pb、Zn 含量都比较高的铅锌矿，采用 ICP-AES 法测定样品时，待测试液盐分过高，进样系统极易被堵塞。因此，实验对样品的取样量和稀释倍数进行了多次试验，当样品的取样量在 0.2000～0.5000g，稀释倍数达到 5～10 倍时，Ag、Cu、Pb、Zn 的测试均能满足要求；当稀释倍数过小时，试样溶液堵塞进样系统，影响测定结果的准确度；当稀释倍数过大时，含量较低的元素灵敏度达不到要求，使待测元素的分析信号减弱，也会影响测定结果的准确度，相对误差较大。本实验选定样品的称样量为 0.5000g，稀释因子为 1000。

（2）溶液酸度的选择　实验选择测试液的介质是 HCl，在确定的标准曲线范围内，当 HCl 的体积分数（φ）为 5%～10%时，Ag、Cu、Pb、Zn 的测定结果均能满足要求；当 φ＜5%，4 种元素的测定结果均偏低；当 φ＞10%时，4 种元素的测定结果均偏高。实验确定溶液的酸度为 φ＝6%。

（3）标准曲线的浓度　为了使分析测试既能满足要求，同时又能节约成本，操作方便快捷，结合分析样品的实际含量，经过反复试验和多次校正，对于各个元素同时建立相应的标准曲线，最终确定了 Cu、Pb、Zn 标准曲线最低浓度配制为 10.0μg/mL，最高为 50.0μg/mL；对于 Ag，最低为 1.0μg/mL，最高为 5.0μg/mL。

（4）分析线的选择　选择仪器推荐的各个被测元素的第一灵敏线 Ag 328.0nm，Cu 324.7nm，Pb 220.3nm，Zn 213.8nm。采用国家一级标准物质 GBW(E) 070078 作为高点进行标准化，溶液中各元素的浓度分别为 Ag 0.353μg/mL，Cu 0.96μg/mL，Pb 29.50μg/mL，Zn 5.20μg/mL。

（5）加入钴内标　内标法是根据分析线对的相对强度与被分析元素含量的关系来进行定量分析。通过内标元素的加入，使谱线相对强度由于实验条件波动而引起的变化得以抵消。测量时，在所有的样品和标准溶液中加入 Co 作为内标元素，对国家标准物质 GBW(E) 070079 连续测定 6 次，同时比较了使用和不使用内标元素的测定结果，考察方法精密度，使用内标测定结果明显优于不使用内标。实验中所用内标元素 Co 的浓度为 20μg/mL，测定谱线为 228.6nm。

(6) 方法检出限　在仪器工作最佳条件下，按方法步骤对空白溶液连续测定 11 次，考虑总稀释因子（1000），以 3 倍标准偏差（3s）计算方法检出限（LD）。

(7) 方法精密度　利用铅锌矿国家标准物质 GBW(E) 070077，按实验方法分解样品并测定 Ag、Cu、Pb、Zn 的含量各 10 次，计算相应的相对标准偏差（RSD）。

(8) 方法准确度　应用本实验方法测定了国家标准物质中 Ag、Cu、Pb、Zn 的含量，每样平行 3 份，取其平均值。

【任务训练九】铅锌矿石中铅含量的测定

参照本模块前述内容，由学生自行设计实验方法，并进行测定。

【任务训练十】铅锌矿石中锌含量的测定

训练提示

① 准确填写《样品检测委托书》，明确检测任务。

② 依据检测标准，制订详细的检测实施计划，其中包括仪器、药品准备单、具体操作步骤等。

③ 按照要求准备仪器、药品，仪器要洗涤干净，摆放整齐，同时注意操作安全；配制溶液时要规范操作，节约使用药品，药品不能到处扔，多余的药品应该回收，实验台面保持清洁。

④ 依据具体操作步骤认真进行操作，仔细观察实验现象，准确判断滴定终点，及时、规范地记录数据，实事求是。

⑤ 计算结果，处理检测数据，对检测结果进行分析，出具检测报告。

实验中应自觉遵守实验规则，保持实验室整洁、安静、仪器安置有序，注意节约使用试剂和蒸馏水，要及时记录实验数据，严肃认真地完成实验。

考核评价

过程考核	任务训练				
	序号	考核项目	考核内容及要求(评分要素)		
			A	B	C
专业能力	1	项目计划决策	计划合理，准备充分，实践过程中有完整规范的数据记录	计划合理，准备较充分，实践过程中有数据记录	计划较合理，准备少量，实践过程中有较少或无数据记录
	2	项目实施检查	在规定时间内完成项目，操作规范正确，数据正确	在规定时间内完成项目，操作基本规范正确，数据偏离不大	在规定时间内未完成项目，操作不规范，数据不正确
	3	项目讨论总结	能完整地叙述项目完成情况，能准确地分析结果，实践中出现的各种现象，正确回答思考题	能较完整地叙述项目完成情况，能较准确地分析结果，实践中出现的各种现象，基本能够正确回答思考题	能叙述项目完成情况，能分析结果，实践中出现的各种现象，能回答部分思考题

续表

过程考核	任务训练				
职业素质	序号	考核项目	考核内容及要求(评分要素)		
			A	B	C
	1	考勤	不缺勤、不迟到、不早退、中途不离场	不缺勤、不迟到、不早退、中途离场不超过1次	不缺勤、不迟到、不早退、中途离场不超过2次
	2	5S执行情况	仪器清洗干净并规范放置,实验环境整洁	仪器清洗干净并放回原处,实验环境基本整洁	仪器清洗不够干净、未放回原处,实验环境不够整洁
	3	团队配合力	配合很好,服从组长管理	配合较好,基本服从组长管理	不服从管理
合计	100%				

拓展习题

1. 研究性习题

① 请课后查阅资料，讨论电感耦合等离子体发射光谱法的测定原理，测定条件，仪器的使用与保养，该方法的应用范围。

② 小组讨论，人体缺锌对健康有何影响？铅对人体的危害有哪些？生活中常见的铅污染的主要来源有哪些？

2. 理论习题

① 铅锌矿石试样的分解中，常用的溶（熔）剂有哪些？各有何特点？

② 原子吸收法测定某试样溶液中的Pb，用空气-乙炔火焰测得Pb 283.3nm和Pb 281.7nm的吸收分别为72.5%和52.0%。试计算a. 它们的吸光度（A）各为多少？b. 它们的透光度各为多少？

③ 用原子吸收分光光度法测定某试样中的Pb^{2+}浓度，取5.00mL未知Pb^{2+}试液，置于50mL容量瓶中，稀释至刻度，测得吸光度为0.275。另取5.00mL未知液和2.00mL 50.0×10^{-6} mol/L的Pb^{2+}标准溶液，也放入50mL容量瓶中稀释至刻度，测得吸光度为0.650。试问未知液中Pb^{2+}浓度是多少？

④ 有一锌矿试样，经三次测定，含锌量为24.87%、24.93%和24.69%，而锌的实际含量为25.05%。求分析的结果的绝对误差和相对误差。

模块七 金矿石分析

知识目标

1. 了解自然界存在的金及金的性质。
2. 掌握矿石试样中金的分离与富集方法。
3. 掌握矿石中金含量的测定原理、试剂的作用、测定步骤、结果计算、操作要点和应用。

能力目标

1. 能正确进行矿石试样中金的分离与富集操作，正确选择不同试样的分解处理方法及有关试剂和器皿。
2. 能够正确管理金矿石样品及副样，能够正确处理样品及副样保存时间。
3. 能运用不同的方法测定矿石试样中金的含量。

任务一 认识金和金矿石

一、金的性质

黄金即金，化学元素符号Au，是一种软的、金黄色的、抗腐蚀的贵金属。金是较稀有、较珍贵的金属之一。金属于ⅠB族，它的原子价层电子构型为 $(n-1)d^{10}ns^1$，最外层与碱金属相似，只有1个电子，而次外层却有18个电子（碱金属为8个）。与同周期的ⅠA族元素相比，ⅠB族元素的有效核电荷大，原子半径小；对最外层s电子的吸引力强，电离能大，金属活泼性差。铜族元素都是不活泼的重金属，而碱金属都是活泼的轻金属。

金易形成配合物，用氰化物从金的硫化物矿或砂金中提取金，就是利用这一性质。例如：

$$2Au+4NaCN+\frac{1}{2}O_2+2H_2O \longrightarrow 2Na[Au(CN)_2]+2NaOH$$

然后加入锌粉，金、银即被置换出来：

$$2Na[Au(CN)_2]+Zn \longrightarrow Na_2[Zn(CN)_4]+Au$$

金是金属中延展性最强的，例如1g纯金（绿豆粒大小）能抽成2km长的金丝，碾压成0.1μm的金箔。自20世纪70年代以来，金在工业上的用途已超过制造首饰和货币。

金的化学性质稳定，具有很强的抗腐蚀性，在空气中从常温到高温一般均不氧化，不溶于单一的盐酸、硝酸、硫酸等强酸中，只溶于盐酸与硝酸的混合酸（即王水）生成氯金酸$H[AuCl_4]$；在常温下有氧存在时金可溶于含有氰化钾或氰化钠的溶液，形成稳定的配合物$M[Au(CN)_2]$；金也可溶于含有硫脲的溶液中；还溶于通有氯气的酸性溶液中。金不与碱溶液作用，但在熔融状态时可与过氧化钠生成$NaAuO_2$。

金的化合价有－1、－2、＋1、＋2、＋3、＋5、＋7等，氧化物有三氧化二金（Au_2O_3），氯化物有三氯化金（$AuCl_3$）。在酸性介质中，氯金酸$H[AuCl_4]$或配合物$M[Au(CN)_2]$可被金属锌（锌粉或锌丝）、亚硫酸钠、水合肼等还原为单质的金粉，碱金属的硫化物会腐蚀金，生成可溶性的硫化金。土壤中的腐殖酸和某些细菌的代谢物也能溶解微量金。

金的电离势高，难以失去外层电子成为正离子，也不易接受电子成为阴离子，其化学性质稳定，与其他元素的亲和力微弱，因此，在自然界多呈单质即自然金状态存在。

二、金矿石

金在地壳中的平均含量为约1亿分之1.1（0.0011mg/kg），在海水中的含量约为1000亿分之1（0.00001mg/kg），由于几亿年至几十亿年的地壳运动和地质变化使金元素富集成金矿床，一般工业价值的金矿中金的品位在2～3g/t，富矿有5～50g/t，特富矿50～500g/t，还有块金，单块最小的十几克，最大的几十公斤，罕见的大块金几百公斤，因有的形似狗头，俗称狗头金，印度科学家曾发现过2块近2.5t的狗头金；贫矿在0.1～1g/t，选冶技术水平0.5g/t以上就有工业开采价值。

自然界纯金极少，常含银、铜、铁、钯、铋、铂、镍、碲、硒、锇等伴生元素，自然金中含银15%以上者称银金矿、含铜20%以上者称铜金矿、含钯5%～11%者称钯金矿、含铋4%以上者称铋金矿。

金具有亲硫性，常与硫化物如黄铁矿、毒砂、方铅矿、辉锑矿等密切共生；易与亲硫的银、铜等元素形成金属互化物。

黄金行业根本的原材料是金矿石。由于黄金资源是不可再生的资源，黄金企业拥有的矿产资源将随着黄金矿山的开采而逐渐减少，因此黄金企业对黄金资源的竞争十分激烈。受资金等方面的约束，黄金行业中的小型企业占有的矿产资源相对较少，特别是对于未拥有独立矿山的企业，原材料供给的稳定性很难得到保障。因此，对于新的市场进入者，获得优质的矿产资源成为其进入黄金行业的重要壁垒。

任务二　金矿石分析样品的制备

一、化学分析样品制备

见绪论、模块二，此处略。

二、金矿石样品的溶（熔）解

Au 的测试工作中试样分解是一个关键步骤。不同类型金矿样品的溶解方法不同，但总的原则是使试样分解完全。针对不同的样品，应选择合适的溶样方法，尽可能使 Au 的溶出率达到最高，整个分析方法简单、快速、准确。

（一）王水溶样

传统的溶样方法多采用王水体系，样品通过灼烧或湿法预处理后，加入王水放在电热板上加热溶解，分解 Au 的能力主要是由于 HNO_3 氧化 HCl 而放出游离［Cl］和 NOCl 的缘故。新生态的 Cl_2 具有极强的氧化能力，它使金属离子形成单一氯化物或氯配离子转入溶液，氯离子的成配作用，加速了矿样的溶解并提高了被分解物质的还原电位。

总反应式为 $Au+4HCl+HNO_3 \longrightarrow HAuCl_4+NO+2H_2O$

王水溶样多为敞口体系，它有以下缺点。

① 样品中含 CO_3^{2-} 较多，加入王水时样品容易溢出。

② 样品中含 SiO_3^{2-} 较多，溶样过程中溶液易迸溅，操作不慎会灼伤皮肤。加入一定量的 NH_4HF_2 可以缓解样品迸溅，但加入量不易掌握。加入量不够起不到溶解 SiO_3^{2-} 的作用；加入量过多，反应产生的大量气体外逸，造成样品溢出。

③ 使用电热板溶样，温度不均匀，中间温度较高，四周温度较低，溶样时要经常调换烧杯的位置，保证样品的溶样时间一致，确保金矿样品完全溶解而不发生干涸现象。

④ 敞口体系，溶样时所需的试剂量较大，成本较高。排出的大量酸气对环境有不同程度的污染。操作者会不可避免地接触到酸气。

（二）封闭溶样

在封闭条件下，溶样过程中产生大量酸气和水蒸气，由于酸蒸气浓度的不断增加和蒸气压力的不断增大，提高了对试样的分解能力。

1. NH_4HF_2-王水体系

将灼烧好的样品倒入聚乙烯瓶中，加入 1g NH_4HF_2，40mL（1+1）王水，于水浴锅中封闭溶样 40min，矿样中 $Au<10\times10^{-6}$，溶出效果较好，大于 10×10^{-6}，Au 的溶出不完全，达不到满意效果。

2. $KClO_3$-HNO_3 体系

将灼烧好的样品倒入聚乙烯瓶中，加入 5g $KClO_3$、40mL（1+1）HNO_3，于水浴锅中封闭溶样 40min，$KClO_3$ 和 HNO_3 能够很好地分解 Au 试样，二者相互作用生成 $HClO_3$，$HClO_3$ 是一种强氧化剂，在酸性介质中可将 Au 分解。HNO_3 和 $KClO_3$ 能够很好地分解含硫化物的试样，尤其适用于分解含方铅矿的试样。

3. $CS(NH_2)_2+HClO_4+H_2O_2$ 混合溶剂体系

将灼烧好的样品倒入聚乙烯瓶中，加入 NH_4HF_2 1～2g，硫脲混合溶剂［$4\%CS(NH_2)_2+5\%\ HClO_4+1\%\ H_2O_2$］40mL，于水浴锅中封闭溶样 40min，$CS(NH_2)_2$ 混合溶剂对 Au 具有很强的还原能力和配合能力。$CS(NH_2)_2$ 混合溶剂溶解 Au 还可以采用冷浸的方法，放置 1h 以上或过夜（搅拌 2～3 次），也可以达到完全溶解 Au 的目的。

4. NaCl 混合溶剂-HNO_3 体系

将灼烧好的样品倒入聚乙烯瓶中，加入混合溶剂（NH_4HF_2＋$KMnO_4$＋NaCl）11g，40mL（1＋1）HNO_3，于水浴锅中封闭溶样 40min，用混合溶剂（NH_4HF_2＋$KMnO_4$＋NaCl）HNO_3 体系封闭溶样，无论试样中 Au 含量高低，Au 的溶出都比较完全，能达到满意效果。在酸性溶液中，$KMnO_4$ 容易分解并放出［O］，析出的［O］与 HCl 作用而放出［Cl］，新生态的［Cl］将试样中的 Au 分解。

（三）烧杯敞口溶样与聚乙烯瓶封闭溶样的比较

平行称取 2 份试样，灼烧后 1 份倒入 400mL 烧杯中，于低温电热板上加热 1h 左右，1 份倒入聚乙烯中，加入混合溶剂（NH_4HF_2＋$KMnO_4$＋NaCl）11g，40mL（1＋1）HNO_3，于水浴锅中封闭溶样 40min，通过样品测定结果可以看出，封闭与敞口溶样都可以达到使矿样中的 Au 完全溶解的目的，得到满意的分析效果。

封闭与敞口溶样相比，具有以下优点：

① 避免样品外溢（特别是含有 CO_3^{2-} 的样品）；

② 避免样品迸溅，使分析结果更加准确可靠；

③ 省时、省力、省化学试剂，降低成本；

④ 减少环境污染。

任务三　金矿石中金含量的测定方法

一、铅试金富集原子吸收光谱法

1. 方法原理

样品经铅试金富集后，用稀硝酸分金，以王水溶解金粒，然后在 2%（体积分数）盐酸－2g/L硫脲介质中，用原子吸收光谱仪（本法适用于试样金含量在 0.1g/t 以上）或石墨炉原子吸收光谱仪（本法适用于试样金含量在 0.1g/t 以下）于波长 242.8nm 处测量其吸光度。

2. 仪器与试剂

（1）仪器　原子吸收光谱仪；石墨炉附件；金空心阴极灯。

（2）试剂　金标准溶液（1mg/mL）：称取 0.1000g 纯金（99.9%）置于 50mL 烧杯中，加入 10mL 王水，在电热板上加热溶解完全后，加入 5 滴 200g/L 氯化钠溶液，于水浴上蒸干，加 2mL 盐酸蒸发至干（重复三次），加入 10mL 盐酸温热溶解后，用水定容至 100mL，此溶液含金 1mg/mL。取该溶液配成含金量为 10μg/mL 及 1μg/mL 的 10%（体积分数）盐酸介质溶液。

3. 分析步骤

样品经铅试金富集后，取出试金合粒于 50mL 烧杯中，加入 20mL 热硝酸（1＋7），于低温电热板上加热，保持溶液微沸以溶解银，待反应停止后，继续加热 5min，取下，小心倾倒出溶液，用水洗烧杯两次，倾出洗液，加入2mL王水，微热溶解，蒸至0.5～1.0mL，取下，水洗杯壁，根据金量加入1～10mL10g/L硫脲溶液（每5mL体积加入1mL），移入10～50mL比色管中，以水定容，根据试样中金的含量，0.1g/t以上的用火焰法，0.1g/t以下的用石墨炉法，按照仪器工作条件，于波长242.8nm处测量其吸光度。

工作曲线的绘制步骤如下。

① 吸取2.5mL、5mL、10mL、15mL、20mL含金量为10μg/mL的标准溶液于一组50mL容量瓶中，加入2mL盐酸（1+1），10mL10g/L硫脲溶液，以水定容，此溶液为含金0.5μg/mL、1.0μg/mL、2.0μg/mL、3.0μg/mL、4.0μg/mL的工作溶液，按照与试样相同的条件，用原子吸收光谱法测定。

② 吸取0.2mL、0.4mL、0.6mL、0.8mL、1.0mL含金量为1μg/mL的标准溶液于一组10mL比色管中，加入0.4mL盐酸（1+1），2mL10g/L硫脲溶液，以水定容，此溶液为含金0.02μg/mL、0.04μg/mL、0.06μg/mL、0.08μg/mL、0.10μg/mL的工作溶液，按照与试样相同的条件，用石墨炉原子吸收光谱法测定。

注意事项

① 用于试金配料的氧化铅中常含有微量金、银，对于低含量试样的测定，需做空白试验。必要时应用纯度高的氧化铅，或将氧化铅提纯（作石墨炉法时用）。

② 由于石墨炉法用的低浓度金的工作溶液不稳定，应现用现配。

③ 当样品中金、银含量均低时，在试金配料时应加入3～4mg银作灰吹保护剂。如果要同时测定金、银，则可加入2～3mg钯作灰吹保护剂，所得钯合粒应先用硝酸溶解后再加王水溶解，溶液中的钯不影响金、银用原子吸收光谱法的测定。

二、活性炭富集碘量法

1. 方法原理

试样用王水分解，金呈氯金酸状态被活性炭吸附，并与大量杂质分离，使金得以富集。在弱酸性溶液中，用碘化钾还原金（Ⅲ）为金（Ⅰ），释放出一定量的碘，以硫代硫酸钠标准溶液滴定，用淀粉作指示剂。其反应式如下：

$$AuCl_3+3KI \longrightarrow AuI+I_2+3KCl$$

$$2Na_2S_2O_3+I_2 \longrightarrow 2NaI+Na_2S_4O_6$$

铜、铁干扰测定，但加入掩蔽剂后，10mg铁、铅，3mg铜不影响测定。铅、铋的存在使溶液出现黄色，需提前加入淀粉指示剂。加入掩蔽剂氟化氢氨和EDTA，就能消除少量铁和铜的干扰，0.3g氟化氢氨可掩蔽50mg铁，并能将铅变成白色的氟化铅沉淀。当加入20mg EDTA掩蔽1mg铜时，溶液呈明显的绿色，但不影响终点判断。

本法适用于矿石或冶金产品中1g/t以上金的测定。

2. 试剂

稀王水：盐酸+硝酸+水=3+1+4。

逆王水：盐酸+硝酸+水=1+3+4。

活性炭（粒度为0.074mm）：将分析纯或化学纯活性炭放入20g/L氟化氢氨或氟氢酸溶

液中浸泡3d后抽滤，以2%（体积分数）盐酸及水洗净氰根。

纸浆：用定性滤纸在水中浸泡，捣碎备用。

5g/L聚环氧乙烷：称1g聚环氧乙烷用少量水调成糊状，再加200mL水及4～5滴盐酸，缓缓加热溶解。

1mg/mL金标准溶液：称取0.1000g纯金（99.9%）置于50mL烧杯中，加入10mL王水，在电热板上加热溶解完全后，加入5滴200g/L氯化钠溶液，于水浴上蒸干，加2mL盐酸蒸发至干（重复三次），加入10mL盐酸温热溶解后，用水定容至100mL，此溶液含金1mg/mL。取该溶液配成含金100μg/mL的溶液（0.1mol/L HCl介质）。

硫代硫酸钠标准溶液：称取2.52g硫代硫酸钠（$Na_2S_2O_3 \cdot 5H_2O$）溶于新煮沸后冷却的蒸馏水中，加0.1g碳酸钠，用水定容1L（溶液pH值为7.2～7.5）。此溶液1mL约相当于1mg金。取30mL、100mL、200mL上述溶液，各加入0.1g碳酸钠，用煮沸后冷却的蒸馏水稀释至1L，即分别得到1mL硫代硫酸钠标准溶液分别相当于30μg、100μg、200μg金的溶液。经标定后使用。

标定：分别吸取含金1000μg、2000μg、5000μg的金标准溶液于50mL瓷坩埚中，加0.1g碘化钾，搅拌，立即用相应含量的硫代硫酸钠标准溶液滴定至微黄色后，加3～5滴100g/L淀粉指示剂，继续滴定，近终点时应充分搅拌，逐渐滴入至溶液由蓝色变为无色，即为终点。

3. 分析步骤

用感量0.1g的天平称取10～30g试样于400mL烧杯中。用水润湿，盖上表面皿，加100mL稀王水加热溶解；硫化矿用20mL逆王水溶解，待激烈反应停止后，加100mL稀王水继续加热溶解；氧化铁为主的试样，先加30～40mL盐酸加热溶解数分钟后，再加80mL王水溶解；含硫、碳高的试样，先称样于瓷舟中，在600～650℃下焙烧1～2h（从低温时进炉，达到温度后保持1h。铜精矿、铅精矿中间应搅拌2～3次，以免结块），然后转入400mL烧杯中，加王水溶解；加热溶解时保持30～60min微沸状，溶液体积蒸至30～40mL时取下，用热水洗涤表面皿及杯壁，并用热水稀释到150～200mL，搅拌，使可溶性盐类溶解，加入0.5mL 5g/L聚环氧乙烷，搅拌，放置，待溶液冷至40～50℃时过滤、吸附。

安装抽滤吸附装置（见图7-1），将带有活动滤板的吸附柱装于抽滤筒上，倒入滤纸浆，抽干后约为2～3mm厚，再倒入含有活性炭的滤纸浆（0.5g活性炭和约2g滤纸浆），抽干，高度约5～7mm（如金量较高，则应增至10～14mm），上面再铺一层薄薄的滤纸浆，将柱内的吸附层仔细压平，并与柱壁贴紧，用水洗净柱壁上的活性炭，将布氏漏斗装于吸附柱上，铺上大小合适的中速定性滤纸一张，倒入少许细滤纸浆于滤纸边缘处，使滤纸边缘与布氏漏斗壁没有缝隙，调整抽滤速度，使吸附柱内有水柱存在。然后将试样溶液连同残渣一起倒入漏斗中，进行抽滤及动态吸附，漏斗内溶液全部滤干后，用温热的2%（体积分数）盐酸洗涤烧杯2～3次。洗残渣及滤纸7～8次，将每个漏斗上的残渣及滤纸划一小缝（消除吸附柱内的负压状态），拿掉布氏漏斗，用温热的20g/L氟化氢氨溶液洗吸附柱7～8次，再用温热的2%（体积分数）盐酸洗柱7～8次，最后用温热水洗3～4次，抽干后，停止抽气。

取下吸附柱内的活性炭纸浆块，放入50mL瓷坩埚中，在电炉上烘干，大部分炭化后，

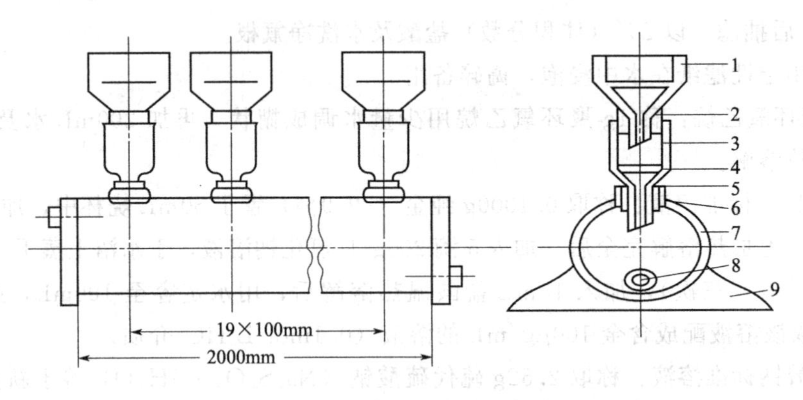

图 7-1 抽滤吸附装置示意图

1—布氏漏斗（ϕ80mm）；2—胶塞 7 号；3—吸附柱（内径 32mm、高 60mm）；4—有小孔的滤板（ϕ30mm）；5—胶塞 6 号；6—吸附柱插孔（ϕ30mm）；7—抽滤筒（ϕ150mm）；8—排气口（ϕ3mm，抽气口在另一端的上部）；9—抽滤筒底座

放入高温炉中于 700～800℃下灼烧 20～30min，至灰化完全，取出冷却，加 2～3 滴 200g/L 氯化钠溶液，沿坩埚壁加 1～2mL 王水，摇动后置于水浴上溶解，蒸干，取下，沿坩埚壁加 7～8 滴盐酸，重复蒸干 2 次，取下，加 5mL7%（体积分数）乙酸，温热溶解，取下冷却后，加 0.05～0.2g 氟化氢铵，摇动使铁形成配合物后，再加 0.2～2mL 25g/L EDTA 溶液（视铜量而定），立即加入 0.1～0.5g 碘化钾，搅拌均匀，以适当浓度的硫代硫酸钠标准溶液滴定至微黄色，加 3～5 滴 10g/L 淀粉指示剂，继续滴定至蓝色消失，即为终点。

4. 结果计算

按式（7-1）计算：

$$w(\mathrm{Au})=\frac{TV}{m} \tag{7-1}$$

式中 T——与 1.00mL 硫代硫酸钠标准溶液相当的金的质量，μg；

V——滴定时消耗硫代硫酸钠标准溶液的体积，mL；

m——称取试样量，g；

$w(\mathrm{Au})$——金的含量，g/t。

注意事项

① 对于含碳酸盐的试样，溶矿时反应剧烈，加酸时应缓缓加入，低温加热溶解；对于含炭质或有机质的试样，需经焙烧除炭，溶矿时应先加盐酸，使大部分氧化铁溶解后，再加王水溶解。

② 活性炭吸附金的酸度范围很宽，在 1～6mol/L HCl 介质和 10%～40%（体积分数）的王水介质中均能定量吸附金。

③ 在活性炭中加入滤纸浆有利于对金的吸附，同时抽滤时不出现裂缝，抽滤快，平均吸附率为 99.9%以上。吸附柱内装入活性炭滤纸浆的厚度和活性炭量与金量的关系如表 7-1 所示。

表 7-1　活性炭滤纸浆的厚度和活性炭量与金的吸附量的关系

金的吸附量	活性炭量	活性炭纸浆厚度
<5mg	0.5～0.8g	5～7mm
5～30mg	1g	10mm
30～60mg	1.5g	14mm

④ 当坩埚在水浴上蒸发时，以蒸干至无酸味为宜，不可延长蒸干时间，因温度高、时间长三氯化金易分解成一价或单体金，使测定结果偏低，偏低程度随时间长短而不同，30min 能使金含量低 1.5%～2%。

⑤ EDTA 本身是弱还原剂，能将三价金还原成低价状态，其还原程度与试剂用量、放置时间有关，经试验表明，1mg 金加 0.5～1mL 25g/L EDTA 溶液，在 0.5min 内不受影响，超过 1min 降低 0.6%，2min 降低 1%，3min 降低 3%。因此加入 EDTA 溶液后应立即加入碘化钾滴定。

⑥ 氰化液中金的测定步骤为：取 100～200mL 氰化液于 400mL 烧杯中，加 25～50mL 逆王水（1+1），加热煮沸，再加 25～50mL 王水（1+1），加热煮沸，蒸至 100mL 左右，取下，加 50mL 水，如有混浊加 2～3g 滤纸浆，搅匀，以下操作同矿石分析步骤。

⑦ 金泥中金的测定步骤为：称 0.5000～1.0000g 试样于 400mL 烧杯中，加 80mL 稀王水（1+1），加热溶解后稀释至 150～200mL，活性炭用量为 1～1.5g，纸浆为 2～3g，吸附层厚度为 10～15mm，在滴定时加 1～2g 碘化钾，使碘化亚金完全溶解，其他操作同矿石分析步骤。

⑧ 活性炭滤纸浆的制作，一般 20～30mL 滤纸浆含活性炭的量为 1g 左右。

三、活性炭富集原子吸收光谱法

1. 方法原理

试样用王水分解，金以活性炭吸附富集，然后在 2%（体积分数）盐酸-2g/L 硫脲介质中，用原子吸收光谱法（金含量在 0.1g/t 以上）或石墨炉原子吸收光谱法（金含量在 0.1g/t 以下）测定。

2. 仪器与试剂

参见“一、铅试金富集原子吸收光谱法”和“二、活性炭富集碘量法”。

3. 分析步骤

溶矿及富集分离操作同“二、活性炭富集碘量法”，将所得活性炭纸浆灰化后，于坩埚内加 2mL 王水，低温加热溶解，蒸至 0.5～1.0mL，取下，水洗坩埚壁，根据金量加入 1～10mL 10g/L 硫脲溶液（每 5mL 体积加入 1mL），移入 5～50mL 比色管中，以水定容，视金含量，0.1g/t 以上用原子吸收光谱法，0.1g/t 以下用石墨炉原子吸收光谱法，均于波长 242.8nm 处测量其吸光度。

工作曲线的绘制：参见“一、铅试金富集原子吸收光谱法”。

四、活性炭富集异戊醇萃取硫代米蚩酮吸光光度法

1. 方法原理

金经活性炭富集，王水溶解，制备成3%（体积分数）盐酸介质后，再用异戊醇萃取金。在pH=3.2～3.8的乙酸-乙酸铵缓冲溶液中，金与硫代米蚩酮（简称TMK）形成红色配合物，于吸光光度计波长545nm处测量其吸光度。在2.5mL异戊醇中，0.5～5μg金符合比尔定律。10min内发色完全，有色溶液可稳定3h。在测定溶液中存在1mg铁，100μg铅，30μg铜、银，10μg铂，2μg钯不影响测定。乙酸盐、酒石酸盐对金的测定也无影响。氯化物的存在有利于金的有色配合物的稳定。本法经活性炭富集微量金，干扰元素基本分离，不影响金的测定。

本法适用于矿石中0.02～Xg/t以上金的测定。

2. 仪器与试剂

（1）仪器　吸光光度计。其他装置同“二、活性炭富集碘量法”。

（2）试剂　乙酸-乙酸铵缓冲溶液：将200mL乙酸加入到200mL水中，然后慢慢加入氨水调至pH值约为3.8（用pH试纸检查）。

混合掩蔽剂（400g/L柠檬酸溶液）：300g/L六次甲基四胺溶液及100g/L EDTA溶液以等体积混合过滤后使用。

0.04g/L TMK乙醇溶液：称取0.005g TMK于干燥的小烧杯中，加入少量乙醇于水浴上温热溶解后，移入50mL容量瓶中，用乙醇定容（用黑纸包上，避光保存，一般以使用1～2周为宜）。取10mL上述溶液，用乙醇稀释至25mL，摇匀，此溶液现用现配。

1mg/L金标准贮存溶液：称取0.1000g纯金（99.9%）置于50mL烧杯中，加入10mL王水，在电热板上加热溶解完全后，加入5滴200g/L氯化钠溶液，于水浴上蒸干，加2mL盐酸蒸发至干（重复三次），加入10mL盐酸温热溶解后，用水定容至100mL，此溶液含金1mg/mL。

金标准溶液A：吸取50mL金标准贮存溶液于500mL容量瓶中，以10%（体积分数）盐酸定容，此溶液含金100μg/mL。

金标准溶液B：吸取10mL金标准溶液A于1000mL容量瓶中，以3%（体积分数）盐酸定容，此溶液含金1μg/mL。（现用现配）

其他试剂：参见“二、活性炭富集碘量法”。

3. 分析步骤

溶矿和富集分离操作同“二、活性炭富集碘量法”。将所得活性炭纸浆灰化后，于坩埚内加2mL王水，2～3滴200g/L氯化钠溶液，置于水浴上加热溶解，蒸干，加5～6滴盐酸重复蒸干两次，加5mL 3%（体积分数）盐酸，温热溶解，移入25mL容量瓶中，用3%（体积分数）盐酸定容。视金含量分取一定量溶液于25mL分液漏斗中，用3%（体积分数）盐酸稀释至15mL，加入2.5mL异戊醇，振荡1min，分层澄清后（约10min），弃去水相，于有机相中加入3mL混合掩蔽剂，2mL乙酸-乙酸铵缓冲溶液，摇匀，加入0.5mL 0.04g/L TMK乙醇溶液，振荡1min，静置分层后用0.5cm吸收皿，在545nm波长处测定其吸光度。与分析试样同时进行空白试验。

工作曲线的绘制：分别吸取含金0、0.5μg、1.0μg、2.0μg、3.0μg、4.0μg、5.0μg的金标准溶液于一系列25mL分液漏斗中，用3%（体积分数）盐酸稀释至15mL，加入2.5mL异戊醇，以下操作同分析步骤。

注意事项

硫代米蚩酮的系统命名是4-4′-双(二甲胺)二苯甲硫酮，如购买不便，可用下法合成：称取100g金丝雀黄（$C_{17}H_{22}N_3Cl \cdot H_2O$）于1L三角瓶中，加850mL无水乙醇，在蒸汽浴上加热溶解，取下冷却至室温，通入相当充足的氨气流，使其吹泡，直至金丝雀黄的结晶消失（约10～15min），在室温下再通入硫化氢气体，使溶液吹泡3～4h，然后将溶液煮沸30min，这时开始析出TMK结晶，取下置于水中冷却，并不停地搅拌1～2h，用布氏漏斗过滤，收集这种紫红色结晶，用甲醇洗涤几次，在暗处晾干，放入棕色瓶中保存。按此操作一般的产量为61～62g，熔点为193～200℃。

五、活性炭富集硫代米蚩酮水相吸光光度法

1. 方法原理

在吐温-80存在下，金与TMK在水相中的显色反应亦有较高的灵敏度（$\varepsilon=1.46\times10^5$，$\lambda_{max}=560nm$），适宜的显色酸度为pH=2.5～4.5，金含量在0～15μg/25mL范围内符合比尔定律。对于10μg金，存在6mg镁、铝，3mg镍，2mg铅、钨、锆、锰、铁，1mg钼、铜、镧、钙均不干扰测定。硫酸根、磷酸根、氟离子对测定无影响。银离子容易形成白色氯化银沉淀，干扰测定，需预先除去。可采用活性炭富集分离。

本法适用于矿石中0.0X～Xg/t金的测定。

2. 试剂

0.5g/L硫代米蚩酮（TMK）乙醇溶液：放入棕色瓶中避光保存。

吐温-80：10g/L水溶液。

乙酸-乙酸钠缓冲溶液（pH=3.3）：在700mL冰乙酸中加入150g乙酸钠，用水稀释至1L。

金标准溶液（100μg/mL）：见本模块任务二。取该溶液配制成含金10μg/L［5%（体积分数）盐酸介质］的溶液。

其他试剂及装置：同“二、活性炭富集碘量法”。

3. 分析步骤

溶矿和富集分离操作同二、活性炭富集碘量法。然后，将所得活性炭纸浆灰化后，往坩埚内加2mL王水，2～3滴200g/L氯化钠溶液，置于水浴上加热溶解，蒸干，加5～6滴盐酸重复蒸干2次，加入3mL 5%（体积分数）盐酸，温热溶解，移入25mL容量瓶中，用水定容。视金含量分取一定量溶液于25mL容量瓶中，加10mL水，然后依次加入1mL 10g/L氟化钠溶液，1mL乙酸-乙酸钠缓冲溶液，1mL 10g/L吐温-80溶液，摇匀，再加入1mL TMK乙醇溶液，用水定容。用1cm吸收皿，在波长560nm处，以试剂空白为参比测定其吸光度。

工作曲线的绘制：分别吸取含金0、2.5μg、5.0μg、7.5μg、10.0μg、12.5μg、15.0μg

的金标准溶液于一系列25mL容量瓶中，加10mL水，以下操作同试样分析步骤。

注意事项

① TMK及金-TMK-（吐温-80）配合物见光容易分解，显色后，配合物的吸光度瞬时可达到最大值，应立即测定。如避光放置2.5h，吸光度基本不变。

② 当试样金含量小于0.05g/t时，可按以下操作测定：坩埚内试液蒸干后，加入0.5mL 5%（体积分数）盐酸使盐类溶解，依次准确加入7.5mL水，0.5mL 10g/L氟化钠溶液，0.5mL乙酸-乙酸钠缓冲溶液，0.5mL 10g/L吐温-80溶液，摇匀，然后加入0.5mL 0.25g/L TMK乙醇溶液，摇匀，采用3cm吸收皿测定。

六、活性炭富集催化吸光光度法

1. 方法原理

试样用王水分解，金用活性炭吸附富集，然后在硫酸溶液中，利用金(Ⅲ)对铈(Ⅳ)与亚汞离子氧化还原反应的催化作用，当反应体系的酸度、温度、试剂浓度及反应时间一定时，该催化反应的速度与金的浓度成比例关系，于吸光光度计波长420nm处测量吸光度，可间接测定金。

用固定时间法测定时，金含量在0.004～0.016μg/12mL及0.04～0.14μg/12mL范围内与吸光度的负对数呈线性关系。

用固定浓度法测定时，金含量在0.05～0.5μg/12mL范围内与时间的倒数呈线性关系。

氯离子使催化反应速率激减，严重干扰测定，但当氯离子含量达100μg后逐渐趋于平缓，大于250μg时出现白色沉淀，鉴于微量氯离子含量难以控制，应采用在用吸光度测定试样溶液时预先加入100μg氯离子的办法来消除它的影响。此外，铑(Ⅲ)、铱(Ⅳ)、铁(Ⅲ)、锰(Ⅱ)产生正干扰，铊(Ⅰ)、汞(Ⅱ)等引起负干扰，经活性炭富集分离后予以除去。

本法灵敏度高，适用于矿石中0.00X～0.0Xg/t金的测定。

2. 试剂

硝酸亚汞溶液［$c(HgNO_3)$=0.03mol/L］：称取4.21g硝酸亚汞于500mL棕色容量瓶中，加200mL水及5mL硝酸（优级纯），摇动溶解后以水定容。避光暗处保存。

硫酸铈铵溶液［$c(Ce^{4+})$=0.008mol/L］：称取2.67g硫酸铈铵于500mL容量瓶中，加200mL水及166.7mL硫酸（优级纯，1+1），摇动溶解，冷后加41.2mg氯化钠，以水定容。此溶液为6mol/L $\frac{1}{2}H_2SO_4$溶液，每毫升含氯根50μg。试剂空白的吸光度在0.90左右，否则应调整硫酸铈铵的浓度。

金标准溶液：配制含金10μg/mL［10%（体积分数）王水介质］的标准溶液，再现用现配成含金0.1μg/mL及0.01μg/mL的工作溶液。

3. 分析步骤

溶矿和富集分离操作同“二、活性炭富集碘量法”。将所得的活性炭纸浆灰化后，加入

2mL 王水加热溶解，然后移入 10mL 离心试管中，以水定容，离心分离 2～5min，分取部分清液于 25mL 瓷坩埚中，加入 4 滴 100g/L 硫酸钾溶液，在水浴上蒸干，取下，加入 1mL12mol/L $\frac{1}{2}H_2SO_4$ 溶液、0.5mL 王水，置于沸水浴上加热 30min，取下，移入预先盛有 2mL 硫酸铈铵溶液的 25mL 比色管中，用水稀释至 10mL，摇匀，将此管置于 37℃的恒温电热水浴中保温 15min 后，再用固定时间法或固定浓度法测定。如用固定时间法，则以工作曲线中最高金含量的吸光度值（达 0.30 时）确定反应的时间，一般用 10min，即向试液中加入 2mL 硝酸亚汞溶液时开始计时，摇匀后放入恒温水浴，9min 时取出倒入 3cm 吸收皿，第 10min 时恰好读出吸光度值。测定时以水为参比，波长为 420nm。再求出吸光度的负对数，从工作曲线上查出相应的含金量（μg）并计算含量。

工作曲线的绘制如下。

（1）固定时间法　取 0、0.005μg、0.01μg、0.02μg、0.04μg、0.06μg、0.08μg、0.10μg、0.12μg、0.14μg 金标准溶液于一系列 25mL 瓷坩埚中，以下操作同试样分析步骤。然后，以含金量（μg）为横坐标，相应的吸光度的负对数（$-\lg A$）为纵坐标作图，绘制金的工作曲线。

（2）固定浓度法　取 0、0.05μg、0.10μg、0.20μg、0.30μg、0.40μg、0.50μg 金标准溶液于 25mL 瓷坩埚中，以下操作同试样分析步骤。以金的微克数为横坐标，以相应地达到某一固定透光率所需时间的倒数（$1/t$）为纵坐标作图，绘制金的工作曲线。

注意事项

① 铈（Ⅳ）对亚汞离子的氧化反应，在室温下没有催化剂存在时，实际上几乎不进行，催化剂金（Ⅲ）在反应中起了电子传递的作用。此反应如下：

$$Au^{3+} + Hg^{2+} \longrightarrow Au^{+} + 2Hg^{2+}$$

$$Au^{+} + 2Ce^{4+} \longrightarrow Au^{3+} + 2Ce^{3+}$$

黄色　　　　无色

② 根据试样性质可采用不同的方法分解试样：一般的硅酸岩、碳酸岩及水系沉积物等试样，可直接用王水（1+1）溶解；对硫含量不高的试样，先用少量逆王水（1+1）分次加入分解试样，待剧烈作用后，再补加王水溶解，对含碳和高量硫的试样，应置于瓷舟中升温至 650℃焙烧 1h，冷却后再用王水溶解；对碳质云母石英岩试样，焙烧后可用氢氟酸和王水溶解。

③ 对于微量金的测定来说，空白值是很重要的，一是试剂空白，二是器皿沾污，因此换用新试剂时，应做空白试验，所用器皿须用煮沸的王水洗涤，并且应该专用，避免沾污。试验及试剂配制均用二次蒸馏水。

七、泡沫塑料富集原子吸收光谱法

1. 方法原理

试样用王水分解，在约 10%（体积分数）王水介质中，金用负载三正辛胺的聚氨酯泡沫塑料来吸附，然后用 5g/L 硫脲-2%（体积分数）盐酸溶液加热解脱被吸附的金，直接于火焰原子吸收光谱仪 242.8nm 处测定吸光度。

除钨、锑、铁和酸溶性硅酸盐影响吸附和测定外，矿石中大量其他共存元素均无干扰。钨、锑的干扰用加入酒石酸消除，大量铁和一定量酸溶性硅酸盐的干扰可加入氟化钠使之生成氟硅酸钠（Na_2SiF_6）晶体沉淀而消除。

本法适用于矿石、氰化渣及阳极泥中 0.0X～200g/t 金的测定。

2. 仪器与试剂

（1）仪器 同“一、铅试金富集原子吸收光谱法”。

（2）试剂 泡沫塑料：将 100g 聚氨酯软质泡沫塑料（厚度约 5mm）浸于 400mL 3%（体积分数）三正辛胺乙醇溶液中，反复挤压使之浸泡均匀，然后在 70～80℃下烘干，剪成 0.1g 左右的小块备用（1 天内无变化）。

硫脲-盐酸混合溶液：含 5g/L 硫脲的 2%（体积分数）盐酸溶液。

金标准贮存溶液（1mg/mL）：称取 0.1000g 纯金（99.9%）置于 50mL 烧杯中，加入 10mL 王水，在电热板上加热溶解完全后，加入 5 滴 200g/L 氯化钠溶液，于水浴上蒸干，加 2mL 盐酸蒸发至干（重复三次），加入 10mL 盐酸温热溶解后，用水定容至 100mL，此溶液含金 1mg/mL。取该溶液配制含金 100μg/mL 及 10μg/mL 的标准溶液 [10%（体积分数）盐酸介质]。

3. 分析步骤

称取 5～30g 试样于瓷舟中，在 550～650℃的高温炉中焙烧 1～2h，中间搅拌 2～3 次，冷后移入 300mL 锥形瓶中，加入 30～50mL 王水，在电热板上加热溶解，蒸发至 20～30mL（如含锑、钨时，应加入 1～2g 酒石酸；含酸溶性硅酸盐应加入 5～10g 氟化钠，煮沸），用水稀释至 100mL，放入约 0.1g 泡沫塑料（预先用水润湿），用胶塞塞紧瓶口，在往复式振荡机上振荡 30～90min，取出泡沫塑料，用自来水充分洗涤，然后用滤纸吸干，放入预先加入一定量硫脲-盐酸混合液的 25mL 比色管中，在沸水浴中加热 15min，用玻璃棒将泡沫塑料挤压数次，取出泡沫塑料，将溶液干过滤于小烧杯中，按仪器的工作条件，于原子吸收光谱仪波长 242.8nm 处测定吸光度。

工作曲线的绘制：吸取 2.5mL、5mL、10mL、15mL、20mL 含金 10μg/mL 的金标准溶液于 50mL 容量瓶中，加入 2mL 盐酸（1＋1）、25mL10g/L 硫脲溶液，以水定容，此溶液为含金 0.5μg/mL、1.0μg/mL、2.0μg/mL、3.0μg/mL、4.0μg/mL 的工作溶液，以下按分析步骤进行。

注意事项

① 三正辛胺在酸性溶液中能与某些金属络阴离子进行交换反应，泡沫塑料对一些有机和无机物质具有吸附性能，因此用负载三正辛胺的泡沫塑料更增强了对 $AuCl_4^-$ 的吸附性能，而且经水多次洗涤不会被洗掉，对 0.5～1000μg 的金，吸附回收率为 96%～106%。

② 本法吸附金的酸度范围较宽，即 0.5～6mol/L HCl 或 5%～30%（体积分数）王水介质都能定量吸附金，但硝酸浓度太大时，使金的吸附率下降。

③ 在非纯标准的情况下，金的吸附速度随金品位的降低和试样数量的增加而降低，如 30g 称样量含金 0.0Xg/t 的样品，振荡吸附时间需延长至 90min，一般样品振荡吸附 30min 即可。

④ 在不加酒石酸和氟化钠时，可允许 4000mg 铁、小于 200mg 的可溶性二氧化硅、20mg 锑、10mg 钨存在。加入 1g 酒石酸，可消除 300mg 锑、100mg 钨的干扰。加入 5g 氟化钠，可允许 5000mg 铁存在。1g 可溶性二氧化硅需加入 4.2g 氟化钠，使之生成氟硅酸钠晶体沉淀而消除干扰。

⑤ 对含砷量高的试样，焙烧时应从低温开始，逐渐升高温度，至 480℃时保持1～2h，使砷挥发，然后再升高温度继续焙烧除硫，否则由于形成低沸点的砷-金合金而挥发，会造成金的损失，导致测定结果偏低。

八、螯合树脂富集原子吸收光谱法

1. 方法原理

试样用王水分解，将含金试液［5%～10%（体积分数）王水介质］通过填充 NK8310 螯合树脂的交换柱，金的氯络阴离子被选择性地吸附交换到树脂上，而与大量干扰离子分离，然后用热的硫脲溶液将金洗脱，直接于火焰或石墨炉原子吸收光谱仪波长 242.8nm 处测量其吸光光度。

在 200mL 试液中，1～30μg 金的回收率达 95%～110%，王水在 5%～30%（体积分数）范围内金的回收良好。1500mg 铜，1000mg 铁，150mg 铅，100mg 镍，4mg 锌不影响树脂对金的富集，而超过 4mg 的锌，以及 2.5mg 钴和 2mg 锰则严重干扰。

本法适合于铜精矿、原矿、尾矿及其他地质试样中 0.0X～X g/t 金的测定。

2. 仪器与试剂

（1）一般仪器及试剂　参见“一、铅试金富集原子吸收光谱法”。

（2）其他试剂　NK8310 螯合树脂（0.42～0.25mm）。

硫脲-盐酸解脱液：含 2g/L 硫脲的 1%（体积分数）盐酸溶液。

微型离子交换柱：柱高为 10cm，内径为 0.8cm。

交换柱的制备：用玻璃纤维将口塞住，将树脂用水浸泡后，装入预先盛有水的交换柱内。控制流速为 2～4mL/min，待水流完后，用 20mL 5%（体积分数）王水分两次平衡柱子后，即可使用。

3. 分析步骤

溶矿操作同“二、活性炭富集碘量法”。当烧杯中残留酸的体积为 20～30mL 时取下，用水稀释至 150mL。加入 10～20 滴 0.5%（体积分数）聚环氧乙烷，充分搅匀，冷却后移入 200mL 容量瓶中，以水定容。视金含量分取 20～100mL 上层清液于 100mL 烧杯中，再移入预先用 5%（体积分数）王水平衡过的交换柱进行交换分离，待试液流完后，用 10%（体积分数）盐酸洗液洗涤烧杯 2～3 次，并倒入交换柱中，流完后，再洗涤交换柱 5～6 次（用 10g/L 硫氰酸钾溶液检查流出液至无铁离子），弃去废液，用 20～30mL 近沸（90℃左右）的硫脲-盐酸解脱液分次淋洗交换柱，用原烧杯盛接淋洗液，将淋洗液低温蒸发，根据金量用水定容至5～25mL，按仪器工作条件，于火焰或石墨炉原子吸收光谱仪波长242.8nm处测量其吸光度。

工作曲线的绘制：参见“一、铅试金富集原子吸收光谱法”。

注意事项

本法的螯合树脂柱可以重复使用7～10次，每次用完后，用10%（体积分数）盐酸洗柱2～3次，再用10%（体积分数）盐酸浸泡即可。用过的树脂可以再生，即以100g/L氢氧化钠溶液浸泡过夜，然后用水洗至中性，再用2mol/L HCl溶液浸泡过夜或更长一些时间，即可使用。

九、甲基异丁基甲酮萃取原子吸收光谱法

1. 方法原理

试样用王水分解，在10%（体积分数）磷酸-2%（体积分数）王水介质中，用甲基异丁基甲酮萃取金，有机相直接喷雾于原子吸收光谱仪波长242.8nm处测量其吸光度。

铁对金的测定干扰严重，因为金的灵敏线（242.795nm）受到铁的242.89nm和242.82nm谱线的干扰。在磷酸介质中，由于铁与磷酸根形成稳定的配合物而不被甲基异丁基甲酮萃取，可允许1000mg铁存在，不影响金的测定。试样中其他共存离子均无影响。

2. 仪器与试剂

参见“一、铅试金富集原子吸收光谱法”。不同之处是乙炔流量适当减小。

3. 分析步骤

溶矿操作同“二、活性炭富集碘量法”。分解试样并蒸至湿盐状，用水洗杯壁，加入10mL磷酸，加热使盐类溶解，移入100mL容量瓶中，以水定容。放置澄清后，视金量取25～50mL上层清液于50mL比色管中（取25mL需补加2.5mL磷酸，用水定容），准确加入5mL甲基异丁基甲酮，振荡1min，静置分层后，将有机相按仪器工作条件用甲基异丁基甲酮喷雾校正仪器零点，于原子吸收光谱仪波长242.8nm处测量吸光度。

工作曲线的绘制：分别吸取含金2.5μg、5μg、10μg、15μg、20μg的金标准溶液于一组50mL比色管中，加入1mL 100g/L三氯化铁溶液，2mL王水（1+1），5mL磷酸，用水定容，以下操作同试样分析步骤。

注意事项

① 绘制工作曲线时，标准溶液中有铁和无铁其吸光度稍有不同，但铁量的多少对其影响不大，为了与试样溶液一致，需在标准溶液中加入一定量的铁溶液。

② 甲基异丁基甲酮在水中有一定的溶解度，所以在萃取前需用10%（体积分数）磷酸-2%（体积分数）王水饱和，避免由于溶解而引起的误差。

③ 萃取后应静置一定时间，使其完全分层后再进行测定。

十、二苯硫脲-乙酸丁酯萃取无火焰原子吸收光谱法

1. 方法原理

试样用王水分解，在10～30%（体积分数）王水介质中，二苯硫脲与金形成稳定的配合物被乙酸丁酯萃取，直接于石墨炉原子吸收光谱仪波长242.8nm处测量其吸光度。

在测定试液中，200mg铁，150mg铜、铅、锌，100mg镍、锡，60mg钴，50mg钼，10mg镉、锑，5mg钒，1mg银，50μg铊、镓，20μg锗、硒，10μg铂、钯均不影响金的萃取分离和测定。

本法适合于铜、铅、锌、镍矿石中0.0X～Xg/t金的测定。

2. 仪器及试剂

（1）仪器　同“一、铅试金富集原子吸收光谱法”。

（2）试剂　二苯硫脲溶液（2g/L）：丙酮溶液。

金标准溶液（1mg/L）：称取0.1000g纯金（99.9%）置于50mL烧杯中，加入10mL王水，在电热板上加热溶解完全后，加入5滴200g/L氯化钠溶液，于水浴上蒸干，加2mL盐酸蒸发至干（重复三次），加入10mL盐酸温热溶解后，用水定容至100mL，此溶液含金1mg/mL。取该溶液配制成含金100μg/mL的标准溶液，用时稀释成含金0.1μg/mL的工作溶液［10%（体积分数）盐酸介质］。

3. 分析步骤

溶矿操作同“二、活性炭富集碘量法”。试样分解并蒸至残留酸的体积为20～30mL时取下，移入100mL或200mL容量瓶中，以水定容。待溶液澄清后，视金含量分取上层清液于60mL分液漏斗中，以水稀释至30mL左右，加入1mL 1g/L动物胶溶液、1mL2g/L二苯硫脲丙酮溶液，摇匀，准确加入5mL乙酸丁酯，振荡1min，静置10min，将有机相按仪器工作条件于石墨炉原子吸收光谱仪波长242.8nm处测量其吸光度。

工作曲线的绘制：分别吸取含金0、0.1μg、0.2μg、0.3μg、0.4μg、0.5μg的金标准溶液于一系列60mL分液漏斗中，加入20mL王水（1+1），补加水至30mL，以下同试样分析步骤。

注意事项

① 动物胶的加入与否对金的萃取影响不大，而加入动物胶可以促进萃取后两相分层。

② 经萃取的标准系列可稳定一个星期以上，不必每批带萃取标准。

十一、巯基树脂富集高阶导数卷积熔出伏安法

1. 方法原理

利用新型快速伏安仪，在盐酸或盐酸-氯化钠底液中，用半微分、1.5次微分、2.5次微分的新极谱阳极溶出伏安法测定微量金，具有良好的峰形，分辨率好，灵敏度高，重现性

亦好。在 0.1mol/L HCl 底液中作常规阳极溶出时，线性范围为 0.01～0.3μg/mL，在 0.05mol/L HCl-0.05mol/L NaCl 底液中作 2.5 次微分阳极溶出时，线性范围为 0.001～0.01μg/mL，检出限可达 0.0005μg/mL。

在共存离子中，1000 倍的钴、镍、锌、镉、锡（Ⅳ）、锰（Ⅱ）、铊、硅、铝、钙、镁、钡、硼，100 倍的铁（Ⅲ）、铬（Ⅵ）、钨、钼、砷（Ⅴ），10 倍的锑、硒（Ⅵ）、铜，等量的铅、铋、铂、钯、银不干扰测定。等量以上的铋、铂、钯有正干扰，10 倍以上的铜及 100 倍以上的铁（Ⅲ）有严重的负干扰。

试样用王水分解后，用大孔巯基树脂富集金，使其他元素分离以消除干扰。

2. 仪器及试剂

（1）仪器

83-2.5 多阶自动极谱仪：采用三电极系统（即极谱固体电极作工作电极，饱和甘汞电极作参比电极，自制铂丝电极作辅助电极）。其中工作电极使用前应预处理（先用金相砂纸磨平，再用研细的三氧化二铬粉抛光，用湿滤纸揩净，依次用 100g/L 碳酸钠溶液、乙醇、水洗，最后用干滤纸揩干，即可使用）。

LM-15 型 X-Y 函数记录仪；康氏振荡机。

（2）试剂　大孔巯基树脂（粒度 0.45～0.145mm）：用 6mol/L HCl 浸泡一夜后，用水洗至中性备用。

1mg/L 金标准溶液：参见本模块任务二。取该溶液配制成含金 1μg/mL 及 0.1μg/mL［均为 10%（体积分数）盐酸介质］的工作溶液。

3. 分析步骤

溶矿操作同“八、螯合树脂富集原子吸收光谱法”。从 200mL 容量瓶中分取上层清液于 50mL 比色管中，用小量杯量取 1mL 大孔巯基树脂，用水洗入比色管中，加入 15%（体积分数）盐酸至总体积为 30mL，盖上比色管塞，放在振荡机上振荡 30min，静置，待树脂沉降后，倾去溶液，用水洗树脂，再倾去溶液，重复三次，再将树脂转移到漏斗上过滤，用水洗至无铁离子（用硫氰酸钾溶液检查），树脂用滤纸包好后放入 30mL 瓷坩埚中，在电炉上烘干后移入高温炉中，于 700℃灼烧 30～40min，使滤纸和树脂完全灰化，取出冷却，加入 2mL 王水低温加热溶解，蒸至近干，加数滴盐酸重复蒸干两次，准确加入 10mL 0.1mol/L HCl 溶液，摇动坩埚使其溶解，然后转入电解池中，进行阳极溶出测定。先在－1.0V 搅拌预电解富集然后静止 30s，再迅速将电位退至 0V，以 200mV/s 的速率反扫描至＋1.2V，记录溶出过程的 i-E 曲线（溶出峰电位约 0.65V），度量峰高。

根据试液中的含金量，加入一定量金标准溶液于测定后的试液中，摇匀，在相同条件下再次测定，度量峰高，用标准加入法计算试样中的金含量。

注意事项

① 根据试液中的金含量，用 83-2.5 多阶自动极谱仪，可以选择半微分、1.5 次微分及 2.5 次微分阳极溶出伏安法测定，其灵敏度分别为常规法的 2 倍、16 倍、50 倍，且高阶导数谱图的分辨率高，峰形对称性好，便于准确测量峰高。

② 每次测定完毕，将电极取下，洗净揩干后干燥存放。若电极使用一段时间后，发现灵敏度下降，峰形不正常，应按预处理方法再处理，必要时可用硝酸（1+1）浸泡以洗净电极表面的污染。

十二、火试金法测定金

1. 方法原理

将试样加入适量的银包于铅箔中，在920～950℃进行灰吹，使金银与铅和其他杂质分离。用硝酸分金，重量法进行测定。以接近试样含金量的金标样校正金含量。

本法适用于大于99.50%～99.95%金含量的测定。

2. 仪器及试剂

(1) 仪器　试金电炉：有温度指示及调控系统，可升温至1100℃。

精密天平：感量0.01mg。

碾片机：可碾至厚度0.1mm。

分金栏：用0.5～1.0mm不锈钢片制成（10mm×10mm×10mm）（或铂金网），底部（在靠近方格交叉点处）钻孔（ϕ5mm），边部有提栏，可放入分金玻璃容器中。

灰皿：骨灰皿或镁砂灰皿。

骨灰皿：高温灼烧的牛羊骨灰，粉碎后粒度小于0.147mm，加水10%～15%，搅拌后压制成型，自然干燥1个月后使用。灰皿尺寸：直径30mm，高20mm，内径25mm，凹面深度10mm。

镁砂灰皿：用煅烧镁砂粉（粒度小于0.147mm）与525号硅酸盐水泥按85∶15混合加入少量水搅拌压制成型，自然干燥1个月后使用。灰皿尺寸：直径40mm、高30mm，内径30mm，凹面深度15mm。

(2) 试剂　铅箔（质量分数≥99.99%纯铅，压成0.1mm的薄片，剪成51mm×51mm）；纯银（质量分数≥99.99%）；金标样（应与试样含量接近）；硝酸［(1+1)、(2+1)］。

3. 分析步骤

称取3份0.50000g或1.00000g金试样，各加入2.5倍的银，分别用3张铅箔包成球形（同时带金标样）。在炉温900℃时放入灰皿，待炉温升至950℃时保持5min，将铅球放入灰皿（标样灰皿穿插其中），待其熔融，稍开炉门灰吹约15min，温度控制在920～950℃，当合粒表面出现的闪光点消失后，马上关闭炉门，断电，炉温降至750℃以下，打开炉门，取出灰皿，用镊子取出合粒，刷净其表面，锤成2mm的薄片，在700～750℃退火3min，碾成0.2mm的薄片再退火3min，冷却后卷成空心卷。

把金卷放入分金栏内，第一次分金用硝酸（1+1），时间为30min，开始温度为90～95℃，控制温度低于110℃；第二次分金用硝酸（2+1），时间为40min，温度低于120℃；第三次分金用硝酸（2+1），时间为30min，温度低于120℃。取出分金栏，用热水洗金卷5次，放入30mL瓷坩埚中，烘干，于850℃灼烧5min，冷却后称量。

4. 结果计算

按式（7-2）计算金的含量，以质量分数表示：

$$w(\mathrm{Au})=\frac{m_1+(m_3D-m_4)}{m_2}\times100\% \qquad (7\text{-}2)$$

式中 m_1——测得试样金卷质量，g；

m_2——称取试样质量，g；

m_3——称取标样质量，g；

m_4——测得标样质量，g；

D——金标样中金的质量分数，%。

【任务训练十一】 矿石中金含量的测定

训练提示

① 准确填写《样品检测委托书》，明确检测任务。

② 依据检测标准，制订详细的检测实施计划，其中包括仪器、药品准备单、具体操作步骤等。

③ 按照要求准备仪器、药品，仪器要洗涤干净，摆放整齐，同时注意操作安全；配制溶液时要规范操作，节约使用药品，药品不能到处扔，多余的药品应该回收，实验台面保持清洁。

④ 选择具体方法，依据具体操作步骤认真进行操作，仔细观察实验现象，及时、规范地记录数据，实事求是。

⑤ 计算结果，处理检测数据，对检测结果进行分析，出具检测报告。

实验中应自觉遵守实验规则，保持实验室整洁、安静、仪器安置有序，注意节约使用试剂和蒸馏水，要及时记录实验数据，严肃认真地完成实验。

考核评价

过程考核	任务训练				
	序号	考核项目	考核内容及要求(评分要素)		
			A	B	C
专业能力	1	项目计划决策	计划合理，准备充分，实践过程中有完整规范的数据记录	计划合理，准备较充分，实践过程中有数据记录	计划较合理，准备少量，实践过程中有较少或无数据记录
	2	项目实施检查	在规定时间内完成项目，操作规范正确，数据正确	在规定时间内完成项目，操作基本规范正确，数据偏离不大	在规定时间内未完成项目，操作不规范，数据不正确
	3	项目讨论总结	能完整叙述项目完成情况，能准确分析结果，实践中出现的各种现象，正确回答思考题	能较完整地叙述项目完成情况，能较准确地分析结果，实践中出现的各种现象，基本能够正确回答思考题	能叙述项目完成情况，能分析结果，实践中出现的各种现象，能回答部分思考题

续表

过程考核	任务训练				
职业素质	序号	考核项目	考核内容及要求(评分要素)		
			A	B	C
	1	考勤	不缺勤、不迟到、不早退、中途不离场	不缺勤、不迟到、不早退、中途离场不超过1次	不缺勤、不迟到、不早退、中途离场不超过2次
	2	5S执行情况	仪器清洗干净并规范放置,实验环境整洁	仪器清洗干净并放回原处,实验环境基本整洁	仪器清洗不够干净,未放回原处,实验环境不够整洁
	3	团队配合力	配合得很好,服从组长管理	配合得较好,基本服从组长管理	不服从管理
合计	100%				

1. 研究性习题

① 请课后查阅资料，谈谈黄金的性质如何？怎样辨别黄金饰品的真伪和成色？怎样去除黄金或其他饰品上的汗渍、污物或表面氧化层？

② 小组讨论矿石中金的测定方法有哪些？说说每种方法的优缺点。

2. 理论习题

① 金矿石试样的溶样方法有哪些？各有何特点？

② 某金矿石中的金的测定结果为：0.057%、0.056%、0.057%、0.058%、0.055%，试求算术平均值和标准偏差。

③ 测定某金矿石中金的含量，得到的质量分数分别为：1.61%、1.53%、1.54%、1.83%。当作出分析报告时，四位数据是否有应该取舍的分析结果？

模块八 银矿石分析

知识目标

1. 了解自然界存在的银及银的性质。

2. 掌握矿石试样中银的分离与富集方法。

3. 掌握矿石中银含量的测定原理、试剂的作用、测定步骤、结果计算、操作要点和应用。

能力目标

1. 能正确进行矿石试样中银的分离与富集操作，正确选择不同试样的分解处理方法及有关试剂和器皿。

2. 能够正确管理银矿石样品及副样，能够正确处理样品及副样保存时间。

3. 能运用不同的方法测定矿石试样中银的含量。

任务一 认识银和银矿石

一、银的性质

1. 银的物理性质

银是一种白色金属，具有强烈的金属光泽。原子序数 47，硬度（H）2.9，原子量 107.870，纯银熔点为 961.93℃，沸点为 2210℃，20℃时密度为 10.49g/cm^3。纯银的塑性好，冷热加工性能好。在所有金属中，银对白色光线的反射性最好，导热性及导电性最高。在贵金属中，银的密度小，熔点低，产量大，价格便宜。

白银的特性主要表现在它的强度、延展性、导热性和导电性，以及它对光反射的灵敏性，尽管白银被视为一种贵金属，但其基本的作用是用于催化剂和照片。而它集多种优点于一身的特性决定了在其绝大多数的应用中，很难找到其他的替代品，特别是在那些可靠性、精确性和安全性压倒一切的高科技领域。

2. 银的化学性质

银的特征氧化数为+1，其化学性质比铜差，常温下，甚至加热时也不与水和空气中的氧作用。但当空气中含有硫化氢时，银的表面会失去银白色的光泽，这是因为银和空气中的 H_2S 化合成黑色 Ag_2S 的缘故。其化学反应方程式为：

$$4Ag+2H_2S+O_2 \longrightarrow 2Ag_2S+2H_2O$$

银不能与稀盐酸或稀硫酸反应放出氢气，但银能溶解在硝酸或热的浓硫酸中。

银易形成配合物，用氰化物从银的硫化物矿或砂金中提取银，就是利用这一性质。例如：

$$2Ag_2S+10NaCN+O_2+2H_2O \longrightarrow 4Na[Ag(CN)_2]+4NaOH+2NaCNS$$

然后加入锌粉，金、银即被置换出来：

$$2Na[Ag(CN)_2]+Zn \longrightarrow Na_2[Zn(CN)_4]+Ag$$

3. 银的化合物

银通常形成氧化值为+1的化合物，在介绍这些化合物之前，首先对他它们的性质作一概述。

① 在常见的银的化合物中，只有 $AgNO_3$ 易溶于水，其他如 Ag_2O、卤化银（AgF 除外）、Ag_2CO_3 等均难溶于水。

② 银的化合物都有不同程度的感光性。例如 AgCl、$AgNO_3$、Ag_2SO_4、AgCN 等都是白色结晶，见光变成灰黑或黑色。AgBr、AgI、Ag_2CO_3 等为黄色结晶，见光也变成灰色或黑色。故银盐一般都用棕色瓶盛装，瓶外裹上黑纸则更好。

③ 银河许多配体易形成配合物。常见的配体有 NH_3，CN^-，SCN^-，$S_2O_3^{2-}$ 等，这些配合物可溶于水，因此难溶的银盐（包括 Ag_2O）可与上述配体作用而溶解。

下面介绍几种重要化合物。

（1）硝酸银（$AgNO_3$）是最重要的可溶性银盐，这不仅因为它在感光材料、制镜、保温瓶、电镀、医药、电子等工业中用途广泛，还因为它容易制得，且是制备其他银化合物的原料。如 $AgCO_3$（黄）、AgCN（白）、Ag_2SO_4（白）、Ag_2S（棕黑）、AgCl（白）、AgBr（浅黄）、AgI（亮黄）等可由所对应的酸或可溶性盐与 $AgNO_3$ 制备而得到；与 NaOH 溶液可制得 Ag_2O（棕黑）沉淀。

$AgNO_3$ 在干燥空气中比较稳定，潮湿状态下见光容易分解，并因析出单质银而变黑：

$$2AgNO_3 \xrightarrow{\text{光}} 2Ag+2NO\uparrow+2O_2\uparrow$$

$AgNO_3$ 具有氧化性，遇微量有机物即被还原成单质银。皮肤或工作服沾上 $AgNO_3$ 后逐渐变成紫黑色。它有一定的杀菌能力，对人体有一定的烧蚀作用。它的溶液能把醛和某些糖类氧化，本身被还原为 Ag，工业上利用这类反应来制镜或在暖水瓶的夹层中镀银。

（2）氧化银（Ag_2O）在 $AgNO_3$ 溶液中加入 NaOH，首先析出极不稳定的白色 AgOH 沉淀，它立即脱水转为棕黑色的 Ag_2O：

$$AgNO_3+NaOH \longrightarrow AgOH\downarrow+NaNO_3$$

$$2AgOH \longrightarrow Ag_2O+H_2O$$

Ag_2O 具有较强的氧化性，与有机物摩擦可引起燃烧，能氧化 CO、H_2O_2，本身被还原为单质银：

$$Ag_2O+CO \longrightarrow 2Ag+CO_2$$

$$Ag_2O+H_2O_2 \longrightarrow 2Ag+O_2\uparrow+H_2O$$

Ag_2O 与 MnO_2、Co_2O_3、CuO 的混合物在室温下，能将 CO 迅速氧化为 CO_2，因此被用于防毒面具中。

Ag_2O 与 NH_3 作用，易生成配合物$[Ag(NH_3)_2]^+$，它暴露在空气中易分解为黑色的易爆物 AgN_3，凡是接触过的器皿、用具，用后必须立即清洗干净，以免潜伏隐患。

氯化银（AgCl）由 $AgNO_3$ 和盐酸（或其他可溶性氯化物）反应制得。银是贵重金属，合成时通常让 Cl^- 过量，使 AgCl 尽量沉淀完全。但需注意，AgCl 会溶解在过量的 Cl^- 中，由于发生了下面的配合作用：

$$2AgCl(s)+Cl^- \longrightarrow [AgCl_2]^-$$

Cl^- 过量越多，AgCl 的溶解度越大。故 HCl 或氯化物的投料量也不宜过多。

二、银矿石

银 Ag 在地壳中的含量很少，仅占 $1\times10^{-5}\%$，在自然界中有单质的自然银存在，但主要以化合物状态产出。银矿石工业类型是根据矿物共生组合、选、冶特点划分的矿石工业类型。一般分为银矿石、银金矿石、银多金属矿石（银铅矿石、银铅锌矿石、银铜矿石）和银钒矿石等。地质勘查中应研究不同类型矿石的分布范围、储量情况、选冶条件和效果。

根据矿物组成及选别特点，可将银矿石分为下列几类。

（1）含少量硫化物的银矿石　银是唯一可回收的有用组分，硫化物主要为黄铁矿，其他有回收价值的伴生组分少，通常将其称为单一银矿。此类矿石一般可用浮选、氰化法就地产银。

（2）含银铅锌矿石　银、铅、锌均有回收价值，是生产白银的主要矿物原料。目前生产中一般用浮选法将银富集于铅精矿及锌精矿中，送冶炼厂综合回收银。黄铁矿精矿中的银一般损失于黄铁矿烧渣中。

（3）含银金矿石或金银矿石　金矿中银与金共生，常组成合金称为银金矿或金银矿，回收金时可回收相当量的银，此类矿石常与黄铁矿密切共生。一般用浮选法预选富集为矿物精矿，用氰化法就地产出金银或送冶炼厂综合回收金银。

（4）含银硫化铜矿石　各国多数硫化铜矿石均含有少量银，银存在于自然金和其他矿物中，可将金银作副产品富集于硫化铜精矿中，送冶炼厂综合回收金银。

（5）含银钴矿石　有的钴矿中，银存在于方解石中，与毒砂、斜方砷铁矿共生。此类矿床较少，一般选别流程较复杂。

（6）含银锑矿石　此类矿石可同时回收银、锑、铅等有用组分。

任务二　银矿石分析试样的制备

一、化学分析样品制备

见绪论及模块三，此处略。

二、银矿石试样的溶（熔）解

参见绪论及金矿石试样的溶（熔）解，此处略。在具体实验中分别讲述。

任务三 银矿石中银含量的测定方法

一、铅试金富集硫氰酸钾滴定法

1. 方法原理

将试金所得金、银合粒用稀硝酸溶解其中的银，以硫酸铁铵为指示剂，用硫氰酸钾标准溶液滴定至淡红色，即为终点。其主要反应式如下：

$$Ag^{+}+KCNS \longrightarrow K^{+}+AgCNS\downarrow$$

$$Fe^{3+}+3KCNS \longrightarrow 3K^{+}+Fe(CNS)_3$$

2. 试剂

硫氰酸钾标准溶液［c(KCNS)＝0.02mol/L］：称取 1.000g 硫氰酸钾，置于 100mL 烧杯中，加水溶解，移入 500mL 容量瓶中，以水定容。

硫酸铁铵指示剂：取一份硫酸铁铵饱和溶液加三份硝酸（1＋3），混匀。

标定：称取三份 50.00mg 纯银（99.99％）分别置于 50mL 瓷坩埚中，加 10mL 不含氯根的硝酸（1＋7），微热溶解并蒸至约 1mL，加入少量水和 1mL 硫酸铁铵指示剂，以硫氰酸钾标准溶液滴定至淡红色，即为终点。

3. 分析步骤

试样经铅试金富集后，所得的金、银合粒用小镊子从灰皿中取出，刷去黏附的杂质，在小钢砧上锤成薄片，放入 30mL 瓷坩埚中，加入 10～15mL 硝酸（1＋7），置于电热板低温处，保持近沸并蒸至约 1mL，取下冷却，用热水洗涤坩埚壁后，将硝酸银溶液转入 50mL 瓷坩埚中，并用热水洗涤原坩埚及其中的金粒三次，洗涤液合并于 50mL 瓷坩埚中，待冷却后加入 1mL 硫酸铁铵指示剂，用硫氰酸钾标准溶液滴定至淡红色，即为终点。

4. 结果计算

由式（8-1）计算得：

$$w(Ag)=\frac{T(V-V_0)}{m}\times 10^6 \tag{8-1}$$

式中 T——与 1.00mL 硫氰酸钾标准溶液相当的银的质量，g；

V——试液消耗硫氰酸钾标准溶液的体积，mL；

V_0——空白液消耗硫氰酸钾标准溶液的体积，mL；

m——称取试样量，g；

$w(Ag)$——银的含量，g/t。

注意事项

① 分金时，必须在无氯根的条件下进行。

② 银含量大于15g/t时，必须补正，否则结果偏低。

二、催化吸光光度法

1. 方法原理

试样以焦硫酸钾熔融，以水浸取在pH=4.7的乙酸-乙酸钠缓冲溶液中，用EDTA、柠檬酸铵作掩蔽剂，以双硫腙富集微量银。当含有50mg铁，5mg钙、镁、铝，1mg铜、铅、锌、钼时不干扰测定。微克量银的萃取回收率可达98%以上。

在pH=3.2的乙酸-乙酸钠缓冲溶液中，银离子对相当稳定的亚铁氰化物的分解有催化作用，分解产物与2,2′-联吡啶配位，形成橙红色的配合物。在一定条件下，催化形成橙红色配合物，颜色的深度与银的质量浓度成比例，因此可于吸光光度计波长520nm处测量吸光度，间接测定银。

10μg钴，5μg镉，4μg锡，2μg铋、铟、金，1μg钛、铂均不干扰测定。铁、镍对测定有正干扰，铜、铅、锌、锰、钯的存在对测定有负干扰，可加入EDTA掩蔽消除干扰。由于汞与银同时被萃取，对测定有干扰。

本法适用于矿石中0.1～5g/t银的测定。

2. 试剂

缓冲溶液A（pH=4.7）：称取200g结晶乙酸钠溶解于水中，加入40mL冰乙酸，用水稀释到1L（用稀双硫腙-苯溶液萃取一次，除去杂质）。

缓冲溶液B（pH=3.2）：称取140g结晶乙酸钠溶解于水中，加353mL冰乙酸，用水稀释到1L（用稀双硫腙-苯萃取分离杂质一次）。

混合洗液：用一份200g/L柠檬酸铵溶液，一份100g/L EDTA溶液和三份缓冲液A混合配制而成。

1g/L双硫腙-苯溶液：称取0.2g双硫腙，溶于100mL四氯化碳中，过滤于500mL分液漏斗中，加100mL 1%（体积分数）氨水，振荡1min，分层后弃去有机相，于水相中加入1.5mL乙酸（1+1），调节至有黑色沉淀出现，并过量几滴，然后加入200mL苯振荡，弃去水相，有机相转入棕色瓶中保存。

0.05g/L双硫腙-苯溶液：取上述溶液用苯稀释20倍。

1g/L溴酚蓝指示剂：每100mL指示剂溶液中，加入3mL0.01mol/L NaOH溶液。

银标准贮存溶液：称取0.1000g纯银（99.99%）于烧杯中，加入10mL硝酸加热溶解，用水洗入1000mL棕色容量瓶中，以水定容，此溶液含银100μg/mL。

银标准溶液：吸取1mL上述溶液于100mL容量瓶中，用0.3mol/L HNO_3 溶液定容。此溶液含银1μg/mL（现用现配）。

3. 分析步骤

称取0.5000～1.0000g试样于30mL瓷坩埚中（若含硫高时应先焙烧除硫），加入10倍量的焦硫酸钾，拌匀，放入马弗炉中，从低温升至700℃熔融5～10min（熔融过程中摇动1～2次），取出稍冷，于150mL烧杯中用水浸出，加2mL硝酸，加热至沸，冷却后移入50mL容量瓶中，以水定容。待溶液澄清后（或干过滤），视含银量多少取分液于150mL烧杯中，加入10mL 100g/L EDTA溶液，5mL 200g/L柠檬酸铵溶液，加热煮沸，冷却后转入125mL分液漏斗中，加1滴1g/L溴酚蓝指示剂，用氨水（1+1）调节至由黄色变为蓝色（试样中含铁量高时呈草绿色），加入15mL缓冲液A，10mL 0.05g/L双硫腙-苯溶液，振荡1min，分层后弃去水相，有机相中加5mL混合洗液振荡0.5min，用水洗净分液漏斗颈部，将有机相放入25mL烧杯中，在电热板上蒸干，取下，加2mL硝酸，3～4滴高氯酸，在电热板上冒尽白烟，取下再加硝酸，高氯酸，如此重复3～4次，至残渣呈白色为止。取下，加4～5mL 0.3mol/L HNO_3溶液，温热溶解，冷却后，转入25mL干比色管中，以滴定管准确加入5mL缓冲液B，用0.3mol/L HNO_3溶液稀释至10mL，加入1.3mL 20g/L亚铁氰化钾溶液，1mL 6g/L 2,2′-联吡啶溶液，摇匀，放入60℃恒温水浴中保温4min，以秒表计时。4min后立即在流水中冷却到20℃以下，20min后，用2cm吸收皿，于吸光光度计波长520nm处测定其吸光度。与分析试样同时进行空白试验。

工作曲线的绘制：分别吸取含银0、0.2μg、0.4μg、0.6μg、0.8μg、1.0μg的银标准溶液于一系列125mL分液漏斗中，依次加10mL水、10mL 10g/L EDTA溶液、5mL 200g/L柠檬酸铵溶液、15mL缓冲溶液A、10mL 0.05g/L双硫腙-苯溶液，振荡1min，以下操作同分析步骤。

注意事项

① 铁离子对光度测定影响很大，在萃取分离银之后，切勿带入铁离子，否则结果偏高。

② 试液和标准发色时，温度和时间必须保持一致。

③ 亚铁氰化钾溶液现用现配，防止亚铁氰化钾分解。分析中均用二次蒸馏水。

三、双硫腙-苯萃取吸光光度法

1. 方法原理

在pH=4.7的硝酸-乙酸钠缓冲溶液中，银与双硫腙生成酮式配合物并被苯萃取，可于吸光光度计波长610nm处测定有机相中银的吸光度。

铅、铜、镍、钴、铁和锰等干扰测定，可用EDTA掩蔽消除。汞、钯、铂和部分铜同时进入有机相，用氯化钠-盐酸溶液反萃取，银以氯络阴离子进入水相与汞分离。水相中的银再用双硫腙-苯萃取。在10mL苯中含银0～25μg符合比尔定律。

2. 试剂

硝酸-乙酸钠缓冲溶液（pH=4.7）：称取414.5g结晶乙酸钠，溶于500mL水中，加入64mL硝酸，加热煮沸以除去亚硝酸，冷却，用水稀释至1L。

1g/L溴酚蓝溶液：每100mL溶液中，加入3mL 0.01mol/L NaOH溶液。

0.25g/L双硫腙-苯溶液：称取0.025g双硫腙，溶于50mL苯中，转移至250mL分液漏斗中，加100mL 2%（体积分数）氨水（其中含有约1g EDTA和0.1g硫代硫酸钠）萃取1min，此时双硫腙转入水相呈橙黄色。分层后将水相放入另一分液漏斗中，滴加硫酸（1+1）至溶液由黄变紫，加100mL苯，萃取1min，使双硫腙进入有机相，放入棕色瓶内保存。按需要分取有机相，放入另一棕色瓶中，用苯稀释至吸光度于0.8～1.0之间。试剂加盖儿避光放置，待稳定后使用。为了保护双硫腙不被氧化，在瓶中加入含有20g/L亚硫酸钠、100g/L EDTA缓冲液各10mL和100mL水的混合液，振摇数分钟，于暗处保存可以长期稳定。

3. 分析步骤

称取0.5000～1.0000g样品于150mL烧杯中，以水湿润样品，加20mL盐酸，煮沸分解硫化物，再加5mL硝酸，蒸至10mL左右，加5mL高氯酸冒烟至湿盐状，用水洗表面皿及杯壁，加10mL 250g/L氯化钠溶液，煮沸，冷却后移入50mL容量瓶中，用水定容，干过滤。分取滤液（视银含量而定）于125mL分液漏斗中，补加3mL 250g/L氯化钠溶液，加20mL 100g/L EDTA溶液，1mL20g/L亚硫酸钠溶液，以1g/L溴酚蓝为指示剂，用氨水（1+1）和硝酸（1+1）调至pH=4～5（试样用pH试纸检查），加15mL硝酸-乙酸钠，用水稀释至75mL，加入10mL双硫腙-苯稀溶液，振摇1min，分层后有机相在波长610nm处，以苯作参比，测定吸光度。分析试样时应带空白。

工作曲线的绘制：分取含银0、5μg、10μg、15μg、20μg银标准溶液于125mL分液漏斗中，加8mL 250g/L氯化钠溶液，20mL 100g/L EDTA溶液，1mL 20g/L亚硫酸钠溶液，以下操作同分析步骤。根据所测的结果绘制工作曲线。

注意事项

① 用双硫腙-苯萃取试液时，苯层应呈现剩余双硫腙的绿色，否则应补加双硫腙-苯溶液。有机相和水相体积的改变对萃取无影响。

② 试样中汞时，汞与银同时进入有机相，必须采用0.03mol/L HCl-200g/L氯化钠溶液反萃取，使银进入水相，再用双硫腙-苯萃取银，或水相直接用原子吸收光谱法测定。

四、火焰原子吸收光谱法

1. 方法原理

试样用盐酸、硝酸和高氯酸分解，在10%（体积分数）盐酸介质中，于原子吸收光谱仪波长328.1nm处，使用空气-乙炔火焰，测量试液中银的吸光度。

试液中共存的各种阴、阳离子对银的火焰法测定几乎都不产生干扰，但如称样量较大，稀释体积较小，其背景值较大，此时须用背景校正器扣除背景吸收。也可用非吸收线332.3nm进行背景校正。

2. 仪器与试剂

(1) 仪器　原子吸收光谱仪；空气-乙炔燃烧器；银空心阴极灯。

(2) 试剂　银标准溶液：称取0.1000g纯银（99.99%）于烧杯中，加入10mL硝酸加热溶解，用水洗入1000mL棕色容量瓶中，以水定容，此溶液含银100μg/mL。

3. 分析步骤

称取0.1000～1.0000g样品于150mL烧杯中，用水湿润，加20mL盐酸，煮沸分解硫化物，再加5mL硝酸，加热溶解至体积为10mL左右，加5mL高氯酸，加热冒烟至湿盐状，取下冷却，用水洗表面皿及杯壁，加盐酸［加入量使最后测定溶液酸度保持在10%（体积分数）］煮沸使可溶性盐类溶解，冷却至室温，移入容量瓶中（视含量而定），以水定容，静置或干过滤，滤液按仪器最佳工作条件，于原子吸收光谱仪波长328.1nm处测量吸光度。

工作曲线的绘制：分别取2.50μg/L、5.00μg/L、7.50μg/L、10.00mL 100μg/L的银标准溶液于500mL容量瓶中，加50mL盐酸，以水定容。此溶液分别为0.50μg/mL，1.00μg/mL，1.50μg/mL，2.00μg/mL银标准溶液，然后按样品相同条件进行测定。

注意事项

① 高氯酸烟不能蒸得太干，否则结果会偏低。

② 如果试样硅含量很高或被灼烧过，参见“五、二苯硫脲-乙酸丁酯萃取原子吸收光谱法”加入氢氟酸分解试样。

③ 试液中含铅量较高时会因析出大量$PbCl_2$沉淀而干扰测定。可以在加盐酸煮沸取下后，立即加入20%（体积分数）二乙烯三铵（加入量控制在最后测定的试液中含二乙烯三铵2%～3%）与铅和银形成配合物，消除干扰。

五、二苯硫脲-乙酸丁酯萃取原子吸收光谱法

1. 方法原理

试样用盐酸、硝酸、氢氟酸和高氯酸分解。在稀盐酸介质中，用二苯硫脲-乙酸丁酯萃取银。以原子吸收光谱仪，于波长328.1nm处，使用空气-乙炔火焰，测量有机相中银的吸光度。

本法适用于矿石中0.50～10.0g/t银的测定。

2. 仪器与试剂

(1) 仪器　原子吸收光谱仪（备有塞曼效应或连续光谱灯背景校正器）；空气-乙炔燃烧器；银空心阴极灯。

(2) 试剂　银标准溶液：称取0.1000g纯银（99.99%）于烧杯中，加入10mL硝酸加热溶解，用水洗入1000mL棕色容量瓶中，以水定容，此溶液含银100μg/mL。移取25.00mL银标准贮存溶液于500mL容量瓶中，加盐酸75mL，以水定容。此溶液含银5μg/mL。

3. 分析步骤

称取0.5000～1.0000g试样，置于200mL聚四氟乙烯烧杯中，用少许水润湿试样，加入20mL盐酸，于电热板上加热微沸2～3min，加5mL硝酸，再加热3～5min，加20mL氢氟酸，加5mL高氯酸，加热至试样完全溶解。如含硅量高，需再补加氢氟酸。继续加热冒烟至湿盐状或不足1mL，取下稍冷，用水洗杯壁，加3mL盐酸，加热使盐类溶解。取下冷

却。将试液移入25mL比色管，用水稀释至约20mL。准确加入5mL 2g/L二苯硫脲的乙酸丁酯溶液，振荡萃取1min，静置分层。于原子吸收光谱仪波长328.1nm处，用空气-乙炔火焰，扣除背景，在仪器最佳工作条件下，以乙酸丁酯为参比，测定有机相中银的吸光度。随同试样同时做空白试验。

工作曲线的绘制：分别移取5μg/mL银标准溶液0、0.50mL、1.00mL、1.50mL、2.00mL分别置于一组25mL比色管中，加3mL盐酸，用水稀释至约20mL，准确加入5mL 2g/L二苯硫脲的乙酸丁酯溶液，振荡萃取1min，静置分层。按测定试样的相同条件测定标准溶液系列的吸光度。

注意事项

① 如果试样碳或有机物含量较高，应于600℃先灼烧1h。

② 萃取时，水相盐酸浓度变化范围为5%～20%，有机相与水相的体积比从（1∶1)～(1∶20)，对银的测定无影响。

③ 测完后，可吸入丙酮清洗喷雾系统和燃烧器。

六、石墨炉原子吸收光谱法

1. 方法原理

试样以酸溶解，在稀盐酸介质中，采用磷酸氢二铵作为基体改进剂，以提高银的灰化温度，免除大量基体对银的干扰，于石墨炉原子吸收光谱仪波长328.1nm处测量吸光度。

本法适用于化探样品中痕量银的测定。

2. 仪器与试剂

(1) 仪器　塞曼原子吸收光谱仪；石墨炉；自动进样器；银空心阴极灯。

(2) 试剂　银标准溶液：移取25.00mL银标准贮存溶液于500mL容量瓶中，加盐酸75mL，以水定容。配成含银5μg/mL的银标准溶液。

3. 分析步骤

称取0.1000～1.0000g试样，参照方法四或方法五的试样分解方法，冒高氯酸烟至湿盐状。取下稍冷，用水洗表面皿和杯壁，加2.5mL盐酸，煮沸使可溶性盐类溶解，取下，加5mL20g/L磷酸氢二铵溶液，将试液移入25mL比色管，以水定容。静置澄清或干过滤。取清液按仪器测定程序和选定的工作条件于原子吸收光谱仪波长328.1nm处测量吸光度。随同试样做空白试验。

工作曲线的绘制：分别移取5μg/mL银标准溶液0、0.20mL、0.40mL、0.60mL、0.80mL、1.00mL于25mL比色管中，加2.5mL盐酸，加5mL20g/L磷酸氢二铵，以水定容。与测定试样同时测定标准系列。

七、甲基异丁基甲酮萃取火焰原子吸收光谱法

1. 方法原理

试料经盐酸、硝酸、氢氟酸、高氯酸分解后，在10%（体积分数）盐酸-24g/L碘化钾-

15g/L 抗坏血酸介质中，以甲基异丁基甲酮萃取银，有机相直接用火焰原子吸收光谱仪，以空气-乙炔火焰，于波长 328.1nm 处测量银的吸光度。

本法适用于钨矿石、钼矿石中 0.5～20g/t 银的测定。

2. 仪器与试剂

(1) 仪器　参照本任务中“五、二苯硫脲-乙酸丁酯萃取原子吸收光谱法”所用仪器。

(2) 试剂　混合试剂：称取 30g 碘化钾，20g 抗坏血酸，用 10%（体积分数）盐酸溶解后稀释至 100mL。

银标准贮存溶液：称取 0.1575g 硝酸银（优级纯）（在 105～110℃下烘干 2h），置于 200mL 烧杯中，加入盐酸（1+1）溶解，用盐酸（1+1）移入 1000mL 容量瓶中，并用此盐酸稀释至刻度，摇匀，此溶液含银 100μg/mL。

银标准溶液 A：移取 20.00mL 银标准贮存溶液，置于 200mL 容量瓶中，用 10%（体积分数）盐酸定容，此溶液含银 10μg/mL。

银标准溶液 B：移取 10.00mL 银标准溶液 A，置于 100mL 容量瓶中，用 10%（体积分数）盐酸定容，此溶液含银 1μg/mL。

3. 分析步骤

称取试料 0.2000～1.0000g 置于 100mL 塑料烧杯中，用少许水润湿。加 1mL 高氯酸，15mL 盐酸，在电热板上加热分解数分钟。取下稍冷后，加 5mL 硝酸。待剧烈作用停止后，加 5mL 氢氟酸，在电热板上加热分解，并蒸发至高氯酸烟冒尽。趁热加入 4mL 盐酸（1+1）溶解盐类。用蒸馏水移入 25mL 比色管中，并稀释至 20mL，摇匀，加入 2mL 混合试剂摇匀，再加 5mL 甲基异丁基甲酮，盖塞振荡 1min。静置分层后，按仪器工作条件，测量有机相的吸光度。同时进行标准系列的测定。随同试料做空白试验。

工作曲线的绘制：移取 0、1.0mL、2.0mL、…、10.0mL 银标准溶液 B，分别置于一组 25mL 比色管中，用 10%（体积分数）盐酸稀释至 20mL，摇匀。加入 2mL 混合试剂，摇匀，再加 5mL 甲基异丁基甲酮，盖塞振荡 1min。静置分层后，按仪器工作条件，测量有机相的吸光度。以银量为横坐标，吸光度为纵坐标，绘制工作曲线。

【任务训练十二】矿石中银含量的测定

训练提示

① 准确填写《样品检测委托书》，明确检测任务。

② 依据检测标准，制订详细的检测实施计划，其中包括仪器、药品准备单、具体操作步骤等。

③ 按照要求准备仪器、药品，仪器要洗涤干净，摆放整齐，同时注意操作安全；配制溶液时要规范操作，节约使用药品，药品不能到处扔，多余的药品应该回收，实验台面保持清洁。

④ 选择具体方法，依据具体操作步骤认真进行操作，仔细观察实验现象，及时、规范地记录数据，实事求是。

⑤ 计算结果，处理检测数据，对检测结果进行分析，出具检测报告。

实验中应自觉遵守实验规则，保持实验室整洁、安静、仪器安置有序，注意节约使用试剂和蒸馏水，要及时记录实验数据，严肃认真地完成实验。

考核评价

过程考核	任务训练　矿石中银含量的测定				
	序号	考核项目	考核内容及要求(评分要素)		
			A	B	C
专业能力	1	项目计划决策	计划合理，准备充分，实践过程中有完整规范的数据记录	计划合理，准备较充分，实践过程中有数据记录	计划较合理，准备少量，实践过程中有较少或无数据记录
	2	项目实施检查	在规定时间内完成项目，操作规范正确，数据正确	在规定时间内完成项目，操作基本规范正确，数据偏离不大	在规定时间内未完成项目，操作不规范，数据不正确
	3	项目讨论总结	能完整叙述项目完成情况，能准确分析结果，实践中出现的各种现象，正确回答思考题	能较完整地叙述项目完成情况，能较准确地分析结果，实践中出现的各种现象，基本能够正确回答思考题	能叙述项目完成情况，能分析结果，实践中出现的各种现象，能回答部分思考题
职业素质	1	考勤	不缺勤、不迟到、不早退、中途不离场	不缺勤、不迟到、不早退、中途离场不超过1次	不缺勤、不迟到、不早退、中途离场不超过2次
	2	5S执行情况	仪器清洗干净并规范放置，实验环境整洁	仪器清洗干净并放回原处，实验环境基本整洁	仪器清洗不够干净，未放回原处，实验环境不够整洁
	3	团队配合力	配合得很好，服从组长管理	配合得较好，基本服从组长管理	不服从管理
合计	100%				

拓展习题

1. 研究性习题

① 请课后查阅资料，谈谈分光光度法的测定原理，操作方法，使用注意事项。

② 小组讨论原子吸收光谱法的分类，测定原理，测定物质的范围，测定条件。

2. 理论习题

① 矿石试样中银含量的测定方法有哪些？各有何特点？

② 称取含银的试样 0.2500g，用重量法测定时，得 AgCl 0.2991g，问：

a. 若沉淀为 AgI，可得此沉淀多少克？

b. 试样中银的质量分数为多少？

③ $[Ag(CN)_2]^-$ 的不稳定常数是 1.0×10^{-20}，若把 1g 银氧化并溶入含有 1.0×10^{-1} mol/L CN^- 的 1L 溶液中，试问平衡时 Ag^+ 的浓度是多少？

模块九 铂矿石分析

知识目标

1. 了解自然界存在的铂及铂的性质。

2. 掌握矿石试样中铂的分离与富集方法。

3. 掌握矿石中铂含量的测定原理、试剂的作用、测定步骤、结果计算、操作要点和应用。

能力目标

1. 能正确进行矿石试样中铂的分离与富集操作，正确选择不同试样的分解处理方法及有关试剂和器皿。

2. 能够正确管理铂矿石样品及副样，能够正确处理样品及副样保存时间。

3. 能运用不同的方法测定矿石试样中铂的含量。

任务一 认识铂和铂矿石

一、铂的性质

1. 铂的物理性质

铂族金属色泽美丽、延展性强、耐熔、耐摩擦、耐腐蚀，在高温下化学性质稳定。因此，它们有着广泛的用途。在铂族金属中，人们最熟悉、用得最多的是铂金。它比贵金属中的黄金、白银等更加稀少和贵重。

纯净的铂金（Platinum，简称 Pt）呈银白色，具金属光泽。铂金的颜色和光泽是自然天成的，历久不变。铂是一种化学元素，俗称白金。它的化学符号是Pt，它的原子序数是78。摩氏硬度为 4～4.5 度，相对密度为 21.45 g/cm^3，熔点为 1773.5℃（黄金为1064.18℃）。延展性强，可拉成很细的铂丝，轧成极薄的铂箔后强度和韧性也都比其他贵金属高得多。1g 铂金即使是拉成 1.6km 长的细丝，也不会断裂；导热导电性能好，铂和铱的合金是制造自来水笔笔尖的材料。

2. 铂的化学性质

化学性质极其稳定，不溶于强酸强碱，在空气中不氧化，化学性质稳定，除王水以外不受酸碱腐蚀；铂金具有独特的催化作用。下面介绍铂的化合物。

(1) 铂的卤化物和卤配合物　铂的两个简单氯化物如 $PtCl_2$、$PtCl_4$ 在分析上并不重要，重要的是它们的氯配合物。$[PtCl_6]^{2-}$ 和 $[PtCl_4]^{2-}$ 是铂的两个典型氯络离子，以酸或盐的形式存在。

$[PtCl_6]^{2-}$ 是用王水溶解金属铂，再用 HCl 反复处理后制成的。它是橘红色的晶体 ($H_2[PtCl_6]\cdot 6H_2O$)，制取时操作要小心，防止局部过热使 $H_2[PtCl_6]$ 发生分解，因此蒸发时有 NaCl 存在是必要的。$Na_2[PtCl_6]$ 易溶于水，在 100g 水中可溶解 39.7g。$Na_2[PtCl_6]$ 也易溶于乙醇，但不溶于乙醇和水的混合液。$K_2[PtCl_6]$、$Rb_2[PtCl_6]$、$Cs_2[PtCl_6]$ 均为黄色的难溶物质，其溶解度（20℃）分别为 1.12g、0.14g、0.08g。$(NH_4)_2[PtCl_6]$ 在 25℃条件下的溶解度为 0.77g，而在 NH_4Cl 饱和溶液中的溶解度降为 0.003g，用于提纯铂。

$[PtCl_6]^{2-}$ 中的 Cl^- 不易被水取代，但能被 OH^- 所取代，且随溶液 pH 值的增加，取代的 Cl^- 可以为 1～6 个。在 $NaBrO_3$ 存在下，Pt(Ⅳ) 的氯配合物的水解产物易溶于水，而铑、铱、钯、钌等生成含水氧化物沉淀，利用此性质与其他铂族金属分离，这就是俗称的 $NaBrO_3$ 水解法。

(2) 铂的氧化物　水合二氧化铂 ($PtO_2\cdot 4H_2O$) 的制备是用过量的碱与 Pt(Ⅳ) 的氯配合物反应，然后再用乙酸或 H_2SO_4 中和而成。新沉淀的 $PtO_2\cdot 4H_2O$ 易溶于酸，其溶解度随脱水的程度而变化，同时氧化物的颜色从白色变为黄色，再变为棕色，最后变为黑色。

水合一氧化铂 ($PtO\cdot H_2O$) 的制备是用强碱与 Pt(Ⅱ) 的氯配合物反应而成。为防止 $PtO\cdot H_2O$ 被氧化，需在 CO_2 等惰性气氛中进行。此化合物可溶于 HCl、H_2SO_4 和 HNO_3，而不溶于强碱。高温时离解为 PtO_2 和 Pt。完全脱水的 PtO 不溶于酸，甚至用王水也不能溶解。同样，用王水溶解铂时要注意局部过热会引起氯铂酸的分解，而产生难熔的氧化物。

(3) 铂的硫酸盐及配合物　铂的简单硫酸盐及配合物有 $Pt(SO_4)_2$、$[Pt_2(SO_4)_4]^{2-}$。在分析中常遇到的硫酸盐配合物是二核或多核的含水和含羟基的硫酸配合物。铂的价态有 Pt(Ⅳ)或 Pt(Ⅲ)，Pt(Ⅲ)形态实际上是 Pt(Ⅱ)和 Pt(Ⅳ)的综合表现。硫酸根配位体有一个或两个，如 $H_2[PtSO_4(OH)_4]$ 或 $H_2[Pt(SO_4)_2\cdot(OH)_2]$。前者在加热失去水后可以生成水溶性的棕色的 $H_2[PtO_2SO_4]$。当 Pt(Ⅱ)的氢氧化物或 $H_2[PtCl_6]$ 与浓 H_2SO_4 反应时，都可得到含羟基的硫酸配合物。在 H_2SO_4 介质中用交流电化法溶解金属铂可得到一种黄色的二核硫酸盐{$H_2[Pt_2(SO_4)_4\cdot(H_2O)_2]\cdot 9.5H_2O$}，其中铂以“三价”形式存在。当金属铂与浓 H_2SO_4 加热至发烟时，可得到一种棕色的 $Pt(OH)_2H_2SO_4\cdot H_2O$。

铂的硫酸盐在水溶液中易水解，其水解产物在较宽的 pH 值范围内是胶体，有碱金属盐存在时，胶体会很快凝结且沉淀。

(4) 铂的硫化物　结晶状的 PtS 为灰色，沉淀得到的 PtS 为黑色，干法制得的 PtS 不溶于无机酸，甚至不溶于王水。新鲜沉淀的 PtS_2 能缓慢地溶于热 HNO_3 和王水。

在铂的氯配合物溶液中通入 H_2S，由于条件的不同，沉淀物也不同。在常温下沉淀为 PtS，加热至 90℃时沉淀为 PtS_2。在乙酸缓冲溶液中，沉淀为硫化物，因干燥温度不同，可得到 $PtS_2 \cdot 3H_2O$ 和 $PtS_2 \cdot 5H_2O$。

硫化物的热分解情况表明，在加热条件下，其硫化物逐渐失去水分和放出硫，310℃以上时，可分解为金属铂。

(5) 铂的硝酸盐、亚硝酸盐及其配合物　铂的简单硝基配合物尚未制出。已制得的 Pt(Ⅳ) 的硝基配合物中往往含有 NO_2^-、OH^- 和 NH_3。

铂的亚硝基配合物有$[Pt(NO_2)_6]^{2-}$、$[Pt(NO_2)_4]^{2-}$。当$[PtCl_6]^{2-}$与 NO_2^- 反应时，pt(Ⅳ)首先还原为 pt(Ⅱ)，接着 NO_2^- 取代配合物内界的 Cl^- 而生成 $Pt[(NO_2)_4]^{2-}$。$[Pt(NO_2)_4]^{2-}$很稳定，即使在 pH 值为 10 条件下煮沸也不发生水解。$[Pt(NO_2)_4]^{2-}$与 Na_2S 反应生成 PtS 沉淀。$[Pt(NO_2)_4]^{2-}$可被 $KMnO_4$ 和发烟 HNO_3 缓慢地氧化为$[Pt(NO_2)_6]^{2-}$。$[Pt(NO_2)_6]^{2-}$很稳定，与氨和还原剂不反应。$[Pt(NO_2)_6]^{2-}$与 HCl 在煮沸条件下得到含 NO_2^- 和 Cl^- 的$[Pt(NO_2)_3Cl_3]^{2-}$。

(6) 铂的氨配合物　Pt(Ⅱ)形成的氨配合物通式为$[Pt(NH_3)_nX_{4-n}]_{n-2}$(X 代表卤素)。$NH_3$ 可以是 1、2、3、4。当 NH_3 为 1、3、4 时，其相应的配合物为带电离子，易溶于水；当 NH_3 为 2 时，配合物为中性分子，难溶于水。当 $Na_2[PtCl_4]$与过量氨水反应时生成亮黄色的顺式$[Pt(NH_3)_2Cl_2]$沉淀，此盐在水中的溶解度很小，在 25℃条件下仅为 0.25g，同时还夹杂石绿色的$[Pt(NH_3)_4][PtCl_4]$不溶物，有时有部分玫瑰色的$[Pt(NH_3)_3Cl_2][PtCl_4]$沉淀。顺式$[Pt(NH_3)_2Cl_2]$在过量氨水中加热，变为无色的$[Pt(NH_3)_4]Cl_2$，将此盐用浓 HCl 煮沸时，两个 Cl^- 取代两个对位上的 NH_3 而生成一种反式$[Pt(NH_3)_2Cl_2]$，也是一种亮黄色的难溶配合物。

Pt(Ⅳ)的氨配合物通式为$[Pt(NH_3)_nX_{6-n}]_{n-2}$。其制备方法较复杂，一般是用氧化相应的 Pt(Ⅱ)的氨配合物制取。

二、铂矿石

1. 铂的矿物原料

铂族金属主要赋存在超基性岩和基性岩中。其中原生铂矿中的铂族矿物粒度细小分散，品位较低。砂矿中的矿物种类、成分及产状与原生矿相比都有一些变化。如含锇高的称为铱锇矿，含铱高的称为锇铱矿，是锇和铱的天然合金。此类矿物化学性质十分稳定，极难分解。另一类是含铂硫化铜镍矿，其中有六种铂族元素共生在一起，以铂、钯为主，钌、铑次之，铱、锇较少。此外，在以铜硫化物为主的铜矿中，伴生不同数量的铂、钯；铜钼矿主要含锇，并伴生少量铂、钯、铑；某些锰矿中含有少量铂、钯、铱、铑。

2. 铂的贮量及产量

在自然界铂金的贮量比黄金稀少。据不完全统计，世界铂族元素矿产资源总贮量约为 3.1 万吨。其中，铂金总贮量约为 1.4 万吨。虽然有 60 多个国家都发现并开采铂矿，但其贮量却高度集中在南非和前苏联。其中，南非（阿扎尼亚）的铂金贮量约为 1.2 万吨，以德兰士瓦铂矿床最著名，是世界上最大的铂矿床。前苏联的铂金贮量为 1866t，曾在乌拉尔砂铂矿中发现过重达 8～9kg 的自然铂，在原生矿中也获得过重 427.5g 的自然铂。两者的总贮量占世界总储量的 98%。

世界铂金的年产量仅85t，远比黄金少。世界上仅有少数几个国家出产铂金。南非的铂金产量占全球总产量的80%以上，其余大部分是俄罗斯出产的。全世界铂金的年产量，只有黄金年产量的5%。

3. 铂矿床

在中国，铂族金属主要产于硫化铜-镍矿床。其中，主要产于金川硫化铜-镍矿床。在中国云南铂矿中，已发现有20多种铂族金属矿物。其中，主要的有：砷铂矿、碲铂矿、铋碲铂矿、铋碲钯矿、黄铋碲钯矿、铁铂矿、硫铂矿等。具有工业价值的云南铂矿的主体，属于岩浆晚期熔液-热液成因的贫硫化铜-镍型铂钯矿床类型。在1983年，当时中国最大的金宝山铂矿，也是具有工业价值的铂矿产地之一。

铂族金属主要产出于与镁铁-超镁铁岩（基性-超基性岩）有关的硫化铜-镍矿床。这两年，世界上发现了一些新的含铂矿床类型。例如：含铂黑色页岩铜矿床，各种铜、金矿脉中的铂矿床，含铂族金属斑岩型铜-钼矿床，含铂黄铁矿型铜矿床，含铂锡石-硫化物矿床，含铂铀-硫化物矿床等多种类型。

世界上最著名的铂族金属矿床，是南非的布什维尔德层状杂岩体铜-镍硫化物含铂矿床。铂族金属矿化集中于其中的梅林斯基层中。南非是世界上三个主要产铂国家之一。

任务二 铂矿石分析试样的制备

一、化学分析样品制备

见绪论及模块二，此处略。

二、铂矿石试样的溶（熔）解

参见绪论及金矿石样品溶（熔）解，此处略。在具体实验中分别讲述。

任务三 铂矿石中铂含量的测定方法

一、EDTA滴定法测定铂

1. 方法原理

在pH=3～4的热试液中，加入EDTA与铂形成配合物，其配位比为1∶1，过剩的EDTA在pH值为5.5的乙酸-乙酸钠缓冲溶液中，以二甲酚橙作指示剂，用乙酸锌溶液进行反滴定，溶液出现桃红色即为终点。铂在5～30mg内与消耗的EDTA的体积呈线性关系。其反应式如下：

$$H_2Y^{2-} + Pt^{2+} \longrightarrow PtY^{2-} + 2H^+$$

$$H_2Y^{2-} + Zn^{2+} \longrightarrow ZnY^{2-} + 2H^+$$

EDTA与多种二价、三价金属形成配合物而干扰测定，本法在强酸介质中，用硫脲与铂等贵金属元素形成硫化物沉淀，从而与大量贱金属分离。

300mg 氧化铁、二氧化硅，100mg 氧化铝，50mg 氧化钙，30mg 氧化镁，14mg 二氧化钛，6mg 铜，2mg 镍、铅、锌经分离后不干扰测定，且允许 300μg 金，100μg 铱，60μg 铑存在，但钯存在有严重干扰。

本法适用于富铂矿中 1%以上铂的测定。

2. 试剂

乙酸-乙酸钠缓冲溶液（pH=5.5）：称取 201g 结晶乙酸钠溶于水中，加 95mL 冰乙酸，用水稀释至 1L 容量瓶中。

100μg/mL 铂标准溶液：称取 0.0200g 光谱纯铂丝于 100mL 烧杯中，加入 20mL 王水，加热溶解后，加入 5 滴 200g/L 氯化钠溶液，于水浴上蒸干，加 2mL 盐酸重复蒸干三次，用 8mol/L HCl 溶解后定容至 200mL。此溶液含铂 100μg/mL。

乙酸锌溶液：称取 5g 乙酸锌溶于 5L 水中，加入 1.5mL 冰乙酸，摇匀。备用。

EDTA 标准溶液：称取 18.6g EDTA 用水溶解，稀释至 5L，然后用 100g/L 氢氧化钠溶液调节至 pH 值为 5。

标定：吸取 10mL 100μg/mL 铂标准溶液于 300mL 锥形瓶中，以水稀释至 60mL 左右，调至 pH=3～4，准确加入 25mL EDTA 溶液，在电炉上加热，微沸保持 20～25min，冷却后加入 20～25mL 乙酸-乙酸钠缓冲溶液，加入二甲酚橙指示剂，以乙酸锌溶液进行反滴定，溶液由黄色转为桃红色，即为终点。

$$T=\frac{m}{V_1-V_2K} \tag{9-1}$$

式中　T——与 1.00mL EDTA 标准溶液相当的铂的质量，g；

m——吸取铂标准溶液含铂量，g；

V_1——加入 EDTA 标准溶液的体积，mL；

V_2——滴定时消耗乙酸锌溶液的体积，mL；

K——1.00mL 乙酸锌溶液换算成 EDTA 标准溶液体积的系数。

K 值的测定：准确吸取 25.00mL EDTA 标准溶液于 300mL 锥形瓶中，用水稀释至 60mL 左右，在电炉上加热保持 20～25min，冷却加入 20～25mL 乙酸-乙酸钠缓冲溶液，加入二甲酚橙指示剂，以乙酸锌溶液进行反滴定，溶液由黄色转为桃红色，即为终点。

$$K=\frac{\text{吸取 EDTA 标准溶液的体积}}{\text{消耗乙酸锌溶液的体积}}$$

3. 分析步骤

称取 0.1000～0.5000g 粒度为 0.074mm 的试样（含铂 5～20mg）于铁坩埚中，在 700℃马弗炉中焙烧 30min，取下，冷却，加入 5g 过氧化钠熔融，熔块用 100mL 水浸出于 500mL 烧杯中，洗净，以硫酸（1+1）中和，再过量 80mL，加 2g 硫脲，加热直至 230℃，并保持 1～2min，取下，冷却，加 150mL 热水，加热沸腾直至上层溶液清亮，过滤，以氢氟酸（1+2）洗涤 3～5 次，再以热 5%（体积分数）硫酸洗至无铁（Ⅲ），将滤纸放入 50mL 瓷坩埚中烘干，灰化，于 800℃马弗炉中灼烧 15min，取出。

冷却后，加 10 滴 300g/L 氯化钠溶液，加 15～20mL 王水于水浴上加热溶解后，移入 300mL 烧杯中，于低温蒸发至干（最好于水浴上加热），以盐酸驱除硝酸一次，滴加 2～3

滴盐酸，加60mL水，煮沸溶解盐类，取下用氨水（1+1）调节至溶液pH值为3～4，准确加入25mL EDTA溶液，加热保持微沸20～25min，使铂充分配位，溶液近无色，冷却，吹洗杯壁，加20mL乙酸-乙酸钠缓冲溶液，加入8～10滴2g/L二甲酚橙指示剂，以乙酸锌溶液进行滴定，溶液由黄色转为桃红色，即为终点。

4. 结果计算：

根据式（9-2）计算得：

$$w(\mathrm{Pt})=\frac{(V_1-V_2K)T}{m_0}\times 100 \tag{9-2}$$

式中 $w(\mathrm{Pt})$——铂含量；g/t；

m_0——称取试样量，g。

注意事项

① 如试样中含大量钯，可于王水溶解沉淀后，将溶液装入50mL容量瓶中，取两份溶液，一份测定铂钯合量，另一份只需调节pH=5后，加入10～15mL缓冲溶液，准确加入10mL EDTA溶液。在冷溶液中与钯形成配合物，然后以乙酸锌溶液反滴定，求出钯的质量，由差减法求出铂的质量。

② 如试样中金含量超过3000g/t，则在硫化物沉淀后，以乙醚于10%（体积分数）盐酸溶液中萃取分离金，水相以王水处理后，再配位滴定铂，有机相用7%（体积分数）乙酸反萃取后，直接用碘量法测金。

③ 本法也可以采用在0.2mol/L HCl溶液中，用饱和氯化铵溶液沉淀氯铂酸铵的方法分离大量杂质，然后过滤于4号玻璃砂芯漏斗中，以王水溶解后，再进行配位滴定。

二、催化极谱法测定铂

1. 方法原理

在1.5mol/L $1/2H_2SO_4$+6g/L氯化铵+0.33%（体积分数）二甲胺底液中，铂有一个灵敏度很高的催化波，峰电位约为1.00V，铂在0.00005～0.01μg/mL范围内与其导数峰高呈线性关系。在10mL底液中，10mg钴、铅，5mg铁，2mg镍，1.5mg铜，200μg锌，25μg银，10μg金、钯，5μg锇、铱，4μg钌，0.1μg铑均不影响0.05μg铂的测定。超过0.05μg的碲对测定有干扰。试样经焙烧后用王水分解，转化为盐酸介质后经巯基棉分离以除去大量干扰元素，然后进行极谱测定。

本法适用于矿石中0.0001g/t以上铂的测定。

2. 仪器与试剂

（1）仪器 英国A1660示差示波极谱仪和国产JP-1A示波极谱仪。

（2）试剂 铂的标准溶液：称取0.0200g光谱纯铂丝于100mL烧杯中，加入20mL王水，加热溶解后，加入5滴200g/L氯化钠溶液，于水浴上蒸干，加2mL盐酸重复蒸干三次，用8mol/L HCl溶解后定容至200mL。此溶液含铂100μg/mL。将该溶液配制为含铂1μg/mL及0.1μg/mL的1.5mol/L HCl介质溶液，现用现配。

硫酸＋氯化铵＋二甲胺底液：取 5mL33%（体积分数）二甲胺水溶液于 500mL 容量瓶中，立即加入 100mL 左右的水稀释（防止二甲胺挥发），再加入 20mL150g/L 氯化铵和 42mL 硫酸（1＋1），以水定容。

其他试剂：参见“半微分阳极溶出伏安法同时测定金和钯”。

3. 分析步骤

称取 10g 试样于瓷皿中，在 650℃焙烧 1h，转入 400mL 烧杯中，加入 80mL 王水低温沸溶 1h，蒸至湿盐状，用盐酸驱赶硝酸数次，加入 100mL 盐酸，以水洗表面皿及杯壁，再加热煮沸溶解盐类，取下，冷至室温，转入 200mL 容量瓶中，以水定容。放置澄清后，分取适量清液于 100mL 烧杯中，加入 1mL 2mol/L $SnCl_2$ 溶液，混匀，放置 15min，将试液流经巯基棉分离柱，用 6mol/L HCl 溶液淋洗巯基棉三次，每次 5mL，最后用水洗至中性，然后用 5mL 2mol/L NaOH 溶液分次淋洗吸附在巯基棉上的铂，向洗脱液中加入 10mL 盐酸及 1mL30%（体积分数）过氧化氢，煮沸 3min，将铂转化成 $PtCl_6^{2-}$ 的盐酸溶液，加入 1 滴 150g/L 氯化铵溶液，在水浴上蒸干，加 10mL 底液，混匀，于起始电位－0.75V 作示波导数极谱图，用工作曲线法或标准比较法计算结果。

注意事项

① 对难分解的样品，如铬铁矿等可采用过氧化钠在高铝坩埚中熔融分解，以水浸取，盐酸酸化，然后转入容量瓶，取分液测定。

② 在 6mol/L HCl 溶液中，巯基棉不吸附铂（Ⅳ），但可定量吸附金、钯、碲，故将样品溶液转化为 6mo/L HCl 介质后，使其流经巯基棉，金、钯及对测铂有干扰的碲被巯基棉吸附，而铂（Ⅳ）仍留在溶液中，从而可达到一次分离连续测定金、钯、铂的目的。对含碲量较高的样品亦可采用上法进行分离，以消除碲的干扰。

三、吸光光度法测定金、铂、钯

1. 方法原理

试样经火试金富集后，将所得合粒用王水溶解，在 8mol/L HCl 溶液中，用甲基异丁基酮-甲苯混合溶剂萃取金，以孔雀绿显色，直接于吸光光度计波长 620nm 处测其吸光度。在 8mol/L HCl 介质中，钯（Ⅱ）与双十二烷基二硫代乙二酰胺（DDO）生成黄色配合物，用石油醚-三氯甲烷混合溶剂萃取后于波长 450nm 处测其吸光度。铂（Ⅳ）在氯化亚锡存在下还原为铂（Ⅱ）与 DDO 生成樱红色配合物，用石油醚-三氯甲烷混合溶剂萃取后于波长 515nm 处测其吸光度，从而达到金、铂、钯的连续测定。

金和钯、铂的有色配合物结构如下：

$(CH_3)_2N$ … $N(CH_3)_2$ … $AuCl_4$

$CH_3(CH_2)_{11}-NH-C(=S)-C(=S)-NH-(CH_2)_{11}CH_3$ … $Pd^{2+}/2$(或$Pt^{2+}/2$)

在 8mol/L HCl 溶液中，含金量在 3～100μg 时，用 10mL 甲基异丁基酮-甲苯混合溶剂萃取，萃取率可达 95%以上。

在本法的显色条件下，100mg 铁(Ⅲ)、30mg 铅(Ⅱ)、20mg 铜(Ⅱ)和银(Ⅰ)、4mg 镍(Ⅱ)、60μg 硒(Ⅳ)、20μg 金(Ⅲ)、20μg 铱(Ⅳ)、10μg 锇(Ⅱ)对铂的测定不干扰，碲(Ⅳ)严重干扰；50mg 镍(Ⅱ)和铅(Ⅱ)、20mg 铁(Ⅲ)、铜(Ⅱ)和银(Ⅰ)、100μg 硒(Ⅳ)、80μg 金(Ⅲ)、40μg 碲(Ⅳ)、20μg 铱(Ⅳ)、10μg 锇(Ⅱ)对钯的测定不干扰；硝酸根的存在对铂、钯测定有严重干扰，导致结果偏低；高氯酸根的存在对测定无影响。经火试金分离富集后，上述各种阳离子基本除去，故可不考虑其干扰。

所取试样中含铂、钯量小于 5μg 时，采用目视比色，本法可测低至 0.01g/t 的试样。

2. 试剂

2g/L 孔雀绿溶液：用 0.3mol/L HCl 溶液配制。

甲基异丁基酮-甲苯混合溶剂：1+1。

石油醚-氯仿混合溶剂（3+1）：石油醚的沸程在 60～90℃或 90～120℃为佳。

混酸：盐酸（1+1）+溴氢酸（1+7）+磺基水杨酸（100g/L 水溶液）+水=20+80+20+280（体积比）。

2g/L DDO 溶液：称取 0.2g DDO 溶于 100mL 丙酮中。

500g/L 氯化亚锡溶液：称取 50g 氯化亚锡，溶于 66mL 盐酸中，加热溶解，用水稀释至 100mL。

金标准贮存溶液：称取 0.1000g 纯金（99.9%）置于 50mL 烧坏中，加入 10mL 王水，在电热板上加热溶解完全后，加入 5 滴 200g/L 氯化钠溶液，于水浴上蒸干，加 2mL 盐酸蒸发至干（重复三次），加入 10mL 盐酸温热溶解后，用水定容至 100mL，此溶液含金 1mg/mL。

金标准溶液：取 5mL 上述金标准贮存溶液，用 8mol/L 溶液定容至 1L，此溶液含金 5μg/mL。

铂标准贮存溶液：称取 0.0200g 光谱纯铂丝于 100mL 烧杯中，加入 20mL 王水，加热溶解后，加入 5 滴 200g/L 氯化钠溶液，于水浴上蒸干，加 2mL 盐酸重复蒸干三次，用 8mol/L HCl 溶解后定容至 200mL。此溶液含铂 100μg/mL。

铂标准溶液：取上述铂标准贮存溶液用 8mol/L HCl 溶液稀释，分别配成含铂 5μg/mL（吸光光度法用）和 2μg/mL（目视比色时用）的溶液。

100μg/mL 钯标准贮存溶液：称取 0.0200g 光谱纯钯片，配制方法与铂标准贮存溶液相同。

钯标准溶液：同铂标准溶液配制。

铂、钯混合标准溶液：取铂、钯标准贮存溶液用 8mol/L HCl 溶液稀释，配成含铂、钯各 5μg/mL 的溶液。

3. 分析步骤

取试金合粒于 50mL 烧杯中，加入 1～2mL 硝酸（1+1），于电热板上加热溶解片刻，加入 3～6mL 盐酸，继续加热溶解至溶液清亮后，加入 1～2 滴 200g/L 氯化钠溶液，低温加热蒸至小体积后，于水浴上蒸干，加 2mL8mol/L HCl 溶液蒸发至干（反复处理 2～3 次），取下，加入 5mL8mol/L HCl 溶液，加盖表面皿煮沸溶解，冷却，移入 60mL 分液漏斗中，用

8mol/L HCl 洗烧杯并稀释至 10mL，准确加入 10mL 甲基异丁基酮-甲苯混合溶剂，振摇 1min，分层后，将水相放入另一个 60mL 分液漏斗或 25mL 比色管中，待测钯、铂。

(1) 金的吸光光度测定　在存有甲基异丁基酮-甲苯混合溶剂的分液漏斗中加入 10mL 混酸，1mL 2g/L 孔雀绿溶液，振摇 0.5min，分层后弃去水层，再加入 5mL 混酸洗涤有机相两次，然后将有机相移入 10mL 干的比色管中，加 8～10 滴甲醇，轻轻摇动两次，用 0.5cm 吸收皿，在波长 625nm 处以试剂空白作参比，测定其吸光度。

金工作曲线的绘制：分别吸取含金 0、5μg、10μg、15μg、20μg、25μg 的金标准溶液于一组 60mL 分液漏斗中，用 8mol/L HCl 溶液稀释至 10mL，以下操作同试样分析步骤。

(2) 钯的吸光光度测定　于分离金后的水相中加入 1mL 2g/L DDO 溶液，摇匀，放入 50℃的水浴中保温 20min，然后冷却（或在 25℃的室温中放置 1h），加入 5mL 石油醚-氯仿混合溶剂，振摇 1min，分层后，吸取部分有机相，用 1cm 吸收皿于波长 450nm 处以试剂空白作参比，测定其吸光度。

钯工作曲线的绘制：分别吸取含钯 0、2.5μg、5μg、10μg、15μg、20μg、25μg 的钯标准溶液于一系列 25mL 比色管中，用 8mol/L HCl 溶液稀释至 10mL，以下操作同试样分析步骤。

钯标准级差配制：分别吸取含钯 0、0.2μg、0.4μg、0.8μg、1.2μg、1.6μg、2.0μg 的钯标准溶液于一系列 25mL 比色管中，用 8mol/L HCl 稀释至 10mL，加入 1mL 2g/L DDO 溶液，于室温放置 1h 后，加入 1.5mL 石油醚-氯仿混合溶剂，振摇 1min，进行目视比色测定。

(3) 铂的吸光光度测定　在测定钯以后的水相中，加入 1～2mL 石油醚-氯仿混合溶剂，略加振荡，将有机相全部吸出弃去，水相中加入 1mL 2g/L DDO 溶液，混匀，再加入 0.5mL 500g/L 氯化亚锡溶液，5mL 石油醚-氯仿混合溶剂，振摇 1min，分层后吸取部分有机相，用 1cm 吸收皿，在波长 515nm 处用试剂空白作参比，测定其吸光度。

铂工作曲线的绘制：分别吸取含铂 0、2.5μg、5μg、10μg、15μg、20μg、25μg 的铂标准溶液于一系列 25mL 比色管中，用 8mol/L HCl 稀释至 10mL，以下操作同试样分析步骤。

铂标准级差配制：分别吸取含铂 0、0.2μg、0.4μg、0.8μg、1.2μg、1.6μg、2.0μg 的铂标准溶液于 25mL 比色管中，用 8mol/L HCl 溶液稀释至 10mL，加入 1.5mL 石油醚-氯仿混合溶剂，以下操作同试样分析步骤，进行目视比色测定。

注意事项

① 以甲基异丁基酮-甲苯混合溶剂萃取金后分离水相时，务必把水相放尽，否则留下 8mol/L HCl 溶液会使酸度增大，对金的显色有影响。

② 金的孔雀绿有色配合物以混酸洗涤时，不宜剧烈振荡，以免乳化，轻轻振摇 0.5min 即可。

③ 当溶解合粒时，必须将硝酸驱尽，否则铂、钯会形成硝基配合物，使结果偏低。

④ 混合酸中的磺基水杨酸的作用是消除氢溴酸被氧化而生成的溴。

⑤ 当铂、钯的含量较低时，可采用目视比色测定。铂、钯与 DDO 的有色配合物在有机相中可稳定 24h。

⑥ 当铂的含量极低（0.05g/t 左右），且知矿石中存在有自然铂和砷铂矿时，矿样的均匀度对结果的准确度有很大的影响，根据试验，取样量不宜少于 200g，否则结果的波动较大。

⑦ DDO 的制备：称取 15g 二硫代乙二酰胺于锥形瓶中，加入 100mL 乙醇溶解，在另一烧杯中，称取 46g 月桂胺，加入 50mL 乙醇溶解，将上述溶液合并，混匀，盖上带玻璃管的橡皮塞（作空气冷凝管），在水浴上加热，保持微沸 30～40min，待无氨味时取出，倒入烧杯中，用冰水冷却，抽滤，用冰冷却过的乙醇洗涤至无绿色，取出沉淀于另一烧杯中，用 100mL 丙酮溶解后，移到锥形瓶（带空气冷凝管）中，加入 1 小勺活性炭，在水浴上加热 5～10min，趁热抽滤，用丙酮洗涤，将滤液置于蒸发皿上，使其自然干燥。若颜色不正常，可用丙酮重结晶一次。其反应式如下：

$$2CH_3(CH_2)_{11}NH_2 + H_2N{-}\overset{S}{\overset{\|}{C}}{-}\overset{S}{\overset{\|}{C}}{-}NH_2 \longrightarrow 2NH_3 + CH_3(CH_2)_{11}{-}NH{-}\underset{S}{\underset{\|}{C}}{-}\underset{S}{\underset{\|}{C}}{-}NH{-}(CH_2)_{11}CH_3$$

四、DDO 吸光光度法测定酸浸液中的铂、钯

1. 方法原理

酸浸液中铂、钯的测定是在 3mol/L HCl 介质中，加入氯化汞，用氯化亚锡还原，使铂、钯与汞共沉淀。沉淀灰化后，用王水溶解，以 DDO 为显色剂进行铂、钯的光度测定。

2. 试剂

500g/L 氯化亚锡溶液：称取 50g 氯化亚锡，溶于 66mL 盐酸中，加热溶解，用水稀释至 100mL。

2g/L DDO 溶液：称取 0.2g DDO 溶于 100mL 丙酮中。

石油醚-氯仿混合溶剂（3+1）：石油醚的沸程以在 60～90℃或 90～120℃为宜。

铂标准溶液：参见本任务"吸光光度法测定金、铂、钯"内容。取该溶液配为含铂 5μg/mL（8mol/L HCl 介质）的溶液。

钯标准溶液：称取 0.1000g 光谱纯钯片于 50mL 烧杯中，加 20mL 王水，于砂浴上加热溶解，然后以少量盐酸吹洗杯壁，加入 5 滴 200g/L 氯化钠溶液，并移至水浴上蒸干，加 2mL 盐酸（1+1），蒸发至干，反复处理三次，取下用 8mol/L HCl 溶液溶解，移入 1L 容量瓶中，并用 8mol/L HCl 溶液定容。此贮备溶液含钯 100μg/mL。

钯标准溶液：吸取 10mL 钯标准贮备溶液于 500mL 容量瓶中，以 8mol/L HCl 溶液定容。此溶液含钯 2μg/mL。

3. 分析步骤

吸取 100～200mL 酸浸液于 400mL 烧杯中，加 50～60mL 盐酸（包括酸浸液中含有的盐酸）。用水稀释至 300mL 左右，加入 10mL 氯化汞饱和溶液，盖上表面皿，在电炉上加热至沸在剧烈搅拌下，滴加 500g/L 的氯化亚锡溶液至沉淀完全后再过量 5mL，继续煮沸至溶

液清亮时为止，保温 1h，过滤，用温热的 5%（体积分数）盐酸洗涤沉淀 5～10 次。沉淀及滤纸放入 30mL 的瓷坩埚中，烘干，灰化后，加入 4～5mL 王水溶解，并将此溶液转入 50mL 烧杯中，加 2～3 滴 200g/L 氯化钠溶液在砂浴上蒸至小体积后移置水浴上蒸干，加 2mL 盐酸蒸干（重复蒸干三次），取下，加入 8mol/L HCl 溶液，加热溶解，冷却，用 8mol/L HCl 溶液洗入 25mL 比色管中并稀释至 10mL，以后用作测定钯、铂。

钯的吸光度测定：于上述溶液中加入 1mL 2g/L DDO 溶液，以下操作见"三、吸光光度法测定金、铂、钯"。

铂的吸光度测定：于测定钯以后的水层中加入石油醚-氯仿混合溶剂，以下操作也参见"三、吸光光度法测定金、铂、钯"。

五、Zeph 萃取富集-石墨炉原子吸收光谱法连续测定矿石中微量的金、铂、钯

1. 方法原理

在 0.1～4mol/L HCl 介质中，金、铂、钯的络阴离子 $[PtCl_6]^{2-}$、$[PdCl_4]^{2-}$、$[AuCl_4]^{-}$ 与 Zeph（苄基十四烷基二甲基氯化铵）形成的三元配合物，能被三氯甲烷＋二氯乙烷（1＋1）的混合溶剂定量萃取，最后于石墨炉原子吸收光谱仪上分别测定。

在本法测定中，2000mg 铝(Ⅲ)，1500mg 铁(Ⅲ)，1000mg 铜(Ⅱ)、镍(Ⅱ)、钙(Ⅱ)和二氧化硅，300mg 铬(Ⅲ)，200mg 钴(Ⅱ)，60mg 锰(Ⅱ)，10mg 锌(Ⅱ)和铅(Ⅱ)，4mg 锡(Ⅱ)，2mg 砷(Ⅲ)、锑(Ⅴ)、铋(Ⅲ)、碲(Ⅳ)和铊(Ⅰ)，1mg 镉(Ⅱ)，0.5mg 镓(Ⅲ)、锗(Ⅳ)，0.2mg 银(Ⅰ)和汞(Ⅰ)，0.01mg 锇(Ⅷ)、钌(Ⅲ)、铑(Ⅲ)和铱(Ⅳ)，5000mg 硫酸根存在无影响。0.2mg 金、铂和钯互不干扰。

本法适用于矿石中 0.00X～XX g/t 的金和钯，0.0X～XX g/t 的铂的测定。

2. 仪器与试剂

（1）仪器　石墨炉原子吸收光谱仪：金、铂、钯空心阴极灯，灯电流 6mA，光谱通带 0.2nm，氮气流 2.5L/min；进样体积 20μL。原子化程序见表 9-1。

表 9-1　石墨炉原子吸收光谱仪原子化程序

分析元素	分析线波长/nm	干燥		灰化		原子化	
		温度/℃	时间/s	温度/℃	时间/s	温度/℃	时间/s
Au	242.8	110	20	800	20	2100	5
Pt	265.9	110	20	1000	20	2700	5
Pd	247.6	110	20	1000	20	2700	5

（2）试剂　金、钯、铂混合标准溶液：配成含金 0.5μg/mL、含钯 1μg/mL 、含铂 2μg/mL 的 6mol/L HCl 介质溶液。

5g/L Zeph 溶液：称取 25gZeph 溶于 1000mL 水中。

3. 分析步骤

称取10g矿样于瓷蒸发皿（或方瓷舟）中，在700℃焙烧1h，冷后移入250mL烧杯中，加50mL盐酸，将10mL过氧化氢，分两次加入，搅匀，盖表面皿，冷熔1h，再煮沸30min，吹洗表面皿，蒸至黏稠状（冷却后仍能搅动），加约40mL沸水，微沸1min，趁热用布氏漏斗双层滤纸抽滤，以热的1%（体积分数）盐酸洗涤，再用热水洗涤，滤液转入分液漏斗中，溶液体积为100～120mL，加10mL 25g/L Zeph溶液、10mL三氯甲烷-二氯乙烷（1+1）混合溶剂，分层后，将部分（约5mL）有机相移入60mL分液漏斗中，加入25mL0.2mol/L HCl溶液，振荡洗涤30s，分层后，有机相移入10mL干燥带塞试管中，然后按表3-4选择的最佳工作条件测定。由工作曲线求出含金、铂、钯的量。金的线性范围为0～0.1μg/mL，铂的线性范围为0～0.5μg/mL，钯的线性范围为0～0.3μg/mL。

金、铂和钯工作曲线的绘制：分别吸取0、0.5mL、1.0mL、1.5mL、2.0mL金、铂和钯的混合标准溶液置于125mL刻度分液漏斗中，加入5mL盐酸（1+2），10mL 25g/L Zeph溶液，用水稀释至100mL，加入10mL三氯甲烷-二氯乙烷（1+1）混合溶剂，振荡1min，分层后，将部分有机相移入10mL干燥带塞的试管中，按仪器工作条件测定吸光度，绘制金、铂、钯的工作曲线。

注意事项

① 本法经试验证实，使用石墨涂层石墨管比用普通石墨管灵敏度高，其中钯的灵敏度约提高4倍，铂提高2.5倍，而金使用普通石墨管即可。

② 使用与不使用背景扣除器，其吸光度一致，因此不用氘灯扣除背景。

③ 萃取后发现有机相混浊，可加1～2滴盐酸，溶液则清亮。

【任务训练十三】 矿石中铂含量的测定

训练提示

① 准确填写《样品检测委托书》，明确检测任务。

② 依据检测标准，制订详细的检测实施计划，其中包括仪器、药品准备单、具体操作步骤等。

③ 按照要求准备仪器、药品，仪器要洗涤干净，摆放整齐，同时注意操作安全；配制溶液时要规范操作，节约使用药品，药品不能到处扔，多余的药品应该回收，实验台面保持清洁。

④ 选择具体方法，依据具体操作步骤认真进行操作，仔细观察实验现象，及时、规范地记录数据，实事求是。

⑤ 计算结果，处理检测数据，对检测结果进行分析，出具检测报告。

实验中应自觉遵守实验规则，保持实验室整洁、安静、仪器安置有序，注意节约使用试剂和蒸馏水，要及时记录实验数据，严肃认真地完成实验。

考核评价

过程考核	任务训练　矿石中铂含量的测定				
	序号	考核项目	考核内容及要求(评分要素)		
			A	B	C
专业能力	1	项目计划决策	计划合理,准备充分,实践过程中有完整规范的数据记录	计划合理,准备较充分,实践过程中有数据记录	计划较合理,准备少量,实践过程中有较少或无数据记录
	2	项目实施检查	在规定时间内完成项目,操作规范正确,数据正确	在规定时间内完成项目,操作基本规范正确,数据偏离不大	在规定时间内未完成项目,操作不规范,数据不正确
	3	项目讨论总结	能完整叙述项目完成情况,能准确分析结果,实践中出现的各种现象,正确回答思考题	能较完整地叙述项目完成情况,能较准确地分析结果,实践中出现的各种现象,基本能够正确回答思考题	能叙述项目完成情况,能分析结果,实践中出现的各种现象,能回答部分思考题
职业素质	1	考勤	不缺勤、不迟到、不早退、中途不离场	不缺勤、不迟到、不早退、中途离场不超过1次	不缺勤、不迟到、不早退、中途离场不超过2次
	2	5S执行情况	仪器清洗干净并规范放置,实验环境整洁	仪器清洗干净并放回原处,实验环境基本整洁	仪器清洗不够干净,未放回原处,实验环境不够整洁
	3	团队配合力	配合得很好,服从组长管理	配合得较好,基本服从组长管理	不服从管理
合计	100%				

拓展习题

1. 研究性习题

① 请课后查阅资料，谈谈铂的性质如何？铂在工业生产中有哪些用途？

② 查阅资料小组讨论铂测定的方法有哪些？其中化学分析方法与仪器分析方法各自有什么优缺点。

③ 铂系元素的主要矿物是什么？怎样从中提取金属铂？

2. 理论习题

① 矿石试样中铂的分离与富集方法有哪些？各有何特点？

② 实验室使用铂丝、铂坩埚、铂蒸发皿等器皿时，必须严格遵守哪些规定？试联系铂的化学性质说明原因。

模块十 铀矿石分析

知识目标

1. 了解自然界存在的铀及铀的性质。

2. 掌握矿石试样中铀的分离与富集方法。

3. 掌握矿石中铀含量的测定原理、试剂的作用、测定步骤、结果计算、操作要点和应用。

能力目标

1. 能正确进行矿石试样中铀的分离与富集操作，正确选择不同试样的分解处理方法及有关试剂和器皿。

2. 能够正确管理铀矿石样品及副样，能够正确处理样品及副样保存时间。

3. 能运用不同的方法测定矿石试样中铀的含量。

任务一 认识铀和铀矿石

一、铀的性质

铀是现代核燃料循环体系的基础物质，而岩石、矿石及土壤中铀的分析测定，是铀元素测定的基础。

天然铀由三种同位素组成：^{238}U——99.2739%，其衰变产物为^{234}U——0.0057%和^{235}U——0.7244%。金属铀的新切面具有金属光泽，其外表与钢相似。铀具有多晶性质，其地球化学性质十分活泼，易于迁移分散。因此，在自然界中分布得很广。地壳中的平均含量为$3\times10^{-4}\%$，海水中的含量为0.0033μg/mL。在大部分温泉、湖泊、河水和某些有机体中也都有少量铀，甚至宇宙空间也有微量铀存在。在自然界中，尚未见单质铀存在。铀总是以四价或六价离子和其他元素化合而呈矿物状态。已发现的铀矿物和含铀矿物超过200种，其组成也极为复杂，但可作为工业资源的铀矿物仅十余种，按矿物的成因和产状可分为原生铀矿和次生铀矿两大类。

铀在自然界中大多呈氧化物或含氧盐的状态存在，还没有发现铀呈硫化物、卤化物和单晶铀状态存在的情况。铀的硝酸盐、钨酸盐也未见到。

二、主要化合物

铀属于周期表上第七周期中的锕系元素。铀有92个核外电子，其中86个内层电子构型和氡原子相同，外层六个价电子的排列为$5f^3 6d^1 7s^2$。根据铀原子的电子结构和大量实验证明，铀的原子价有三价、四价、五价和六价，其中以六价最为稳定。

铀是强还原剂，能与许多元素结合成二元化合物。铀的重要二元化合物有氢化物、碳化物、氮化物、氧化物和卤化物。

在水溶液中铀有四种价态，即三价、四价、五价和六价。四价和六价铀是水溶液中常见的化合价。在酸性溶液中六价铀以UO_2^{2+}的形式存在。不同价态的铀都具有特征的颜色。U^{3+}溶液呈玫瑰红色，U^{4+}呈绿色，而UO_2^{2+}呈黄绿色。五价铀在水溶液中很不稳定，歧化成四价和六价铀，它的颜色也不易确定。具有强还原性质的三价铀，在水溶液中很快被氧化成四价。四价铀的溶液是比较稳定的，若受热至60～80℃或加以摇荡时会逐渐氧化。在水溶液中最为稳定的是六价铀，通常存在于酸性或中性溶液中。

铀的氧化物有三种；UO_2褐色氧化物，具有半导体性质，电阻值随温度升高而显著下降。由于UO_2具有受强辐射时不发生各向异性变形，在高温下不引起晶体结构变化以及不与水发生化学反应等特性，已被广泛用来制造反应堆燃料元件。U_3O_8是黑色氧化物，有时表面呈暗绿色。在空气中稳定，甚至在900℃左右组成也不发生变化。许多铀化合物在700℃以上都可灼烧成U_3O_8。它是铀的重量分析的基准氧化物。UO_3是橘红色无水氧化物。它们都不溶于稀盐酸或稀硫酸中，溶解于硝酸生成硝酸氧铀。铀的氟化物有UF_3、UF_4、U_4F_{17}、U_2F_9、UF_5、UO_2F_2和UF_6。其中，四氟化铀和六氟化铀是铀的重要化合物。六氟化铀是唯一稳定又易挥发的铀化合物，容易水解形成氟化氧铀。

铀的氯化物有UCl_3、UCl_4、UCl_5和UCl_6。在水中三价铀氧化为四价，五价铀歧化成四价铀和六价铀，六价铀水解成UO_2Cl_2。两种高价氯化铀都是容易挥发且不稳定的，四氯化铀在550～600℃时升华。

常见的氧铀盐类有硝酸氧铀、硫酸氧铀、氯化氧铀、乙酸氧铀和高氯酸氧铀，都是带有黄色的可溶性盐类。它们的溶液是鲜黄色的，很容易被许多金属如锌、铝、镁、镉、铋、银和铜等或其汞齐所还原。在多数情况下还原产物是三价铀和四价铀的混合物。

任务二　铀矿石分析试样的制备

一、酸溶分解法

含铀的岩石可以分别用氢氟酸-硝酸，氢氟酸-高氯酸或氢氟酸-硫酸等混合酸分解。许多重要的铀矿物和沥青铀矿、铀云母、铀黑等也都能用以上混合酸来分解。在矿样分解过程中，由于硝酸、高氯酸等氧化剂的作用，铀（Ⅳ）被氧化到铀（Ⅵ），如果无氧化剂存在，用氢氟酸分解矿样时，铀（Ⅳ）生成四氟化铀沉淀或四氟化铀碱金属的络盐。

盐酸-过氧化氢、盐酸-高氯酸或盐酸中加入少量的氯酸钾，均能分解大多数铀矿，过量的过氧化氢加热煮沸后即分解，不会影响测定。铀的氧化物矿物能被硫酸、硝酸和氢氟酸的混合酸分解，沥青铀矿被硫酸分解的程度随着矿样中铀（Ⅳ）量的增加而提高。

磷酸即使加热到300℃的高温也没有氧化性，因此，用磷酸分解铀矿样可以分别测定六价铀和四价铀。由于磷酸能与一些金属离子生成稳定的配合物，使其高电对的氧化还原电势产生明显变化。用磷酸分解含铀矿石、独居石、锆英石等，应先用氢氟酸分解并用高氯酸加热至白烟冒尽后，再用磷酸分解。

二、熔融分解法

含氧矿石和硅酸盐矿石可以采用氢氧化钠（钾）熔融分解，难溶的含钍矿石一般采用过氧化钠（氢氧化钠＋过氧化钠）熔融分解。铜铀云母、钒钾铀矿、沥青铀矿等含铀、钍的矿物，可用氢氧化钠与硼酸的混合物熔融分解。对含铌酸盐和钽酸盐的铀矿，可用氢氧化钠等碱性溶剂或焦硫酸钾、氟化氢钾等酸性溶剂分解。

三、混合铵盐分解法

混合铵盐分解矿样的原理是根据铵盐在加热时分解出无水的无机酸，这些酸有一定的活性，对矿样中某些元素的化合物有较高的分解能力。根据待分解矿样的性质确定混合铵盐的组成。大多数难分解的含铀矿物均可以用混合铵盐来分解。混合铵盐一般由氯化铵、硝酸铵、氟化铵和硫酸铵按照不同的比例混合，在80℃下恒温烘烤4h。

四、试样的分离与富集

铀在矿石中的含量很低，大量的伴生元素往往妨碍铀的测定。因此，大部分测定铀的方法都需先行分离或富集。分离铀的方法很多，有沉淀法、螯合物形成法、萃取法、色层法、离子交换法和汞阴极电解法等。

任务三 铀矿石中铀含量的测定方法

一、硫酸亚铁还原——钒酸铵滴定法

1. 方法原理

在30%左右的磷酸或硫酸-磷酸介质中，以苯基邻氨基苯甲酸和二苯胺磺酸钠为指示剂，用钒酸铵标准溶液滴定四价铀。反应式为：

$$H_2[U(HPO_4)_3]+2NH_4VO_3+4H_3PO_4 \longrightarrow H_4[UO_2(HPO_4)_3]+V_2O_2(HPO_4)_2+2NH_4H_2PO_4+2H_2O$$

为了将铀(Ⅵ)还原到铀(Ⅳ)，在磷酸介质中，可用亚铁、亚钛或亚锡作还原剂。过量的还原剂及其他被还原的元素如钒、钼、砷等用亚硝酸钠氧化为高价（钒仅氧化到四价）。

四价铀因与磷酸形成稳定的配合物而不被亚硝酸钠氧化。过量的亚硝酸钠用尿素破坏。

$$H_4[UO_2(HPO_4)_3]+2FeSO_4+4H_3PO_4 \longrightarrow H_2[U(HPO_4)_3]+2H_3[Fe(PO_4)_2]+2H_2SO_4+2H_2O$$

$$FeSO_4+NaNO_2+3H_3PO_4 \longrightarrow H_3[Fe(PO_4)_2]+NaH_2PO_4+NO+H_2SO_4+H_2O$$

$$2NaNO_2+CO(NH_2)_2+2H_3PO_4 \longrightarrow 2N_2+CO_2+2NaH_2PO_4+3H_2O$$

试样中钒含量高时使结果偏低。亚硝酸钠能将三价钒部分氧化至五价钒（5%左右）。当钒与铀共存时，其被氧化价态变得更为复杂。但钒的影响一般与亚铁的存在量和氧化时的温度有关，控制加入亚铁的量，使其过量少些，氧化时温度低些，可减少钒的影响。若加入硝酸钠时溶液温度低于 20℃，2～5mg 的钒没有明显影响，超过 8mg 的钒量必须经过分离。其他元素如 10mg 的钼、铜、锌及 15mg 的铬对测定无影响，存在少量的氢氟酸、高氯酸、硫酸及盐酸也不妨碍测定。

2. 试剂

10%硫酸亚铁铵溶液：取 100g 硫酸亚铁铵，溶于 1000mL 0.25mol/L 硫酸中。

0.2%苯基邻氨基苯甲酸指示剂：称取苯基邻氨基苯甲酸和碳酸钠各 0.2g，先用少量水溶解，再用水稀释至 100mL。

0.5%二苯胺磺酸钠指示剂：称取 0.5g 二苯胺磺酸钠溶于 100mL、0.5mol/L 硫酸中。

钒酸铵标准溶液：称取 0.5896g 钒酸铵（NH_4VO_3）溶于 850mL 1+2 硫酸中，移入 2000mL 容量瓶中，用水稀释至刻度，摇匀。此溶液约为 0.00252mol/L，1mL 相当 0.3mg 铀。如称取 0.9828g 或 1.9656g 钒酸铵，按上述手续配制，则相应的 1mL 相当于 0.5mg 或 1mg 铀。

铀标准溶液：称取 1.1792g 八氧化三铀（U_3O_8）或 1.706g 乙酸氧铀 [$UO_2(C_2H_3O_2)_2 \cdot H_2O$]于烧杯中，加盐酸 10mL 和过氧化氢 1～2mL，加热溶解并蒸至湿盐。再加盐酸 10mL 和水 30mL 使盐类溶解，移入 1000mL 容量瓶中，用水稀释至刻度，摇匀。此溶液 1mL 约含 1mg 铀。吸 20mL 上述溶液，置于 150mL 烧杯中，加水至约 100mL。用 1+1 不含碳酸根的氢氧化铵中和黄色的重铀酸铵 [$(NH_4)_2U_2O_7$] 沉淀后再过量 2mL，加热使沉淀凝聚。以致密滤纸过滤，用微氨性的水洗涤，在 850～900℃灼烧至恒重。由八氧化三铀的重量算出铀标准溶液的浓度。

钒酸铵溶液的标定，如下。

a. 用铀的标准溶液标定　根据钒酸铵溶液的浓度，吸取适量的铀标准溶液，置于 250mL 锥形瓶中，按试样分析手续用钒酸铵溶液滴定，并计算对铀的滴定度（g/mL）。

b. 用差减法标定　吸取 0.01mol/L 硫酸亚铁铵溶液 [称取 3.9215g 硫酸亚铁铵 $(NH_4)_2Fe(SO_4)_2 \cdot 6H_2O$，用 1+1 硫酸 20mL 溶解，移入 1000mL 容量瓶中，用水稀释至刻度，摇匀] 10mL，置于预先盛有 80mL 硫-磷混合酸（5%硫酸-5%磷酸）的 250mL 锥形瓶中，加入二苯胺磺酸钠指示剂 2 滴，用 0.00167mol/L 重铬酸钾标准溶液（称取 0.4904g 经 130～150℃干燥 2h 并于干燥器中冷却的重铬酸钾，用水溶解，移入 1000mL 容量瓶中，用水稀至刻度，摇匀）滴定至微紫色。

再吸取 0.01mL/L 硫酸亚铁铵溶液 10mL，放入预先盛有 80mL 硫-磷混合酸的 250mL 锥形瓶中，再加入 0.00252mol/L 的钒酸铵溶液 15mL，二苯胺磺酸钠指示剂 2 滴，用 0.00167mol/L 重铬酸钾标准溶液滴定至微紫色。计算钒酸铵溶液的浓度 c（mol/L）。

根据式（10-1）计算得：

$$c=\frac{(V_1-V_2)c_1\times 6}{V} \tag{10-1}$$

式中 c_1——重铬酸钾标准溶液浓度，mol/L；

V_1——滴定硫酸亚铁铵溶液消耗重铬酸钾标准溶液的体积，mL；

V_2——加入钒酸铵溶液后消耗重铬酸钾标准溶液的体积，mL；

V——加入钒酸铵溶液的体积，mL。

由钒酸铵溶液的浓度计算其对铀的滴定度（1mL 1mol/L 钒酸铵溶液相当于0.119g 铀）。

3. 分析步骤

准确称取0.1～1g 试样（200筛目，含大量有机物质时，应在500～600℃下灼烧，灼烧温度不超过700℃），置于150mL 烧杯中，用水润湿，加入磷酸15mL 和过氧化氢2～3mL，摇匀。加盖表面皿，置于预先已升温的高温电热板上煮沸，保持5～7min 以逐尽过氧化氢（不宜长时间加热）。取下稍冷，加热水25mL，在摇动下滴加0.2mol/L 高锰酸钾溶液至呈玫瑰红色不消失为止。加热至近沸（如红色褪去，再补加高锰酸钾至出现红色），趁热加入10%硫酸亚铁铵溶液3mL，摇匀。再加热至近沸。取下立即趁热用快速滤纸或棉花加纸浆过滤，用热的1：2磷酸洗涤烧杯和漏斗各2次，滤液及洗液用250mL 锥形瓶盛接。加盐酸1mL，冷却至20℃以下，在剧烈摇动下逐滴加入20%亚硝酸钠溶液1mL（温度高于20℃时，铀会被亚硝酸钠氧化），摇动锥形瓶至溶液棕色消失，立即沿杯壁加30%尿素溶液5mL，剧烈摇动至气泡停止逸出为止。放置5min，加入苯基邻氨基苯甲酸及二苯胺磺酸钠指示剂各2滴，用钒酸铵标准溶液缓慢滴定，并不断摇动，至出现微红色不褪色即为终点。

4. 讨论

用亚铁还原铀(Ⅵ)-铀(Ⅳ)不可在室温下进行，必须加热。用亚硝酸钠氧化时温度应低于30℃，由于反应过程放热，将使体系温度升高，为此，在加入亚硝酸钠前应用流水充分冷却。滴定温度最好在18～30℃；在一个半小时内进行完毕。

当试样中含有有机物时，应在650℃灼烧，否则滴定液会有颜色，终点不易观察，干扰测定，使结果偏高。

含钼高的样品应加入亚硝酸钠之后才能加入尿素。

当存在铜离子时，由于它能催化四价铀的氧化，因而应尽快滴定，不可久放。

滴定时溶液的酸度以28%～38%磷酸为宜，酸度过低反应速率慢，终点有拖尾现象。酸度过高，溶液呈胶糊状影响滴定反应。滴定时的体积以控制在40～50mL 为宜。滴定时如加入指示剂即出现红色，是由于尿素加得不够，溶液中仍有游离的亚硝酸根存在，或者是由于溶液的温度过高，必须补加尿素或冷却溶液，红色褪去后再行滴定。

二、TRPO-环己环萃取分离 Br-PADAP 分光光度法

1. 方法原理

Br-PADAP[2-(5-溴-2-吡啶基偶氮)-5-二乙胺基苯酚]是光度法测定铀(Ⅵ)的一种有效试剂。试剂易溶于乙醇、丙酮、乙醚的有机溶剂中，难溶于水，与铀生成 Br-PADAP：U：F=1：1：1的紫红色三元配合物，在pH 值为7.6，波长为578nm 处，摩尔吸光系数为

74000。矿样溶解后，在1mol/L硝酸介质中有氟化钠的情况下用TRPO-环己烷作萃取剂，萃取铀后的有机相溶液，再用CyDTA-NaF混合液反萃取铀，反萃取试液在氟离子存在下用Br-PADAP为显色剂，显色时下列元素含量不干扰测定、ThO_2 20mg、Zr^{4+} 10mg、Ce^{4+} 20mg、V^{5+} 30mg、Cr^{6+} 6mg、Y_2O_3 20mg、La_2O_3 20mg、PO_4^{3-} 70mg、Co^{2+} 25mg、Cu^{2+} 30mg、Ni^{2+} 30mg、Mo^{5+} 10mg、Mn^{2+} 150mg、Ca^{2+} 140mg 、Al^{3+} 35mg、Ba^{2+} 50mg、Ti^{4+} 50mg、Pb^{2+} 50mg、Fe^{3+} 100mg、K^+ 500mg、Na^+ 600mg、Cl^- 500mg、SO_4^{2-} 500mg。萃取剂也可用3%TOPO（三辛基氧磷）溶液代替5%TRPO溶液，二者萃取的酸度基本都在0.5～3mol/L硝酸范围内，也可在有机相中直接显色。本法适用于矿物、岩石中0.X～0.000X%范围内铀的测定。

2. 试剂

3%氟化钠溶液：15g氟化钠溶于500mL热水中，过滤后保存在塑料瓶中。

5%TRPO-环己烷萃取液：25mL三烷基氧磷溶于475mL环己烷中。

5%CyDTA溶液：25g 1,2-环己二胺四乙酸溶于400mL水中，加20%氢氧化钠至全部溶解。在pH计上分别用1mol/L盐酸及1mol/L氢氧化钠调至pH值为7.8，用水稀释至500mL。

CyDTA-NaF反萃取溶液：取5%CyDTA溶液100mL及3%氟化钠溶液70mL，用水稀至500mL。

NTE缓冲溶液：90mL三乙醇胺和400mL水混合，用1mol/L盐酸和1mol/L氢氧化钠调节至pH值为7.8。

0.05%Br-PADAP显色剂（0.2g）：2-(5-溴-二吡啶偶氮)-5-二乙胺苯酚溶于500mL乙醇中。

铀标准溶液：准确称取1.1790g烘干的八氧化三铀于100mL烧杯中，加入盐酸10mL，过氧化氢2mL，加热溶解。蒸至湿盐状，加盐酸10mL，转入1000mL容量瓶中，并用水稀释至刻度，摇匀。此溶液1mL含1mg铀。经逐级稀释制备成1mL含10μg铀的溶液。

3. 标准曲线的绘制

吸取1mL含10μg铀的标准溶液0、0.5mL、1.0mL、1.5mL、2.0mL于一系列分液漏斗中，用1mol/L硝酸稀至25mL，加3%氟化钠溶液1mL，5%TRPO-环己烷溶液5mL，剧烈萃取1min，放置20min。待分层后弃去水相，加入CyDTA-NaF反萃取溶液10mL，萃取1min。分层后将反萃取液放入25mL比色管中，加酚酞1滴，用1∶3氢氧化铵调至红色，再用1mol/L硝酸调至红色褪去，加入NTE缓冲溶液2mL，丙酮7mL，0.05% Br-PADAP显色剂1mL。每加1种试剂均需摇匀，用水稀释至刻度，摇匀。放置20min后以试剂空白作参比，于分光光度计上578nm处，用3cm比色杯测量吸光度。绘制标准曲线。

4. 分析步骤

准确称取1g样品于塑料坩埚中，加氢氟酸5mL，在中温电热板上蒸发至近干。取下，加入硝酸10mL、盐酸5mL，继续加热分解，蒸至近干，加入1mol/L硝酸20mL，加热至盐类溶解。冷却后，将溶液移入分液漏斗中，以1mol/L硝酸洗净坩埚，使溶液体积约为5～30mL，加入3%氟化钠溶液1mL，5%TRPO-环己烷萃取液5mL，剧烈萃取1min。静置20min，待分层后弃去水相，再用15mL 1mol/L硝酸洗涤有机相2次，弃去水相。用少量水冲洗分液漏斗颈内壁，加 CyDTA-NaF 反萃取液 10mL，剧烈反萃取 1min。静置 20min，分层后将水相全部放入 25mL 比色管中，其余步骤同标准曲线绘制。并从标准曲线中查得试样中铀的含量。

5. 方法讨论

显色体系的 pH 值在 7.7～8.6 之间，配合物吸光度稳定并达到最大值。体系中丙酮的用量在 30%～60%（体积分数）均可，低于 30%时，溶液混浊，高于 60%时，吸光度降低。可以用无水乙醇或乙醚替代丙酮，使用量基本相同。0.8mL0.05%Br-PADAP 可以使 40μg 铀充分显色，显色剂过量，对吸光度无影响。在室温下，配合物 30min 显色完全，可以稳定 40h 以上。

三乙醇胺除了控制体系的 pH 值外，还有掩蔽共存阳离子和增溶 Br-PADAP 的作用。无 F^- 存在时，由于铀（Ⅵ）的水解效应，使铀的吸光度仅为正常值的 80%，并且 1h 后开始褪色。氟化钠用量在 5～100mg，吸光度最大，且保持不变，稳定性最好。

该萃取剂可以在很宽的酸度范围内萃取铀，在 1～8mol/L 范围内均可以定量萃取铀，而此时能被全部和部分萃取的元素仅有铈、锰、铬、钼、铋、钍、锆、铪。而在水相中存在 F^- 时，钍和锆（铪）不被萃取，铈、锰、铬在试样中被还原后也不被萃取。在混合掩蔽剂存在下，干扰元素极少，方法准确度较高，适应性较好。

三、激光荧光法

激光荧光法是一种测铀的新技术。方法具有高灵敏度，检出下限为 0.05ng/mL 铀，测量速度快，抗干扰能力强，样品用量少，读数直观，操作简便等优点。已广泛应用在地质勘探、环境监测、工业、卫生、食品检验、医疗等领域。

1. 方法原理

荧光增强剂使铀酰离子（UO_2^{2+}）配位生成高荧光效率的单一配合物。该配合物在波长为 337.0nm 紫外激光脉冲的照射下，发射出明亮的黄绿色荧光，形成三个规则的荧光峰，其波长为 494.0nm、516.0nm 及 540.0nm，主峰在 516.0nm。当铀的浓度在一定范围内，其荧光强度与样品中铀的含量成正比。

荧光强度与入射光强度服从式 (10-2)：

$$F = AI_0cL \tag{10-2}$$

式中 F——被照样品发出的荧光强度；

I_0——紫外激光脉冲的强度；

c——溶液的浓度；

L——通过溶液的厚度；

A——计算系数。

2. 仪器与试剂

(1) 仪器 Ju-1 型铀分析仪。

(2) 试剂 铀标准溶液：称取 1.1792g 八氧化三铀（U_3O_8）于 150mL 烧杯中，加入浓硝酸 50mL，加热溶解后，移入 1000mL 容量瓶中，用去离子水稀释至刻度。此溶液 1mL

含 1mg 铀，再逐级稀释成 1mL 含 2ng 铀。

荧光增强剂：J-22 荧光增强剂。

3. 仪器校准

由于激光强度随时间会缓慢下降，不同条件下仪器响应值有一定变化，工作前必须要校准仪器。取去离子水 5mL 于石英杯中，加入铀标准溶液 1ng，再加 J-22 荧光增强剂 0.5mL，搅拌均匀后，测其荧光强度，同时调节灵敏度旋钮（改变光电倍增管高压大小），使读数为 200 脉冲左右。

4. 标准曲线的绘制

标准铀含量：1.0ng/mL、2.0ng/mL、3.0ng/mL、4.0ng/mL、5.0ng/mL、6.0ng/mL、7.0ng/mL、8.0ng/mL、9.0ng/mL、10.0ng/mL、11.0ng/mL、12.0ng/mL、13.0ng/mL、14.0ng/mL、15.0ng/mL。

取溶液使体积为（标准铀溶液体积＋去离子水）5mL，放入样品杯内。

关掉 PMT 高压，打开样品室小门，把样品杯放入样品池。关闭样品室小门，打开 PMT 高压，把测量按键打到加法挡，开动计数按钮得到一个计数 No。关掉 PMT 高压，打开样品室小门，向样品杯内加入 J-22 荧光增强剂 0.5mL，用玻棒搅匀。关闭样品室小门，打开 PMT 高压，把原计数清零，开动计数按键，得到计数 N_1。以 N_1-N_0 的脉冲数为纵坐标，以 N 为横坐标，绘制标准曲线。

5. 分析步骤

准确称取 0.1～1.0g 试样，置于塑料坩埚中，加入王水 20mL，氢氟酸 2mL，硫酸 1mL，在 200～250℃加热，蒸干至三氧化硫白烟冒尽。用 1∶2 硝酸 20mL 溶解沉淀，倾入已用 1∶2 硝酸 10mL 平衡的 CL-TBP 萃淋树脂色层柱中，再用 1∶2 硝酸 30mL 分三次淋洗色层柱，流尽后用 4mol/L 盐酸 15mL 洗脱钍，用水 3mL 洗柱一次，继续用水 10mL 洗脱铀于 25mL 容量瓶中。用 12%氢氧化钠和 1mol/L 硝酸调节到 pH 值为 7，用水稀释至刻度，摇匀。吸取 5mL，加入试样杯内，以下按标准曲线步骤进行。并在标准曲线上查得铀的含量，计算试样中铀的分析结果。

6. 讨论

样品中含有铈、钒、钍、铁、铜、镍、铬、锆、锰、钛、钙、铝等阳离子对铀激光强度有不同程度淬灭或增强作用。阴离子也有某些淬灭作用，其淬灭作用的大小排列顺序如下：$I>CNS^->Br^->Cl^->C_2O_4^{2-}>Ac^->SO_4^{2-}>NO_3^->F^->PO_4^{3-}$，$SO_4^{2-}$ 和 F^- 在某些浓度下会使铀的荧光增强。采用稀释法可降低其影响，也可采取其他分离方法。

【任务训练十四】硫酸亚铁还原——钒酸铵滴定法测定矿石中铀的含量

训练提示

① 准确填写《样品检测委托书》，明确检测任务。

② 依据检测标准，制订详细的检测实施计划，其中包括仪器、药品准备单、具体操作步骤等。

③ 按照要求准备仪器、药品，仪器要洗涤干净，摆放整齐，同时注意操作安全；配制溶液时要规范操作，节约使用药品，药品不能到处扔，多余的药品应该回收，实验台面保持清洁。

④ 依据具体操作步骤认真进行操作，仔细观察实验现象，准确判断滴定终点，及时、规范地记录数据，实事求是。

⑤ 计算结果，处理检测数据，对检测结果进行分析，出具检测报告。

实验中应自觉遵守实验规则，保持实验室整洁、安静、仪器安置有序，注意节约使用试剂和蒸馏水，要及时记录实验数据，严肃认真地完成实验。

考核评价

过程考核	任务训练　硫酸亚铁还原——钒酸铵滴定法测定矿石中铀的含量				
	序号	考核项目	考核内容及要求(评分要素)		
			A	B	C
专业能力	1	项目计划决策	计划合理，准备充分，实践过程中有完整规范的数据记录	计划合理，准备较充分，实践过程中有数据记录	计划较合理，准备少量，实践过程中有较少或无数据记录
	2	项目实施检查	在规定时间内完成项目，操作规范正确，数据正确	在规定时间内完成项目，操作基本规范正确，数据偏离不大	在规定时间内未完成项目，操作不规范，数据不正确
	3	项目讨论总结	能完整叙述项目完成情况，能准确分析结果，实践中出现的各种现象，正确回答思考题	能较完整地叙述项目完成情况，能较准确地分析结果，实践中出现的各种现象，基本能够正确回答思考题	能叙述项目完成情况，能分析结果，实践中出现的各种现象，能回答部分思考题
职业素质	1	考勤	不缺勤、不迟到、不早退、中途不离场	不缺勤、不迟到、不早退、中途离场不超过1次	不缺勤、不迟到、不早退、中途离场不超过2次
	2	5S执行情况	仪器清洗干净并规范放置，实验环境整洁	仪器清洗干净并放回原处，实验环境基本整洁	仪器清洗不够干净，未放回原处，实验环境不够整洁
	3	团队配合力	配合得很好，服从组长管理	配合得较好，基本服从组长管理	不服从管理
合计	100%				

拓展习题

1. 研究性习题

① 请课后查阅资料，铀有几种同位素？^{235}U 在天然铀中的丰度是多少？铀的原子价有哪几种？什么价态铀在溶液中能够稳定存在？

② 以小组为单位，讨论铀在我国工业生产和国防建设中的用途。

2. 理论习题

① 铀的分离与富集主要有哪些方法？

② 钒酸铵氧化滴定法测定铀的基本原理是什么？

③ 硫酸亚铁铵还原，钒酸铵氧化滴定法测定铀时，试样中的钼较高时，为什么应加入硝酸钠之后再加入尿素？

④ Br-PADAP 测定铀时，显色溶液的主要介质是什么？显色酸度应控制在什么范围？

附 录

附录1 实训中常用的量及其单位的名称和符号

量的名称	量的符号	单位名称	单位符号	倍数与分数单位
物质的量	n_B	摩[尔]	mol	mmol 等
质量	m	千克	kg	g、mg、μg 等
体积	V	立方米	m^3	L (dm^3)、mL 等
摩尔质量	M_B	千克每摩[尔]	kg/mol	g/mol 等
摩尔体积	V_m	立方米每摩[尔]	m^3/mol	L/mol 等
物质的量的浓度	c_B	摩每立方米	mol/m^3	mol/L 等
质量分数	ω_B			
质量浓度	ρ_B	千克每立方米	kg/m^3	g/L、g/mL 等
体积分数	φ_B			
滴定度	$T_{s/x}$, T_s	克每毫升	g/mL	
密度		千克每立方米	kg/m^3	g/mL、g/m^3
相对原子量	A_r			
相对分子质量	M_r			

附录2 常用酸碱试剂的密度和浓度

试剂名称	化学式	Mr	密度 ρ/(g/mL)	质量分数 ω/%	物质的量浓度 c_B/(mol/L)
浓硫酸	H_2SO_4	98.08	1.84	96	18
浓盐酸	HCl	36.46	1.19	37	12
浓硝酸	HNO_3	63.01	1.42	70	16
浓磷酸	H_3PO_4	98.00	1.69	85	15
冰醋酸	CH_3COOH	60.05	1.05	99	17
高氯酸	$HClO_4$	100.46	1.67	70	12
浓氢氧化钠	$NaOH$	40.00	1.43	40	14
浓氨水	$NH_3 \cdot H_2O$	17.03	0.90	28	15

附录3 一些化合物的相对分子质量

分子式	相对分子质量	分子式	相对分子质量
AgBr	187.78	C_6H_5OH	94.11
AgCl	143.32	$(C_9H_7N)_3H_3(PO_4\cdot 12MoO_2)$(磷钼酸喹啉)	2212.74
AgCN	133.84	$COOH\cdot CH_2\cdot COOH$(丙二酸)	104.06
Ag_2CrO_4	331.73	$COOH\cdot CH_2\cdot COONa$	126.04
AgI	234.77	CCl_4	153.81
$AgNO_3$	169.87	CO_2	44.01
AgSCN	165.95	Cr_2O_3	151.99
Al_2O_3	101.96	$Cu(C_2H_3O_2)_2\cdot 3Cu(AsO_2)_2$	1013.80
$Al_2(SO_4)_2$	342.15	CuO	79.54
As_2O_3	197.84	Cu_2O	143.09
As_2O_5	229.84	CuSCN	121.63
$BaCO_3$	197.34	$CuSO_4$	159.61
BaC_2O_4	225.35	$CuSO_4\cdot 5H_2O$	249.69
$BaCl_2$	208.23	$FeCl_3$	162.21
$BaCl_2\cdot 2H_2O$	244.26	$FeCl_3\cdot 6H_2O$	270.30
$BaCrO_4$	253.32	FeO	71.85
BaO	153.33	Fe_2O_3	159.69
$Ba(OH)_2$	171.35	Fe_3O_4	231.54
$BaSO_4$	233.39	$FeSO_4\cdot H_2O$	169.93
$CaCO_3$	100.09	$FeSO_4\cdot 7H_2O$	278.02
CaC_2O_4	128.10	$Fe_2(SO_4)_3$	399.89
$CaCl_2$	110.98	$FeSO_4\cdot (NH_4)_2SO_4\cdot 6H_2O$	392.14
$CaCl_2\cdot H_2O$	129.00	H_3BO_3	61.83
CaF_2	78.07	HBr	80.91
$Ca(NO_3)_2$	164.09	$H_6C_4O_6$(酒石酸)	150.09
CaO	56.08	HCN	27.03
$Ca(OH)_2$	74.09	H_2CO_3	62.03
$CaSO_4$	136.14	$H_2C_2O_4$	90.04
$Ca_3(PO_4)_2$	310.18	$H_2C_2O_4\cdot 2H_2O$	126.07
$Ce(SO_4)_2$	332.24	HCOOH	46.03
$Ce(SO_4)_2\cdot 2(NH_4)_2SO_4\cdot 2H_2O$	632.54	HCl	36.46
CH_3COOH	60.05	$HClO_4$	100.46
CH_3OH	32.04	HF	20.01
$CH_3\cdot CO\cdot CH_3$	58.08	HI	127.91
$C_6H_5\cdot COOH$	122.12	HNO_2	47.01
$C_6H_5\cdot COONa$	144.10	HNO_3	63.01
$C_6H_4\cdot COOH\cdot COOK$(邻苯二甲酸氢钾)	204.22	H_2O	18.02
$CH_3\cdot COONa$	82.03	H_2O_2	34.02

续表

分子式	相对分子质量	分子式	相对分子质量
H_3PO_4	98.00	Na_2HPO_4	141.96
H_2S	34.08	$Na_2H_2Y \cdot 2H_2O$(EDTA二钠盐)	372.26
H_2SO_3	82.08	NaI	149.89
H_2SO_4	98.08	$NaNO_3$	69.00
$HgCl_2$	271.50	Na_2O	61.98
Hg_2Cl_2	427.09	NaOH	40.01
$KAl(SO_4)_2 \cdot 12H_2O$	474.39	Na_3PO_4	163.94
$KB(C_6H_5)_4$	358.33	Na_2S	78.05
KBr	119.01	$Na_2S \cdot 9H_2O$	240.18
$KBrO_3$	167.01	Na_2SO_3	126.04
KCN	65.12	Na_2SO_4	142.04
K_2CO_3	138.21	$Na_2SO_4 \cdot 10H_2O$	322.20
KCl	74.56	$Na_2S_2O_3$	158.11
$KClO_3$	122.55	$Na_2S_2O_3 \cdot 5H_2O$	248.19
$KClO_4$	138.55	Na_2SiF_6	188.06
K_2CrO_4	194.20	NH_3	17.03
$K_2Cr_2O_7$	294.19	NH_4Cl	53.49
$KHC_2O_4 \cdot H_2C_2O_4 \cdot 2H_2O$	254.19	$(NH_4)_2C_2O_4 \cdot H_2O$	142.11
$KHC_2O_4 \cdot H_2O$	146.14	$NH_3 \cdot H_2O$	35.05
KI	166.01	$NH_4Fe(SO_4)_2 \cdot 12H_2O$	482.20
KIO_3	214.00	$(NH_4)_2HPO_4$	132.05
$KIO_3 \cdot HIO_3$	389.92	$(NH_4)_3HPO_4 \cdot 12MoO_3$	1876.53
$KMnO_4$	158.04	NH_4SCN	76.12
KNO_2	85.10	$(NH_4)_2SO_4$	132.14
K_2O	92.20	$NiC_8H_{14}O_4N_4$(丁二酮肟镍)	288.91
KOH	56.11	P_2O_5	141.95
KSCN	97.18	$PbCrO_4$	323.18
K_2SO_4	174.26	PbO	223.19
$MgCO_3$	84.32	PbO_2	239.19
$MgCl_2$	95.21	Pb_3O_4	685.57
$MgNH_4PO_4$	137.33	$PbSO_4$	303.26
MgO	40.31	SO_2	64.06
$Mg_2P_2O_7$	222.60	SO_3	80.06
MnO	70.94	Sb_2O_3	291.50
MnO_2	86.94	Sb_2S_3	339.70
$Na_2B_4O_7$	201.22	SiF_4	104.08
$Na_2B_4O_7 \cdot 10H_2O$	381.37	SiO_2	60.08
$NaBiO_3$	279.97	$SnCO_3$	178.72
NaBr	102.90	$SnCl_2$	189.62
NaCN	49.01	SnO_2	150.71
Na_2CO_3	105.99	TiO_2	79.88
$Na_2C_2O_4$	134.00	WO_3	231.83
NaCl	58.44	$ZnCl_2$	136.30
NaF	41.99	ZnO	81.39
$NaHCO_3$	84.01	$Zn_2P_2O_7$	304.72
NaH_2PO_4	119.98	$ZnSO_4$	161.45

附录4 相对原子质量表（1993年）

元素		相对原子质量	元素		相对原子质量	元素		相对原子质量
符号	名称		符号	名称		符号	名称	
Ac	锕	[227]	Ge	锗	72.61	Pr	镨	140.90765
Ag	银	107.8682	H	氢	1.00794	Pt	铂	195.08
Al	铝	26.98154	He	氦	4.00260	Pu	钚	[244]
Am	镅	[243]	Hf	铪	178.49	Ra	镭	226.0254
Ar	氩	39.948	Hg	汞	200.59	Rb	铷	85.4678
As	砷	74.92159	Ho	钬	164.93032	Re	铼	186.207
At	砹	[210]	I	碘	126.90447	Rh	铑	102.90550
Au	金	196.96654	In	铟	114.82	Rn	氡	[222]
B	硼	10.811	Ir	铱	192.22	Ru	钌	101.07
Ba	钡	137.327	K	钾	39.0983	S	硫	32.066
Be	铍	9.01218	Kr	氪	83.80	Sb	锑	121.75
Bi	铋	208.98037	La	镧	138.9055	Sc	钪	44.95591
Bk	锫	[247]	Li	锂	6.941	Se	硒	78.96
Br	溴	79.904	Lr	铹	[257]	Si	硅	28.0855
C	碳	12.011	Lu	镥	174.967	Sm	钐	150.36
Ca	钙	40.078	Md	钔	[256]	Sn	锡	118.710
Cd	镉	112.411	Mg	镁	24.3050	Sr	锶	87.62
Ce	铈	140.115	Mn	锰	54.9380	Ta	钽	180.9479
Cf	锎	[251]	Mo	钼	95.94	Tb	铽	158.92534
Cl	氯	35.4527	N	氮	14.00674	Tc	锝	98.9062
Cm	锔	[247]	Na	钠	22.98977	Te	碲	127.60
Co	钴	58.93320	Nb	铌	92.90638	Th	钍	232.0381
Cr	铬	51.9961	Nd	钕	144.24	Ti	钛	47.88
Cs	铯	132.90543	Ne	氖	20.1797	Tl	铊	204.3833
Cu	铜	63.546	Ni	镍	58.69	Tm	铥	168.93421
Dy	镝	162.50	No	锘	[254]	U	铀	238.289
Er	铒	167.26	Np	镎	237.0482	V	钒	50.9415
Es	锿	[254]	O	氧	15.9994	W	钨	183.85
Eu	铕	151.965	Os	锇	190.2	Xe	氙	131.29
F	氟	18.99840	P	磷	30.97376	Y	钇	88.90585
Fe	铁	55.847	Pa	镤	231.03588	Yb	镱	173.04
Fm	镄	[257]	Pb	铅	207.2	Zn	锌	65.38
Fr	钫	[223]	Pd	钯	106.42	Zr	锆	91.224
Ga	镓	69.723	Pm	钷	[145]			
Gd	钆	157.25	Po	钋	[～210]			

附录5 常用缓冲溶液的配制

pH值	配制方法
0	1mol/L HCl
1	0.1mol/L HCl
2	0.01mol/L HCl
3.6	$NaAc\cdot 3H_2O$ 16g,溶于适量水中,加 6mol/L HAc 268mL,稀释至 1L
4.0	$NaAc\cdot 3H_2O$ 40g,溶于适量水中,加 6mol/L HAc 268mL,稀释至 1L
4.5	$NaAc\cdot 3H_2O$ 64g,溶于适量水中,加 6mol/L HAc 136mL,稀释至 1L
5	$NaAc\cdot 3H_2O$ 100g,溶于适量水中,加 6mol/L HAc 68mL,稀释至 1L
5.7	$NaAc\cdot 3H_2O$ 200g,溶于适量水中,加 6mol/L HAc 26mL,稀释至 1L
7	NH_4Ac 154g,溶于适量水中,稀释至 1L
7.5	NH_4Cl 120g,溶于适量水中,加 15mol/L 氨水 2.8mL,稀释至 1L
8	NH_4Cl 100g,溶于适量水中,加 15mol/L 氨水 7mL,稀释至 1L
8.5	NH_4Cl 80g,溶于适量水中,加 15mol/L 氨水 17.6mL,稀释至 1L
9	NH_4Cl 70g,溶于适量水中,加 15mol/L 氨水 48mL,稀释至 1L
9.5	NH_4Cl 60g,溶于适量水中,加 15mol/L 氨水 130mL,稀释至 1L
10	NH_4Cl 54g,溶于适量水中,加 15mol/L 氨水 294mL,稀释至 1L
10.5	NH_4Cl 18g,溶于适量水中,加 15mol/L 氨水 350mL,稀释至 1L
11	NH_4Cl 6g,溶于适量水中,加 15mol/L 氨水 414mL,稀释至 1L
12	0.01mol/L NaOH
13	0.1mol/L NaOH

附录6 常用无机盐试样分解方法一览表

样品,质量	待测元素	分解试剂
$KAg(CN)_2$,1g	Ag	20mLH_2SO_4,加热至冒烟
各种银合金,1g	Ag及其他金属	10mLHNO_3(1+1)
铝土矿,2g	Al、Ca、Cr、Fe、Mn、P、Si、Ti、V	7gNaOH(细颗粒),约700℃,镍坩埚
铝土矿,1g	Ca、Cr、Fe、Mn、Si、Ti、V、Zn	1.2gH_3BO_3+2.2gLi_2CO_3,1100℃,铂坩埚,AAS测定
含砷矿石及残渣,2g	As	20mLHNO_3,溶解后,同20mLH_2SO_4(1+1)加热至剧烈冒烟,铁或镍坩埚
$KAu(CN)_2$,约0.3g	Au	30mLH_2SO_4,加热至剧烈冒烟
粗硼砂,5g	B	50mLH_2O,煮沸5min,然后在蒸气浴上加热15min
重晶石($BaSO_4$),1g	Al、Fe、S、Si、Sr	与2gNa_2CO_3混合,再覆盖7~9gNa_2CO_3烧结,在加盖铂坩埚内于1200℃加热20min,用20mL热水溶解,用5mLH_2SO_4加热至冒烟
绿柱石,0.5g	Be	3gKF
铋矿石,1g	Bi、Mo、Pb、Sb、Sn、W	20gNa_2O_2,镍坩埚
焦炭、焦炭灰,0.25g	Al、Ca、Si	2.5gNa_2CO_3,20min,1000~1100℃,铂坩埚
焦炭、焦炭灰,1g	S	3gKF[MgO+$NaCO_3$(1+1)],700~800℃,铂坩埚

续表

样品,质量	待测元素	分解试剂
石灰石,0.25g	Mg	10mLHCl(1+1)
石膏,0.5g	Al、Ca、Fe、Mg	溶于40mL约2mol/L的热HCl,并加150mL水,煮沸5~10min
铬铁矿,0.5g	Cr	$10gNa_2O_2$,刚玉坩埚
铬铁矿,1g	Fe、P	$30mLHClO_4$,煮沸3~5h
铜矿石、黄铜矿、冰铜,2~5g	Bi、Sb	$50mLHNO_3$(1+1)
铜合金,2g	Cu、Al、Bi、Be、Cd、Co、Cr、Fe、Mg、Mn、Ni、Pb、Zn	$25mLHNO_3$(1+1)溶解,然后用$20mLH_2SO_4$(1+1)加热至剧烈冒烟
萤石晶矿,0.7g	F	$70mLHClO_4$+约$50mLH_2O_2$,蒸馏氟化氢
AlF_3、Na_3AlF_6,0.5g	Al、Ca、Fe	$5gK_2S_2O_7$,700℃,铂坩埚
铁矿石,0.5g	Fe	$0.3gNa_2CO_3$,800~1000℃烧结10min,然后溶于30mLHCl(1+1)
铁矿石,0.25~1g	Al	10~20mLHCl+5~$10mLHNO_3$
锂矿石,0.2g	Li	$50mLH_2SO_4$+10mLHF
镁合金,1g	Al、Cd、Cr、Fe、Pb、Zn	$50mLH_2O_2$+$10mLH_2SO_4$(1+1)
锰矿石,1g	Fe、Mn、P	50mLHCl
镍矿石和残渣,2~5g	Ni、Co、Cu	$10mLH_2O_2$+$25mLHNO_3$,用$40mLH_2SO_4$(1+1)加热至冒烟
磷酸盐矿石,0.1g	Fe、P、Si	4g混合熔剂($100gNaKCO_3$+$30gNa_2B_4O_7$+$0.5gKNO_3$),5min,加热至亮红色,铂坩埚
铅矿石,2g	Pb、Sb、Sn、Bi	与$10gNa_2O_2$混合,再用Na_2O_2+1gNaOH混合物覆盖,铁坩埚
钒矿石、矿渣、残渣,2g	V	$15gNa_2O_2$+$5gNa_2CO_3$,铁坩埚
钛矿石,1g	Al、Cr、Ti、V	$3gNa_2O_2$+$5gNa_2CO_3$,铁坩埚
锡矿石、灰分、矿渣,2~5g	Sn、Sb、W	10~$20gNa_2O_2$+5~10gNaOH,慢慢加热至暗红色,铁坩埚
富铝红柱石,1g	Al、Ca、Fe、K、Mg、Si、Ti	$2gNa_2CO_3$,1100℃,60min,铁坩埚
硅酸盐(普通)	主要成分	样品与8倍样品量的$NaCO_3$+$Na_2B_4O_7$混合,开足喷灯熔融30min,适于所有的硅酸盐,包括适于锆矿石
硅酸盐(普通),0.25g	Al、Ca、Fe、K、Mg、Na、Si、Ti	0.5mLHCl+3mLHF+$1mLHNO_3$,15h,140℃,聚四氟乙烯内衬增压器,用AAS测定
硅酸盐(普通),0.5g	主要成分(除Si、B、F外)	$1mLH_2O_2$+10mLHF+$2mLHClO_4$,加1mL高氯酸重复冒烟,用5mL(1+1)溶解
铝硅酸盐(长石、高岭土、锂云母),1g	主要成分(除Si、B、F外)	$1mLH_2O_2$+10mLHF+$1mLH_2SO_4$(1+1),放置30min~12h,然后加热置冒H_2SO_4烟,加5mLHF和$1mLH_2SO_4$再冒烟,在500℃加热5min,然后加$7.5gNaCO_3$+$2.5gNa_2B_4O_7$并在1000℃熔融
铝硅酸盐(长石、黏土、陶瓷等,Al_2O_3少于45%),1g	Si	$2gNaCO_3$
水泥(波特兰水泥、波特兰矿渣水泥、火山灰水泥)	Al、Ca、Fe、Mg、Si	$2.5gNH_4Cl$+10mLHCl

附录 7　实验室常用坩埚及其使用注意事项

一、铂坩埚

铂又称白金，价格比黄金贵，因其具有许多优良的性质，故经常使用。铂的熔点高达1774℃，化学性质稳定，在空气中灼烧后不发生化学变化，也不吸收水分，大多数化学试剂对它无侵蚀作用。铂器皿的使用应遵守下列规则。

(1) 对铂的领取、使用、消耗和回收都要制定严格的制度。

(2) 铂质地软，即使是含有少量铑铱的合金也较软，所以拿取铂器皿时勿太用力，以免其变形。在脱熔块时，不能用玻璃棒等尖锐物体从铂器皿中刮取，以免损伤内壁；也不能将热的铂器皿骤然放入冷水中，以免发生裂纹。已变形的铂坩埚或器皿可用其形状相吻合的水模进行校正（但已变脆的碳化铂部分要均匀用力矫正）。

(3) 铂器皿在加热时，不能与其他任何金属接触，因为在高温下铂易与其他金属生成合金，所以，铂坩埚必须放在铂三角架上或陶瓷、黏土、石英等材料的支持物上灼烧，也可放在垫有石棉板的电热板或电炉上加热，但不能直接与铁板或电炉丝接触。所用的坩埚钳子应该包有铂头，镍或不锈钢的钳子只能在低温时使用。

(4) 下列物质能直接侵蚀或与其他物质共存下侵蚀铂，在使用铂器皿时应避免与这些物质接触。这些易被还原的金属、非金属及其化合物有银、汞、铅、铋、锑、锡和铜的盐类，在高温下易被还原成金属，可与铂形成低熔点合金；硫化物和砷、磷的化合物，可被滤纸、有机物或还原性气体还原，生成脆性磷化铂及硫化铂。

二、金坩埚

金的价格较铂便宜，且不受碱金属氢氧化物和氢氟酸的侵蚀，故常用来代替铂器皿。但金的熔点较低（1063℃），故不能耐高温灼烧，一般须低于700℃使用。硝酸铵对金有明显的侵蚀作用，王水也不能与金器皿接触。

金器皿的使用原则，与铂器皿基本相同。

三、银坩埚

1. 特性

银器皿价格相对低廉，也不受氢氧化钾（钠）的侵蚀，在熔融状态仅在接近空气的边缘处略有侵蚀。

银的熔点为960℃，使用温度一般以不超过750℃为宜，不能在火上直接加热。加热后表面会生成一层氧化银，在高温下不稳定，但在200℃以下稳定。刚从高温中取出的银坩埚不许立即用冷水冷却，以防产生裂纹。

2. 浸提和洗涤

浸取熔融物时不可使用酸，特别不能使用浓酸。

清洗银器皿时，可用微沸的稀盐酸（1+5），但不宜将器皿放在酸内长时间加热。

银坩埚的质量经烧灼会变化，故不适宜于沉淀的称量。

四、镍坩埚

镍的熔点为1450℃，在空气中灼烧易被氧化，所以镍坩埚不能用于灼烧和称量沉淀。镍具有良好的抗碱性物质侵蚀的性能，故在化验室中主要用于碱性熔剂的熔融处理。

1. 控温

氢氧化钠、碳酸钠等碱性熔剂可在镍坩埚中熔融，其熔融温度一般不超过700℃。

氧化钠也可在镍坩埚中熔融，但温度要低于500℃，时间要短，否则侵蚀严重，使带入溶液的镍盐含量增加，成为测定中的杂质。

2. 特别注意

焦硫酸钾、硫酸氢钾等酸性溶剂和含硫化物的溶剂不能用于镍坩埚。

若要熔融含硫化合物，应在有过量过氧化钠的氧化环境下进行。

熔融状态的铝、锌、锡、铅等的金属盐能使镍坩埚变脆。

银、汞、钒的化合物和硼砂等也不能在镍坩埚中灼烧。

五、铁坩埚

铁坩埚的使用与镍坩埚相似，它没有镍坩埚耐用，但价格便宜，较适用于过氧化钠熔融，可代替镍坩埚。

六、聚四氟乙烯坩埚

1. 特性

聚四氟乙烯是热塑性塑料，色泽白，有蜡状感，化学性能稳定，耐热性好，机械强度好，最高工作温度可达250℃。

一般在200℃以下使用，可以代替铂器皿用于处理氢氟酸。

2. 特别注意

它在415℃以上会急剧分解，并放出有毒的全氟异丁烯气体。

七、瓷坩埚

化验室所用瓷器皿，实际上是上釉的陶器，它的熔点较高（1410℃），可耐高温灼烧，如瓷坩埚可以加热至1200℃，灼烧后其质量变化很小，故常用于灼烧与称量沉淀。高型瓷坩埚可于隔绝空气的条件下处理样品。

八、刚玉坩埚

天然的刚玉几乎是纯的氧化铝。人造刚玉是由纯的氧化铝经高温烧结而成，它耐高温，熔点为2045℃，硬度大，对酸碱有相当的抗腐蚀能力。

刚玉坩埚可用于某些碱性熔剂的熔融和烧结，但温度不宜过高，且时间要尽量短，在某些情况下可代替镍、铂坩埚，但在测定铝和铝对测定有干扰的情况下不能使用。

九、石英坩埚

石英玻璃的化学成分是二氧化硅，由于原料不同可分为透明、半透明和不透明的熔融石英玻璃。

透明石英玻璃是用天然无色透明的水晶经高温熔炼而成的。半透明石英是由天然纯净的脉石英或石英砂制成的，因其含有许多熔炼时未排净的气泡而呈半透明状。透明石英玻璃的理化性能优于半透明石英，主要用于制造实验室玻璃仪器及光学仪器等。

石英玻璃仪器外表上与玻璃仪器相似，无色透明，但比玻璃仪器价格贵、更脆、易破碎，使用时须特别小心，通常与玻璃仪器分开存放，妥善保管。

参 考 文 献

[1] 中国标准出版社第二编辑室编. 专业书：有色金属工业标准汇编. 北京：中国标准出版社，2000.

[2] 孙国禄. 高职高专教材：工业分析. 哈尔滨：哈尔滨工业大学出版社，2009.

[3] 丁静敏. 高职高专规划教材：定量分析化学. 北京：化学工业出版社，2009.

[4] 黄一石，乔子荣. 高职高专规划教材：仪器分析. 北京：化学工业出版社，2004.

[5] 北京师范大学、华中范大学、南京范大学. 高等学校教材：无机化学（下）. 北京：高等教育出版社，1992.

[6] 胡伟光等. 高职高专规划教材：定量化学实验. 北京：化学工业出版社，2004.

[7] 岩石矿物分析编写小组. 工具书. 岩石矿物分析. 北京：地质出版社，1973.

[8] 李大庆等. 锰矿石分析方法研究进展. 湖南科技学院学报，2010，31（4）：75-78.

[9] 王小强等. 电感耦合等离子体发射光谱法同时测定铅锌矿中银铜铅锌. 岩矿测试，2011，30（5）：576-579.

[10] 马玲等. 氢化物发生-原子荧光光谱法测定铜矿石中的砷锑铋. 岩矿测试，2009，28（5）：487-78.

[11] 徐洛等. 火焰原子吸收法测定铅锌矿中微量镓. 分析试验室，2002，21（1）：24-25.

[12] 彭玲等. 铅锌矿中铅锌快速连续测定. 江西有色金属，2010，24（1）：46-48.

[13] 王小强等. 电感耦合等离子体发射光谱法同时测定铅锌矿中银铜铅锌. 岩矿测试，2011，30（5）：576-579.

[14] 刘雪丽等. 铬矿石中三氧化二铝测定的研究. 有色矿冶，2007，23（1）：53-54.

[15] 杨明荣等. 金矿样品的几种溶样方法. 黄金地质，2004，10（1）：68-70.

[16] 刘顺琼等. 微波消解-等离子体发射光谱法测定锰矿石中硅铝铁磷. 岩矿测试，2007，26（3）：241-242.